Die Untergliederung der Bundesrepublik Deutschland
in strukturierte Wirtschaftsregionen

Europäische Hochschulschriften
Publications Universitaires Européennes
European University Studies

Reihe V
Volks- und Betriebswirtschaft

Série V Series V
Sciences économiques, gestion d'entreprise
Economics and Management

Bd./Vol. 2843

PETER LANG
Frankfurt am Main · Berlin · Bern · Bruxelles · New York · Oxford · Wien

Birger Lang

Die Untergliederung der Bundesrepublik Deutschland in strukturierte Wirtschaftsregionen

Eine empirische Untersuchung auf der Grundlage der Raumstrukturtheorien von von Thünen, Christaller und Lösch

PETER LANG
Europäischer Verlag der Wissenschaften

Die Deutsche Bibliothek - CIP-Einheitsaufnahme

Lang, Birger :

Die Untergliederung der Bundesrepublik Deutschland in strukturierte Wirtschaftsregionen : eine empirische Untersuchung auf der Grundlage der Raumstrukturtheorien von von Thünen, Christaller und Lösch / Birger Lang. - Frankfurt am Main ; Berlin ; Bern ; Bruxelles ; New York ; Oxford ; Wien : Lang, 2002
(Europäische Hochschulschriften : Reihe 5, Volks- und Betriebswirtschaft ; Bd. 2843)
Zugl.: Hamburg, Univ., Diss., 2001
ISBN 3-631-38452-1

D 18
ISSN 0531-7339
ISBN 3-631-38452-1

www.peterlang.de

Danksagung

Diese Arbeit entstand während meiner Tätigkeit als wissenschaftlicher Mitarbeiter am Institut für Allokation und Wettbewerb der Universität Hamburg und wurde 2001 als Dissertation angenommen.

Als „akademischer Einzelkämpfer“, der in sich in seinem ersten größeren „Wettbewerb“ befand, wurde ich auf vielfältige Weise unterstützt: Zuvorderst zu nennen ist hier mein Doktorvater, Professor Dr. Horst Todt, der weit über die Emeritierung hinaus die Arbeit geduldig betreut und mit seiner wissenschaftlichen Kompetenz gefördert hat und mich die von ihm gewährten akademischen Freiheiten schätzen lernen ließ. Dafür bin ich ihm besonders herzlich dankbar. Herzlich Danken möchte ich außerdem Professor Dr. Gunther Engelhardt für die Übernahme des Koreferats und seine Unterstützung.

Mein Dank gilt ferner den ehemaligen Kolleginnen und Kollegen am – hier etwas weiter gefassten Lehrstuhl – Dipl.-Math. Angelika Bente, Dr. Marion Bubenheim, Dipl.-Kffr. Birgit Engelmarten, Dipl.-Kffr. Andrea Hischer, Dipl.-Volkswirt Henrik Balski und Dipl.-Kfm. Jens Ahlfeldt. Mit ihnen habe ich sehr gerne zusammengearbeitet, da sie alle zu einer anregenden und angenehmen Atmosphäre am Lehrstuhl beitrugen und insbesondere Dipl.-Kfm. Jens Ahlfeldt auch bei allen Computer- und Netzwerkproblemen Abhilfe schaffen konnte.

Danken möchte ich außerdem Professor Dr. Georg Plate, Rektor der privaten FH NORDAKADEMIE in Elmshorn, der den Nöten eines Promovenden durch flexible Arbeitszeitgestaltung entgegengekommen ist, mir zudem den Zugriff auf die in der Hochschule vorhandenen technischen Ressourcen ermöglichte und mich auch zur Fertigstellung der Arbeit anspornte.

Auch aus dem privaten Umfeld kam vielfältige moralische Unterstützung: Danken möchte ich hier meinen Eltern für ihre steten Ermunterungen sowie meinen sehr guten Freunden Dörte Johnsen und Dipl.-Volkswirt Olliver Thom für ihren Glauben an ein Ende der Arbeit. Mein besonderer Dank gilt jedoch meiner Lebenspartnerin Charlotte Büchner, die die Anstrengungen beim Abfassen einer Dissertation aus nächster Nähe kennengelernt hat und ohne deren Verständnis für Abend-, Nacht- und Wochenendarbeit ein wesentlicher Beitrag gefehlt hätte. Ihnen widme ich diese Arbeit.

Birger Lang

Inhaltsverzeichnis

Abbildungsverzeichnis

Die Abbildungen können vom Autor kostenlos bezogen werden. Senden Sie hierzu bitte eine e-mail an birger.lang@gmx.de oder b.lang@nordakademie.de.

Tabellenverzeichnis

1 Einleitung

„What is a region? I have had trouble enough with ecosystems, and I admit I can't find much of a definition of regions either. I went back to Richard Hartshorn [sic] and he tells me that a region is essentially what you want it to be. You can have regions of all kinds and for all purposes [Graham 1966, 133]."[#]

1.1 Problemstellung und Aufbau der Arbeit

Infolge des Beitritts der fünf neuen Bundesländer sowie der Verankerung des Leitbildes vom „Europa der Regionen" im Vertrag von Maastricht im Laufe der 90-er Jahre ist die Debatte um die Gliederung des Gebietes der Bundesrepublik Deutschland neu erwacht.[1] Insbesondere die intensiv geführten Diskussionen um den geplanten, von der Bevölkerung jedoch abgelehnten Zusammenschluss der Bundesländer Brandenburg und Berlin sowie die Errichtung eines Nordstaates mit den Bundesländern Hamburg, Niedersachsen, Schleswig-Holstein, Bremen und Mecklenburg-Vorpommern verdeutlichen, dass die politisch-administrative Untergliederung der Bundesrepublik Deutschland[2] als korrekturbedürftig empfunden wird.[3]

Dabei kann das Problem der räumlichen Untergliederung der Bundesrepublik Deutschland fast schon als ein klassisches Problem angesehen werden. So waren

[#] Zitiert bei: Guttenberg, Albert Z., Classifying Regions: A Conceptual Approach, in: International Regional Science Review, Fall 1977, Vol. 2, No. 1, S. 1–13, hier S. 1.

[1] Siehe zur Entstehungsgeschichte der Bundesländer: Walter Först (Hrsg.), Die Länder und der Bund: Beiträge zur Entstehung der Bundesrepublik Deutschland, Essen 1990, und Rutz, Werner, Die Wiedererrichtung der östlichen Bundesländer, in: Raumforschung und Raumordnung, 49. Jg. 1991, S. 279–286, beide mit weiteren Verweisen.

[2] Siehe z. B. o. V., „Rundum vernünftig" – In Westdeutschland scheitern Fusionspläne regelmäßig am regionalen Eigensinn, in: Der Spiegel, Heft 18 1996, S. 50 f.; o. V., Rigoros rasiert – Das scheitern des Zusammengehens von Berlin und Brandenburg kostet den Bund neue Milliardensummen, in: Wirtschaftswoche, Heft 20 vom 9.5.1996, S. 24 ff.; o. V., Nordstaat oder Kleinstaat?, in: Hamburger Abendblatt, Nr. 129 vom 5.6.1996, S. 6; Wehner, Markus, Döring will mit Neugliederung die innere Einheit gewinnen - Nur vier Bundesländer sollen ihre derzeitige Gestalt behalten, in: Frankfurter Allgemeine Zeitung, Nr. 159 vom 13.7.1998, S. 4.

[3] Vgl. z. B. Ernst, Werner, Die Neugliederung des Bundesgebietes, in: Informationen des Institutes für Raumordnung, 23. Jg. 1973, S. 91–101; in neuerer Zeit: Rutz, Werner, Die Gliederung der Bundesrepublik Deutschland in Länder, Baden-Baden 1995; Bundesamt für Bauwesen und Raumordnung, Neugliederung der Bundesrepublik Deutschland, Informationen zur Raumentwicklung, Heft 10.1998.

bereits im Deutschen Reich Bestrebungen vorhanden, die innere Gliederung, welche durch Parzellierung, das Nebeneinander von Großstaaten und Zwerggebilden und die Einbettung kleinerer Länder in größere geprägt war, zu verändern.[1] In den folgenden Jahrzehnten wurden differenzierte Vorschläge ausgearbeitet[2], bevor mit den Vorschlägen der beiden Sachverständigenkommissionen zur Neugliederung des Bundesgebietes 1955 und 1973[3] und der daraus resultierenden Änderung des Art. 29 GG[4] die öffentliche Diskussion jeweils ein vorläufiges Ende fand.

Ausgangspunkt der das gesamte Bundesgebiet einbeziehenden Neugliederungsvorschläge war und ist die Einsicht, dass nur leistungsfähige organisatorische Einheiten in der Lage sind, die ihnen obliegenden Aufgaben wirksam erfüllen zu können.[5] In der politischen Auseinandersetzung werden die auf die kulturelle Zusammengehörigkeit und die landsmannschaftliche Verbundenheit abstellenden Kriterien ergänzt durch die Vorteile von dann möglichen Änderungen in der Verwaltungsstruktur sowie der höheren Wirtschaftskraft der gebildeten Regionen. Denn es wird davon ausgegangen, dass diese u. U. auch neu zu errichtenden Einheiten bessere „Stützen" einer gemeinsamen regionalen Wirtschaftspolitik sind.[6] Ähnliche Kriterien werden auch aus europäischer Perspektive vorgeschlagen.[7]

---

[1] Vgl.: Bundesministerium des Inneren (Hrsg.), Die Neugliederung des Bundesgebietes, Gutachten des von der Bundesregierung eingesetzten Sachverständigenausschusses, Bonn 1955, S. 15 f.

[2] Vergleiche die Übersichten in: Münchheimer, Werner, Die Neugliederung Deutschlands, in: Frankfurter Geographische Hefte, 23. Jg. 1949, Heft 1, und: derselbe, Worum geht es bei der Neugliederung Deutschlands?, in: Frankfurter Geographische Hefte, 25. Jg. 1951, Heft 3.

[3] Vgl.: Bundesministerium des Inneren (Hrsg.), Die Neugliederung des Bundesgebietes, Gutachten des von der Bundesregierung eingesetzten Sachverständigenausschusses, Bonn 1955; weiter: Bundesministerium des Inneren (Hrsg.), Bericht der Sachverständigenkommission für die Neugliederung des Bundesgebietes - Vorschläge zur Neugliederung des Bundesgebietes gemäß Art. 29 des Grundgesetzes, Bonn 1973, im folgenden zitiert als: Bundesministerium des Inneren, Gutachten zur Neugliederung 1973.

[4] Dem Entwurf der Bundesregierung folgend wurde 1976 der Verfassungsauftrag in eine „Kann-Vorschrift" abgeändert.

[5] Siehe auch die Formulierungen in Artikel 29, Absatz 1, des Grundgesetzes.

[6] Einen Überblick über die verschiedenen Faktoren gibt z. B. Lottes, Günther, Zur Einführung: Staat, Nation, Region - Zu drei Prinzipien der Formationsgeschichte Europas, in: Region, Nation, Europa: Historische Determinanten der Neugliederung eines Kontinents, Günther Lottes (Hrsg.), Heidelberg 1992, S. 10–42, insb. S. 40 ff.

[7] Schon frühzeitig wurden Vorschläge zu Gestalt und Zuschnitt der subnationalen Raumeinheiten innerhalb eines „Europas der Regionen" erarbeitet. Siehe hierzu z. B. Lochner, Norbert, Objektive Maßstäbe für eine regionale Unterteilung der Europäischen Wirtschaftsgemeinschaft, in: Jahrbuch für Sozialwissenschaft, Bd. 16 1965, S. 92–138, hier S. 93. Nach der

Besteht hinsichtlich der zu verwendenden Kriterien – sie sind in Artikel 29 GG festgeschrieben – noch weitgehend Einigkeit, so differieren die vorgeschlagenen Lösungen. Große Regionen ergeben sich, wenn unter Verweis auf Größe und Leistungsfähigkeit sowie den mit der föderalen Struktur der Bundesrepublik Deutschland verbundenen Finanzausgleich eine Verringerung der Länderzahl gefordert wird. Hier existieren Vorschläge, die von der Zusammenfassung benachbarter Bundesländer bis zur völligen Neugliederung des Bundesgebietes in neu zu schaffende Großregionen reichen. Erst wenn als zusätzliche Argumente die Zusammengehörigkeit bzw. die gefühlsmäßige Bindung der Einwohner einbezogen werden, resultieren mehrere kleinere Regionen.

Damit stellt sich die Frage, wie viele Regionen die Bundesrepublik Deutschland besitzt. Jedoch fällt es nicht leicht, diese Frage zu beantworten. Dies liegt nicht nur an der Bedeutungsvielfalt, die mit dem Begriff „Region“ einhergeht, und der Zahl der zu Verfügung stehenden Kriterien, die Grundlage einer Regionierung sein können. Sondern hinzu kommt auch, dass sich, auch wenn der Fokus auf wirtschaftliche Zusammenhänge eingeengt wird, die mit verschiedenen Regionierungen jeweils verbundenen Absichten und Interessenlagen stark voneinander unterscheiden. Sollen Wirkungszusammenhänge zwischen Regionen analysiert werden, so verlangt dies nach einer an-

Gemeinschaftscharta der Regionalisierung, Artikel 1, Absatz 1, werden unter Regionen „geographische Gebiete, die entweder eine deutliche Einheit bilden oder aus einem gleichartigen Komplex von Gebieten bestehen, welches ein geschlossenes Gefüge darstellt und deren Bevölkerung bestimmte gemeinsame Elemente aufweist" verstanden. Diese Zusammengehörigkeit zeigt sich vor allem auch in den gemeinsamen Interessen der Bevölkerung im Bereich der Wirtschaft (Absatz 2). In Artikel 2 werden die Mitgliedsstaaten aufgefordert, auf ihrem Hoheitsgebiet derartige Regionen einzurichten bzw. beizubehalten. Vgl.: Entschließung des Europäischen Parlaments zur Regionalpolitik der Gemeinschaft und zur Rolle der Regionen; Gemeinschaftscharta der Regionalisierung, AB1. EG Nr. C 326 vom 19. Dezember 1988. Nach Ansicht der Mitglieder des Bundesrates der Bundesrepublik Deutschland sind darunter nur bereits bestehende Gebietskörperschaften mit einem Mindestmaß an eigenen Befugnissen im Bereich von Gesetzgebung und Verwaltung, insbesondere zur Förderung und Ausrichtung der regionalen Wirtschaftspolitik, zu verstehen. Vgl.: Entschließung des Bundesrates zur „Gemeinschaftscharta der Regionalisierung" des Europäischen Parlaments vom 16. Februar 1990 (BR-Drs. 279/89). Von anderer Seite wird jedoch darauf hingewiesen, dass neben den Bundesländern zur stärkeren Betonung des kulturellen Elements ebenfalls Körperschaften oder Organisationsformen unterhalb der staatlichen Verwaltung, so z. B. die Landschaftsverbände oder die Regierungsbezirke, als Regionen im Sinne der Regelungen der Charta angesehen werden können. Vgl.: Hoffschulte, Heinrich, Grußwort zur Fachtagung „Region und Kultur" 1988, abgedruckt in: Region und Kultur, Franz Schuster (Hrsg.), Sankt Augustin 1989, S. 13–14, hier S. 13, und Lindner, Rolf, Region als Forschungsgegenstand der Europäischen Ethnologie, in: Gerhard Brunn, Region und Regionsbildung in Europa, S. 94–111, hier S. 105.

deren Vorgehensweise, als wenn ihre Eigenschaften und Strukturierungsprinzipien im Mittelpunkt stehen.

Allerdings verteilen sich gerade wirtschaftliche Aktivitäten nicht völlig regellos im geographischen Raum. Vielmehr folgen sie bestimmten Prinzipien, die zu unterschiedlichen Raumnutzungen und voneinander unterscheidbaren Wirtschaftsregionen führen. Dabei steht die Standortwahl für wirtschaftliche Aktivitäten unter mehreren Einflüssen: Sowohl ökonomische Faktoren, wie z. B. Unterschiede in der relativen Lage oder der Ausstattung der Standorte als auch nicht-ökonomische Faktoren, wie z. B. politische und soziale Ursachen oder die topographischen Eigenschaften eines Gebietes, beeinflussen die Entscheidungen der Wirtschaftssubjekte im Ansiedlungsprozess und damit ihren genauen Standort. Hierüber erhält jede Region ihre eigene ökonomische Prägung.[1] Im Zeitablauf ergibt sich eine quasi natürliche Ordnung der Raumelemente, da diese eine „raumbildende Kraft"[2] entfalten und damit eine spezifische Raumstruktur festlegen, aus der sich dann strukturierte Wirtschaftsregionen ableiten lassen.

Hieraus leitet sich die übergeordnete Fragestellung dieser Arbeit ab: Betrachtet man die Bundesrepublik Deutschland – welche strukturierten Wirtschaftsregionen bestehen dann in ihr? Ziel der Arbeit ist es, auf der Grundlage der bedeutenden Ansätze der Regionalwissenschaft, den Raumstrukturtheorien von Thünens[3] und Christallers[4], Regionierungsalternativen zu erarbeiten und damit einen Beitrag zur Diskussion um die Untergliederung der Bundesrepublik Deutschland zu leisten.

Um die Regionierung durchzuführen und die Ergebnisse miteinander zu vergleichen, werden Sach- und Lagedaten für die 444 Stadt- und Landkreise (Stand: 1995) und die 1456 Städte mit einer Bevölkerung von mehr als 10.000 Einwohnern (Stand: 1993) verwendet. Beide Regionalsysteme erstrecken sich über das gesamte Bundesgebiet. Zu erwarten ist, dass die Raumstruktur besser von dem Stadtsystem erfasst wird. Statistische Daten in tiefer und flächendeckender regionaler Gliederung stehen nach der

[1] Vgl.: Fischer, Georges, Praxisorientierte Theorie der Regionalforschung, Tübingen 1973, S. 10 und S. 49.

[2] Vgl.: Hunke, Heinrich, Standort und Gestalt der Raumforschung, Hannover 1964, S. 9.

[3] Vgl.: Thünen, Johann Heinrich von, Der isolierte Staat in Beziehung auf Landwirtschaft und Nationalökonomie, Neudruck nach der Ausgabe letzter Hand, 4. Aufl. 1966.

[4] Vgl.: Christaller, Walter, Die zentralen Orte in Süddeutschland, 2. unveränderte Aufl. Darmstadt 1900.

Wiedervereinigung in den neuen Bundesländern nur für die Kreise zur Verfügung. Daher ergänzen sich die beiden Regionalsysteme.

Die Arbeit ist wie folgt aufgebaut: Ein Überblick über den Begriff der „Region“ beschließt den einleitenden Teil. Im folgenden theoretischen Teil werden die zentralen Theorien von Thünens, Christallers und Löschs[1] sowie deren Erweiterungen hinsichtlich ihrer Konsequenzen für die Verteilung der Standorte der Zentren sowie die daraus resultierenden Abgrenzungen der strukturierten Wirtschaftsregionen analysiert.

Diese Theorien bilden die Grundlage für den empirischen Teil. Hier wird untersucht, welche strukturierten Wirtschaftsregionen in der Bundesrepublik Deutschland existieren. Dazu wird in Abschnitt 3.1 zunächst auf die spezifischen Eigenheiten der verwendeten Regionalsysteme eingegangen. Im darauf folgenden Abschnitt 3.2 werden zum einen die Entfernungen zwischen den durch Punktkoordinaten repräsentierten Standorten der Städte bzw. der Kreise untersucht. Während die Christallersche Theorie eine regelmäßige Verteilung der Standorte nahe legt, treten gemäß der Theorie Löschs stadtreichere Gebiete neben stadtärmere. Bestehende räumliche Konzentrationen von Städten bzw. Kreisen könnten als Hinweis für die Existenz eines Zentrums inmitten dieser Anhäufungen zu deuten sein. Zum anderen wird vor dem Hintergrund, dass große Städte üblicherweise auch die administrative Stellung eines Stadtkreises bzw. einer kreisfreien Stadt besitzen, die Bedeutung der Kreise mit Hilfe von Zentralitätsindikatoren untersucht. Aus der Kombination der beiden Untersuchungen resultieren dann diejenigen Kernräume, die sich als mögliche Zentren der strukturierten Wirtschaftsregionen besonders eignen. Abschnitt 3.3 beschäftigt sich mit der empirischen Abgrenzung der strukturierten Wirtschaftsregionen. Ein gemeinsames Merkmal der im theoretischen Teil behandelten Ansätze ist darin zu sehen, dass Wirtschaftsregionen ausgehend von ihren Zentren bestimmt werden. Dabei bieten sich jedoch zwei grundsätzlich verschiedene Vorgehensweisen an: Die Ausdehnung des Einzugsgebietes eines Zentrums wird durch das Verhalten der Wirtschaftssubjekte determiniert. Hier lässt sich zunächst die Hypothese aufstellen, dass das jeweilige Einzugsgebiet der Zentren der Wirtschaftsregionen in Abhängigkeit von ihrer Attraktivität variiert. Denn die Gesamtheit der von einem beliebigen Ort ausgehenden ökonomischen Aktivitäten der Wirtschaftssubjekte ist nur selten einem bestimmten geographischen Ort eindeutig zuzuordnen. Vielmehr werden sich diese auf einen weiteren Umkreis

[1] Lösch, August, Die räumliche Ordnung der Wirtschaft, 3. Aufl. Stuttgart 1962.

verteilen. Wird davon ausgegangen, dass jeder Ort innerhalb der Bundesrepublik Deutschland mit entfernungsbedingt abnehmender Häufigkeit Ziel ökonomischer Aktivitäten sein kann, so ist zu untersuchen, welche Wirtschaftsregionen sich unter dieser Prämisse ergeben. Umgekehrt kann ebenfalls angenommen werden, dass sich die Bevölkerung zum jeweils nächstgelegenen Zentrum orientiert, in dem ein gewünschtes Angebot vorhanden ist. Unter dem Postulat der Wegeminimierung bei der Versorgung mit Gütern und Dienstleistungen sind daher die Standorte der Versorgungszentren und ihr Versorgungsgebiet zu ermitteln. Dadurch wird das Gebiet der Bundesrepublik Deutschland in Versorgungsregionen untergliedert. Beide Lösungen sind hinsichtlich der Lage und Anordnung ihrer Zentren miteinander zu vergleichen. Eine Diskussion der wichtigsten Ergebnisse in Abschnitt 4 beschließt die Arbeit.

1.2 Der Begriff der „Region"

Was ist eigentlich eine Region? Eine „Region" ist das Ergebnis der Tätigkeit, die man „Regionieren"[1] nennt, und „Regionieren" bedeutet, Einblicke in und Vorstellungen von Regionen zu produzieren, die mehr oder minder erfolgreich kommuniziert werden.[2] Allerdings ist die Verwendung des Begriffs „Region" in der Umgangssprache alltäglich. Teilt beispielsweise ein Individuum einem anderen mit, dass es nach Norddeutschland, „An die (West-)Küste" oder nach Dithmarschen verreise, so genügt dies häufig, um eine Vorstellung vom Reiseziel zu vermitteln. Denn mit den Gebietsbezeichnungen sind eine Reihe von Erfahrungen, Assoziationen, Sachaussagen, Attributen oder auch Vermutungen und Meinungen verbunden, die das subjektive Bild des Gegenübers von dem Reiseziel bzw. von dem Gebiet prägen. Um diese Vorstellungen zu wecken, werden weder eine genaue Umgrenzung des betreffenden Gebietes noch eine differenziertere Kennzeichnung der Eigenschaften, wie z. B. von Sitten, Sprache und Gebräuchen usw. benötigt. Eine bestimmte Region ist damit ein Konstrukt, das nur in der

---

[1] Es wird in dieser Arbeit der Begriff Regionierung anstelle des Begriffs Regionalisierung verwendet, da dieser erstens die Aggregation der Raumelemente durch die Bildung von Regionen als Teilräume eines größeren Gesamtraumes genauer bezeichnet, zweitens Regionalisierung im Zusammenhang mit der Gründung der Europäischen Union mit anderem Inhalt verwendet wird.

[2] Vgl.: Ipsen, Detlev, Region zwischen System und Lebenswelt, in: Gerhard Brunn, Region und Regionsbildung in Europa, Baden-Baden 1996, S. 112–118, hier S. 112.

Gedankenwelt des Rezipienten existiert, und die den Rang eines Wahrnehmungs-, Identifikations- und Bezugsraumes einnimmt.[1]

In der Regionalwissenschaft wird ein anderer Begriff der Region verwendet. Dieser folgt der Einsicht, dass erst die Abgrenzung eines Gebietes die Möglichkeit einer Beschreibung und Analyse desselben eröffnet.[2] Eine Region bildet damit den geographischen Bezugsrahmen, der noch inhaltlich gefüllt werden muss, um den umgrenzten Raum einer Bewertung und Beurteilung sowie einem Vergleich mit anderen Räumen zugänglich zu machen.[3] In der umfangreichen Literatur[4] werden vor allem Maßstabs- und Sachbezug diskutiert:

Zum einen wird der Begriff „Region" auf einer quantitativen räumlichen Maßstabsebene diskutiert.[5] Typisch ist die Unterscheidung zwischen Mikro- und Makroregionen gemäß der Ausdehnung bzw. Größe[6] des Raumausschnitts sowie hinsichtlich des Aggregationsgrades der einbezogenen Raumelemente. Der Begriff der Mikroregion stellt den besonderen Bezug zur kleinräumlichen individuellen Perspektive der in der Region wohnenden Bevölkerung heraus, da er sich auf einen kleineren Teilraum (z. B. Innenstadtbezirke, einzelne Städte) beschränkt und mithin soweit wie möglich auf die Zusammenfassung von einzelnen Wirtschaftssubjekten (Anbietern, Nachfragern oder Gemeinden) sowie einzelnen kleinräumigen Funktionen (z. B. Versorgungs- oder Er-

[1] Vgl.: Weichhart, Peter, Die Region – Chimäre, Artefakt oder Strukturprinzip sozialer Systeme?, in: Gerhard Brunn, Region und Regionsbildung in Europa, Baden-Baden 1996, S: 25–43, hier S. 36.

[2] Vgl.: Voppel, Götz, Analyse und Erfassung eines Wirtschaftsraumes, in: Geographische Rundschau, 21. Jg., Heft 10 1969, S. 369–379, hier S. 373; weiter: Hösch, Friedrich, Der Raum in volkswirtschaftlicher Sicht, in: Raumforschung und Raumordnung, 29. Jg., Heft 2 1971, S. 1–5, hier S. 2.

[3] Gerade mit Sicht auf den Planungsaspekt bezeichnet Becker-Marx den Begriff der Region als „Rahmenbegriff" bzw. „Leerformel", vgl. Becker-Marx, Kurt, Überörtliche Planung - Raumordnung, in: Die Stadt in der Bundesrepublik Deutschland, Wolfgang Pehnt (Hrsg.), Stuttgart 1974, S. 409–427, hier S. 425.

[4] Siehe zum Beispiel: Sedlaceck, Peter, Einleitung, in: Regionalisierungsverfahren, derselbe (Hrsg.), Darmstadt 1978; Grigg, David, Regions, Models and Classes, in: Models in Geography, Richard J. Chorley and Peter Hagget (Hrsg.), London 1967, S. 461–509; Romus, Paul, Zur Bestimmung des Begriffs Region, in: Raumforschung und Raumordnung, 22. Jg. 1964, Heft 3/4, S. 234–239; Heiland, Ingolf, Der Begriff Region, in: Informationen des Instituts für Raumordnung, Bd. 18, 1968, S. 657–676; Boustedt, Olaf, Grundriss der empirischen Raumforschung, Teil I: Raumstrukturen, Hannover 1975, S. 83–85, alle mit weiteren Verweisen.

[5] Vgl.: Howe, Eric C., und Stabler, Jack C., Canada divided: The optimal division of an economy into regions, in: Journal of Regional Science, Bd. 29, 1989, S. 191–211, hier S. 192.

[6] Als Maßstab werden z. B. Fläche oder Bevölkerungszahl herangezogen.

holungsfunktion) zu „Aggregaten" zu verzichten ist. Dagegen basieren Makroregionen gerade auf zuvor für einen größeren Gesamtraum gebildeten Aggregaten, der beispielsweise auch mehrere Staaten umfassen kann[1], bei denen aber die individuelle Perspektive zunehmend verloren geht. Die Unterscheidung zwischen Mikro- und Makroregionen fußt damit auf der Ausdehnung des Gesamtraumes. Dieses Umfangskriterium ist aber vorzugeben. Somit ist der schließlich als „Region" bezeichnete Raumausschnitt letztendlich ein Resultat des Standpunktes des Betrachters, was dazu führt, dass eine einheitliche Meinung über die Größe einer Region nicht existiert.[2]

Zum anderen wird der Begriff „Region" nach den mit einer Regionierung verbundenen Zielsetzungen differenziert. Hinsichtlich dieser qualitativen Maßstabsebene des zu bildenden Raumausschnittes lassen sich drei Sichtweisen voneinander unterscheiden:

Zum Ersten wird die Regionierung als Optimierungsaufgabe verstanden. Hierbei wird davon ausgegangen, dass jede Region als Teil einer Volkswirtschaft bestimmte Funktionen für die in ihr wohnende Bevölkerung erfüllt, wie z. B. die Versorgung mit Gütern oder Arbeitsmöglichkeiten. Sind diese Funktionen identifiziert und lokalisiert, so kann der Gesamtraum gemäß ihrer Ausprägungen in Regionen untergliedert werden. Gelänge es, die Vielzahl der Einzelfunktionen in einer Funktion höherer Bedeutung zu-

---

[1] Beispielsweise regionale Freihandelszonen und Wirtschaftsblöcke wie EU, EFTA oder NAFTA. Vgl.: Albert, Mathias, Brock, Lothar, Hessler, Stephan, Menzel, Ulrich, und Neyer, Jürgen, Die Neue Weltwirtschaft, Frankfurt a.M. 1999, S. 105 ff.

[2] So werden in der Literatur sehr verschiedene Größen angegeben. Beispielsweise bezeichnet Lange als Wirtschaftsregion einen geographisch festgelegten Raum mittlerer Größenordnung, welcher als untrennbar anzusehen ist. Vgl.: Lange, Klaus, Regionen, in: Handwörterbuch der Raumforschung und Raumordnung, Bd. III, Hannover 1970, Sp. 2705–2719, hier Sp. 2705. Mäding schränkt den Begriff ein, indem er unter Regionen Räume versteht, die entweder unterhalb der Bundesländerebene anzusiedeln sind oder sich auf administrative Raumeinheiten beziehen. Vgl.: Mäding, Heinrich, Verwaltung im Wettbewerb der Regionen, in: Archiv für Kommunalwissenschaften, 31. Jg. 1992, S. 205–219, hier S. 206. Gegen eine Größenvorgabe bestehen jedoch Bedenken. Denn diese wirkt normativ, da sie näherungsweise eine Gleichheit oder Ähnlichkeit der gebildeten Raumeinheiten impliziert. Diese ist jedoch nur unter bestimmten regionalpolitischen Zielsetzungen (wie z. B. Ausgleichszielen) gerechtfertigt. Beispielsweise unterscheidet Pöschel fünf Ebenen des raumordnungspolitischen Mitteleinsatzes und korrespondierend dazu fünf Raumkategorien, deren Gestaltung Gegenstand von regionalen Planungen ist. Im einzelnen sind dies die internationale, nationale, regionale und kommunale Stufe sowie die endgültige Anordnung der einzelnen Elemente am Standort. Vgl.: Pöschel, Arnold Ernst, Raum und Raumordnung, Berlin 1965, S. 58 ff. Thelen unterscheidet dagegen zwischen Gebieten, die von der raumpolitischen Zielvorstellung abweichen (Zielregionen), und Gebieten, in denen das raumpolitische Instrumentarium einzusetzen ist (Aktionsregionen). Vgl.: Thelen, Peter, Abgrenzung von Regionen als Grundlage für eine raumbezogene Politik, in: Jahrbuch für Sozialwissenschaft, Bd. 23 1972, S. 227–249, hier S. 243 ff.

sammenzufassen, so würden sich die alternativen Regionalgliederungen auf ein System von „wahren" Regionen als optimale ökonomische Gebietseinheiten reduzieren, die in Zuschnitt und Größe so ausgestaltet wären, dass eine größtmögliche Effizienz im Zusammenwirken der Raumelemente gesichert ist.[1] Die Regionierung wäre mithin optimal, da jegliche Änderung des Gebietszuschnitts zu einer Verschlechterung der Lebensverhältnisse[2] in den einzelnen Regionen führen würde, da dann das Zusammenspiel der Wirtschaftseinheiten behindert wäre. Damit ist es das Ziel einer derartigen Regionierung, optimale Raumeinheiten zu schaffen, die wohlfahrtsfördernd wirken.[3] Isard sah es jedoch als unwahrscheinlich an, dass es gelänge, eine Theorie zu entwickeln, mit deren Hilfe es möglich ist, alle gesellschaftlichen Prozesse zu berücksichtigen. Ein Hauptproblem bestünde darin, dass kein umfassendes Wohlfahrtsmaß zur Verfügung steht.[4]

Auch wenn die Aussicht, dass eine Theorie mit diesem Erklärungsziel formuliert werden kann, nicht von vornherein abgelehnt wird, verbleiben weitere Zweifel. So könnte als Ergebnis auch resultieren, dass die Welt eine unteilbare Einheit darstellt und jede Aufteilung Beziehungen zerschneiden würde.[5] Jegliche Unterscheidung von Wirtschaftsregionen würde damit den Charakter einer optimalen Lösung nicht erreichen, da sie als eine künstliche, d.h. vom Menschen geschaffene Ordnung anzusehen wäre. Denn sie würde auf einer pragmatischen Abgrenzung beruhen, die lediglich einen Teilaspekt herausgreift.

---

1 Diese wahren Regionen beruhen auf einer natürlichen Ordnung, die über eine biologische Analogie hergeleitet wird: Die Volkswirtschaft wird als Organismus aufgefasst, dessen Teile (die Wirtschaftsregionen) im Sinne des Ganzen (der Volkswirtschaft) zusammenwirken. Vgl.: Sedlacek, Peter, Einleitung, in: Regionalisierungsverfahren, P. Sedlacek (Hrsg.), Darmstadt 1978, S. 1–19, hier S. 13, und Schamp, Eike W., Das Instrumentarium zur Beobachtung von wirtschaftlichen Funktionalräumen, Wiesbaden 1972, S. 5.

2 Zur Problematik, die Lebensverhältnisse verschiedener Regionen zu erheben und miteinander zu vergleichen, vgl. z. B. Alonso, William, Equity and its relation to efficiency in urbanization, in: Essays in regional economics, John F. Kain und John R. Meyer (Hrsg.), Cambridge (Mass.) 1971, S. 40–57, hier S. 42 ff.

3 Vgl.: Isard, Walter, Regional science, the Concept of Region and Regional Structure, in: Papers and Proceedings of the Regional Science Association, Bd. 2, 1956, S. 13–26, hier S. 18 ff.

4 „Parenthetically, it should be noted that since the ultimate in general theory will probably never be achieved, we shall probably never be in a position to identify a 'true' set of regions." Ebenda, S. 20. Dies dürfte auch heute noch Gültigkeit besitzen.

5 Vgl.: Platt, Robert S., Discussion: The nature and scope of regional science, in: Papers and Proceedings of the Regional Science Association, Bd. 2 1956, S. 46–47, hier S. 46.

In einer gegenteiligen Ansicht wird daher zum Zweiten gefolgert, dass Regionierungen gemäß dem Ziel einer Raumanalyse vorgenommen werden müssten. Denn die Gliederung eines Raumes in übergeordnete optimale Wirtschaftsregionen sei nicht möglich, da jeder Zweck ein eigenes Regionensystem festlege. Lediglich bestimmte räumliche Elemente können durch ausgewählte Merkmale (Abgrenzungskriterien) erfasst werden, die Gesamtheit dieser Merkmale ergibt aber kein einheitliches Bild, womit demnach auch keine Gesamtordnung erschlossen werden könne.[1] Damit erhält der Begriff „Wirtschaftsregion" einen instrumentellen Charakter. Hier wird soweit wie möglich versucht, sich durch geeignete Merkmalsauswahl und Erhebungsmethode dem Anspruch einer Gliederung, die auf objektiven und realen Sachverhalten basiert, zu nähern. Eine Wirtschaftsregion wird damit nur vom Inhalt her bestimmt.[2] Aus der Vielfalt der zur Verfügung stehenden möglichen Raumgliederungen muss somit diejenige gewählt werden, die eine geeignete Basis für die anschließende Analyse darstellt. Der Zweck einer Untersuchung determiniert folglich den Aufbau und die Verwendung der Regionssystematik.[3] Die nach homogenen oder funktionalen Gesichtspunkten gebildeten Raumeinheiten sind optimal in dem Sinne, dass sie jeweils einem spezifischen Zweck bestmöglich genügen, und z. B. die Basis für die Definition von Planungs- oder Programmregionen bilden.[4] Aus diesem Grunde ist jede Wirtschaftsregion ein idealtypisches Instrument,

---

[1] Vgl.: Egner, Erich, Beitrag zur Generaldiskussion zu dem Vortrag von Wassily Leontief, Interregionale Beziehungen wirtschaftlicher Aktivitäten, in: Probleme des räumlichen Gleichgewichts in der Wirtschaftswissenschaft, W. G. Hoffmann (Hrsg.), Schriften des Vereins für Socialpolitik, N. F. Bd. 14, Berlin 1959, S. 58–61, hier S. 60.

[2] Vgl.: Lauschmann, Elisabeth, Grundlagen einer Theorie der Regionalpolitik, 3. Auflage Hannover 1973, S. 1. Ähnlich auch Otremba, der basierend auf den wirtschaftlichen Aktivitäten der Gesellschaft Regionen sozioökonomischer bzw. kultureller Abgrenzung aufgrund sozialer und ökonomischer Merkmale unterscheidet, wie z. B. Agrar- oder Industriewirtschaftsraum. Vgl.: Otremba, Erich, Raum und Raumgliederung, in: Handwörterbuch der Raumforschung und Raumordnung, Bd. II, Hannover 1970, Sp. 2577–2578; derselbe, Wirtschaftsraum, in: Handwörterbuch der Raumforschung und Raumordnung, Bd. III., Hannover 1970, Sp. 3775–3779.

[3] Vgl.: Grigg, David, Die Logik von Regionssystemen, in: Wirtschafts- und Sozialgeographie, Dietrich Bartels (Hrsg.), Köln, Berlin 1970, S. 183–211, hier S. 197.

[4] Die zweckbezogene Unterscheidung zwischen funktionaler und homogener Region und korrespondierend dazu zwischen wirtschaftlichem Strukturbegriff und wirtschaftlichem Funktionsbegriff ist in der Literatur ausführlich diskutiert worden. Vgl. hierzu: Whittlesey, Derwent, The regional concept and the regional method, in: American Geography, Inventory and Prospect, P. E. James und C. F. Jones (Hrsg.), Syracuse 1954, S. 19–68, hier S. 35 ff.; Wrobel, Andrzej, Regional analysis and the geographic concept of the region, in: Papers of the Regional Science Association, Bd. 8 1961, S. 37–41, hier S. 39 f.; Grigg, David, The agriculture regions of the world: Review and reflections, in: Economic Geography, Vol. 45 1969, No. 2 (April), S. 95–132, hier S. 101 ff.; Brown, Laurence A., und Holmes, John, The deliminiation of

ein „mental construct"[1], das zur Annäherung an die Wirklichkeit verwendet wird. Es dient dazu, die Analyse eines konkreten Teilaspekts zu ermöglichen und aus den Ergebnissen beispielsweise Hypothesen oder Zielvorstellungen abzuleiten. Aber es stellt nur eine Annäherung an die dem Einfluss der Menschen und den von ihnen eingerichteten gesellschaftlichen Institutionen sowie der sie umgebenden Natur unterliegenden realen Regionen dar.[2]

In einer dritten Sicht wird der Terminus „Region" als konzeptionelle Basis einer Analyse der Anordnung der Wirtschaftssubjekte, die innerhalb eines größeren Gesamtgebietes angesiedelt sind und deren wirtschaftliche Aktivitäten den Raum strukturieren, verwendet.[3] Johann Heinrich von Thünen entwickelte das prominenteste Strukturmodell einer Wirtschaftsregion.[4] Es bildet die Basis dieser Untersuchung. Von Thünen geht davon aus, dass inmitten einer homogenen Ebene ein Zentrum liegt, von dem aus sich das ländliche Einzugsgebiet in Ringzonen mit abnehmender Lagerente gliedert. In Abhängigkeit von der Entfernung zur Stadt wird innerhalb der Ringzonen jeweils nur ein bestimmtes Gut produziert, die Gesamtheit der Ringzonen (sog. Thünensche Ringe) bildet den „isolierten Staat" als abgeschlossenen Wirtschaftsraum. Die Raumstruktur wird durch die Bindung zwischen Stadt und Land charakterisiert, und zwar in der Weise, dass sich die Bevölkerung zum Zentrum hin orientiert. Dieses Modell der Verflechtung

functional regions, nodal regions, and hierarchies by functional distance approaches, in: Journal of Regional Science, Bd. 11 1971, S. 57–72; Gildemeister, Reinhard, Landesplanung, Braunschweig 1973, S. 68 ff.; Hogeforster, Jürgen, und Jürging, Hans-Rudolf, Die Abgrenzung homogener Planungsräume, in: Raumforschung und Raumordnung, 31. Jg. 1973, S. 126–137; Fischer, Manfred M., Zur Lösung funktionaler regionaltaxonomischer Probleme auf der Basis von Interaktionsmatrizen: Ein neuer graphentheoretischer Ansatz, in: Mitteilungen des Arbeitskreis für neue Methoden in der Regionalforschung, 8. Jg. 1978, S. 24–65; alle mit weiteren Verweisen.

[1] Vgl.: Guttenberg, Albert Z., Toward a Behavioral Theory of Regionalization, in: Theories and Methods of Spatio-Temporal Reasoning in Geographic Space, A. U. Frank, I. Campari und U. Formentini (eds.), Berlin, Heidelberg 1992, S. 110–121, hier S. 118

[2] Whittlesey betont hier besonders den Vorgang der Abstraktion: „...a region is not an object, either self-determined or nature-given. It is an intellectual concept, an entity for the purposes of thought, created by the selection of certain features that are relevant to an areal interest or problem and by the disregard of all the features that are considered to be irrelevant." Vgl.: Whittlesey, Derwent, a.a.O., S. 30.

[3] Vgl.: Isard, Walter, und Reiner, Thomas A., Regional Science: Retrospect and Prospect, in: Papers of the Regional Science Association, 16 Jg. 1965, S. 1–16, hier S. 4.

[4] Vgl.: Thünen, Johann Heinrich von, Der isolierte Staat in Beziehung auf Landwirtschaft und Nationalökonomie, Neudruck nach der Ausgabe letzter Hand, 4. Aufl. 1966.

von Stadt und Umland, welches als strukturierte Wirtschaftsregion bezeichnet wird[1], liegt in ähnlicher Weise auch den Raumstrukturtheorien Walter Christallers und August Löschs zugrunde. In diesen wird durch die Existenz von Subzentren ein System einander unter- bzw. übergeordneter Regionen begründet.[2] Dadurch wird die Bevölkerung eines Gebietes von mehreren zentralen Orten aus mit einem abgestuften Angebot an zentralen Leistungen versorgt. Diese Orte bilden damit ein Geflecht von ökonomischen Zentren und Subzentren, in ihnen bzw. in ihrer Umgebung ist mit einer signifikanten Konzentration der wirtschaftlichen Aktivitäten, insbesondere des Dienstleistungssektors, zu rechnen. Die Grenze zwischen zwei Einzugsgebieten bildet somit auch die Grenze zwischen zwei strukturierten Wirtschaftsregionen.

Die Annahme, dass die Bindungen zwischen Zentrum und Umland den Wirtschaftsraum in strukturierte Regionen gliedert, bildet den Ausgangspunkt dieser Arbeit. Da die Orientierung auf das Zentrum aufgrund einer historisch-geographischen Zentrenbezogenheit räumlich und zeitlich als relativ konstant anzusehen ist, dominiert sie die administrativen Grenzen, deren genaue Verläufe sich aus den jeweiligen politischen Verhältnissen ergeben. Dies führt einerseits dazu, dass die realen politischen Grenzen nicht als wirtschaftliche Grenzen aufzufassen sind, und dass andererseits die wirtschaftliche Orientierung in ihrer Ausrichtung auf ein Zentrum im Zeitverlauf keinen gravierenden Veränderungen unterliegt.[3] Die Wirtschaftsregion existiert damit als sozioökonomische Raumeinheit neben den politisch-administrativen Raumeinheiten.

---

[1] Vgl.: Todt, Horst, Zur Abgrenzung von wirtschaftlichen Regionen, in: Zeitschrift für die gesamte Staatswissenschaft, 127. Jg. 1972, Heft 2, S. 284–295, hier S. 285; derselbe, Raumwirtschaftsstrukturen, in: Raumordnung und Raumordnungspolitik, Helmut W. Jenkins (Hrsg.), München 1996, S. 54–74, hier S. 55.

[2] Vgl.: Christaller, Walter, Die zentralen Orte in Süddeutschland, 2. unveränderte Aufl. Darmstadt 1968; Lösch, August, Die räumliche Ordnung der Wirtschaft, 3. Aufl. Stuttgart 1962; Friedmann, John, A general theory of polarized development, in: Growth Centers in regional economic development, Niles M. Hansen (Hrsg.), New York 1972, S. 82–107.

[3] Insbesondere letzter Punkt mag Anlass zu Kritik geben. So geht Boulding davon aus, dass jede Regionierung lediglich einen Raum-Zeit-Ausschnitt betrachtet, da die Beziehungen zwischen Stadt und Land einem Wandel in der Zeit unterliegen, die das Umland dominierenden Städte daher unterschiedlich ausgedehnte Einflussbereiche aufweisen. Dies würde entweder die Betrachtung eines größeren Zeitabschnitts oder einen Vergleich der Ergebnisse durch wiederkehrende Untersuchungen notwendig machen. Vgl.: Boulding, Kenneth, Regions of time, in Papers of the Regional Science Association, Bd. 57 1985, S. 19–32.

2 Theoretischer Teil: Ausgewählte Ansätze zur Erklärung der räumlichen Struktur der Wirtschaftsregion

„...the hierarchy of urban places represents the ultimate means for organizing a geographic area into its component social, political-administrative and economic spaces.[#]

Im einleitenden Kapitel wurden sowohl die heterogene Verwendung des Begriffs der „Region“ als auch die inhaltlichen Unterschiede in den Zielsetzungen, denen der Prozess der Regionierung unterliegt, diskutiert. Es zeigte sich, dass das Ergebnis einer Regionierung nicht unabhängig von diesen Faktoren ist.

Wenn auch die „wahre" Wirtschaftsregion, verstanden als optimaler gebietlicher Zusammenschluss der Raumelemente, nicht bestimmt werden kann, kann trotzdem untersucht werden, ob eine „natürliche" Raumstruktur im Sinne einer spezifischen Ordnung der Raumelemente existiert. Ökonomische Erklärungsansätze für die Anordnung der Raumelemente werden in den Raumstrukturtheorien entwickelt. Bei den ausgewählten Ansätzen steht die Frage im Vordergrund, auf welche Weise sich die Standorte der Unternehmen und der Konsumenten im Raum verteilen, wie sich dies auf die räumliche Verteilung der Wirtschaftsaktivitäten auswirkt und welche spezifische Struktur der Raumnutzung sich herausbildet. Den Ausgangspunkt bildet die Annahme, dass jede Region eine dominierende Stadt aufweist, die als Zentrum der Region fungiert.[1] Dieser auch unter den Begriffen „Zentrum-Umland-Relation"[2] bzw. „Zentrum-Umland-Struktur" gefasste Sachverhalt impliziert, dass die wirtschaftlichen Aktivitäten ausgehend von dem Zentrum in jede Richtung abnehmen. Ein weiteres gemeinsames Merkmal der Ansätze besteht darin, dass die Lokalisation einzelner Funktionen im Gebiet aus einer hierarchischen Perspektive begründet wird. Letztlich erlaubt dies die Unterscheidung verschieden großer Marktgebiete.

[#] Friedmann, John, Cities in social transformation, in: Comparative Studies in society and history, Bd. 4 1961, S. 86–103, wiederabgedruckt in: J. Friedmann und W. Alonso, Regional development and planning, Cambridge, Mass. 1964, S. 343–360, hier S. 349.

[1] Vgl.: Todt, Horst, Zur Abgrenzung von wirtschaftlichen Regionen, a.a.O., S. 285.

[2] Vgl.: Todt, Horst, Zur Abgrenzung von wirtschaftlichen Regionen, a.a.O., S. 285.

Obwohl in keiner der Theorien explizit die Lage und Ausdehnung von Wirtschaftsregionen untersucht wird, resultiert aus den (regionalen) Beziehungen zwischen den Raumelementen eine Untergliederung des Raumes. Diese Beziehungen bilden somit das inhaltliche Fundament der strukturierten Wirtschaftsregion.

Im Folgenden werden die Theorien von von Thünen, Christaller und Lösch sowie sich daran anschließende Ansätze diskutiert. Die Theorie von Friedmann wird aufgrund ihrer besonderen Stellung in einem eigenen Abschnitt behandelt. Ziel der Untersuchung der einzelnen Ansätze ist es insbesondere, zu kennzeichnen, auf welche Weise sich Zentrum und Umland zu einer Region ergänzen und wie sich daraus strukturierte Wirtschaftsregionen ergeben. Das Kapitel schließt mit einer Zusammenfassung.

2.1 Der isolierte Staat als Wirtschaftsregion in der Theorie von Thünens

Johann Heinrich von Thünens Modell des isolierten Staates ist einer der ersten Ansätze, bei denen eine Zentrum-Umland-Struktur verwendet wird. Im Folgenden wird zunächst die Theorie der Bodennutzung erläutert. In einem darauf aufbauenden Abschnitt wird dann der von Thünensche Begriff der Region näher analysiert.

2.1.1 Die Theorie der Bodennutzung

Von Thünen leitet Strukturen der Bodennutzung in Abhängigkeit von der Entfernung zum Markt ab.[1] Hierzu entwirft er das Modell des isolierten Staates. Ausgehend von einem Zentrum, welches die Marktfunktion für die landwirtschaftlichen Güter ausübt und weiter Sitz der gesamten nicht-landwirtschaftlichen Produktion ist, das also die Versorgungsfunktion für den Rest des Gebietes wahrnimmt[2], gliedert sich das anschließende ländliche Einzugsgebiet in Ringzonen, innerhalb derer jeweils nur ein bestimmtes Gut produziert wird. Hierbei bestimmt die Lagerente[3] pro Flächeneinheit der landwirtschaftlichen Produzenten die Art der Bodennutzung. Die Gesamtheit der Ring-

---

[1] Thünen, Johann Heinrich von, Der isolierte Staat in Beziehung auf Landwirtschaft und Nationalökonomie, Neudruck nach der Ausgabe letzter Hand, 4. Aufl. Stuttgart 1966.

[2] Von Thünen begründet weder die Existenz des Zentrums noch diskutiert er dessen innere Struktur.

[3] Synonym sind die Begriffe Differentialrente der Lage bzw. Landrente.

zonen (die so genannten Thünensche Ringe) bildet den isolierten Staat als abgeschlossenen Wirtschaftsraum.

Der Grundgedanke von Thünens ist, dass die Gewinne pro Flächeneinheit, welche durch den Anbau landwirtschaftlicher Güter erzielt werden, von der Entfernung des Anbauortes zum Zentrum abhängen. Während der Marktpreis für die auf einer bestimmten Flächeneinheit erzeugte Produktmenge und die Produktionskosten unabhängig von der Entfernung sind, steigen die Transportkosten mit der Entfernung zwischen Produktionsort und Zentrum an. Ein Gut, welches einen vergleichsweise höheren Transportaufwand aufweist (z. B. hohe Kosten für die Konservierung), wird daher in einer geringen Entfernung zum Zentrum angebaut. Eine räumliche Differenzierung der Bodennutzung folgt, wenn unterschiedliche Agrarprodukte zu verschieden hohen Gewinnen pro Flächeneinheit bei der Produktion auf Boden gleicher Güte führen.

In Abbildung 1 sind die Gewinne pro Flächeneinheit in Abhängigkeit von der Entfernung für drei Güter eingezeichnet. Die Lagerente R entspricht genau dem maximalen Gewinn pro Flächeneinheit und gibt denjenigen Betrag an, der höchstens für die Nutzung des Bodens gezahlt werden kann. Konkurrieren zwei Produzenten unterschiedlicher Güter um eine Flächeneinheit, so wird auf dieser das Gut angebaut, welches den höheren Gewinn erbringt. Die Grenze zwischen zwei Bodennutzungszonen, in der jeweils ein bestimmtes Gut produziert wird, ergibt sich daher durch die Bedingung, dass an diesem Ort die Gewinne pro Flächeneinheit gleich hoch sein müssen. Das Resultat ist eine Folge von konzentrisch um das Zentrum gegliederten Nutzungsarten des Bodens (Abbildung 1).

Abbildung 1: Die Entstehung der Thünenschen Ringe im homogenen Raum

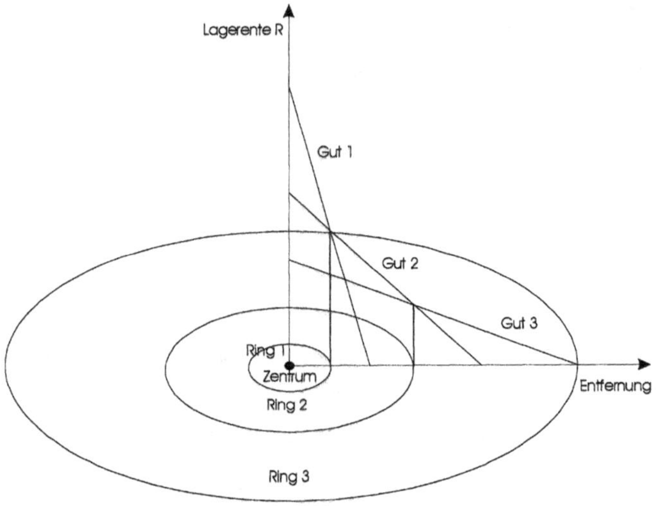

Quelle: Eigene Darstellung in Anlehnung an Schätzel, Ludwig, Wirtschaftsgeographie 1, 3. Aufl. Paderborn 1988, S. 59.

Sind im Gebiet des isolierten Staates natürliche Verkehrswege, wie beispielsweise ein schiffbarer Fluss, oder weitere – im Vergleich zum Zentrum jedoch kleinere – Städte vorhanden, so verändert sich die Verteilung der landwirtschaftlichen Güter. Die Nutzung eines alternativen Verkehrsweges führt bei einer Verminderung der Transportkosten zu einer dem Verlauf des Flusses folgenden räumlichen Ausdehnung der Bodennutzungsarten, bis der Vorteil der geringeren Transportkosten durch die gestiegene Entfernung kompensiert wird. Die erleichterte Zugänglichkeit einzelner Gebietsteile führt also zur Verzerrung der Raumstruktur. Demgegenüber beeinflusst die Existenz kleinerer Nebenstädte im Gebiet des isolierten Staates die Abfolge der Nutzungsarten: Jede Stadt hat ihr eigenes Einzugsgebiet, welches sich um sie gliedert und zu ihrer Versorgung dient. Allerdings werden die Agrargüter, die im Einzugsgebiet einer kleineren Nebenstadt produziert werden, nur dann in diese Stadt geliefert, wenn der dort erzielbare Preis abzüglich der Transportkosten zur kleineren Stadt mindestens dem Marktpreis abzüglich der Transportkosten zur Hauptstadt entspricht. Ist das der Fall, so bezieht die Hauptstadt keine Güter aus den Gebieten der Nebenstädte. Im umgekehrten Fall, wenn also der erzielbare Marktpreis eine Orientierung zu der weiter entfernten Hauptstadt trotz der damit verbundenen höheren Transportkosten nahe legt, würde der Preisbildungsmechanismus dazu führen, dass dieser Zustand nicht von Dauer ist: Aufgrund des geringeren Angebots in der Nebenstadt nimmt die Konkurrenz um die knapper gewordenen Güter zu und führt zu einem höheren Marktpreis, welcher die Agrarlieferungen wieder in diese Stadt zurücklenkt.[1] Somit besitzen die kleineren Städte ebenfalls ein eigenes Marktgebiet.

Von Thünen führt eher intuitiv weitere Gründe für die Dominanz der größten Stadt an: Zum einen bilde diese den Mittelpunkt der Ebene, zum anderen beherberge sie den Regierungssitz, und schließlich lägen sämtliche Bergwerke in ihrer Nähe.[2] Diese Vorstellung einer zweistufigen Ordnung der Städte im isolierten Staat vertieft von Thünen, indem er andeutet, dass die kleineren Städte daher als abhängige „Staaten im Staate" anzusehen sind: „Wir können uns statt der kleinen Städte eigene Staaten von beträchtlichem Umfange denken, und auch diese können bei freiem Handel sich der Allgewalt, welche die große Stadt in der Bestimmung der Getreidepreise ausübt, nicht entziehen."[3]

2.1.2 Der von Thünensche Regionsbegriff

Von Thünen versteht den isolierten Staat sowohl als Volkswirtschaft als auch als Wirtschaftsregion.[4] Hierbei liegt sein Interesse in der Analyse der (land-)wirtschaftlichen Struktur der Region. Verflechtungen zwischen Regionen werden von ihm kaum betrachtet. Die Ausdehnung des Gesamtgebietes, also die Abgrenzung nach außen, beruht dabei auf einem „Autarkieprinzip", welches in der Fiktion des „isolierten Staates", der allseitig in eine Wildnis übergeht, enthalten ist. Dies bedeutet, dass die Region unabhängig ist. Die Bevölkerung stellt alle von ihr benötigten Produkte selbst her. Die Ausdehnung des Gebietes hängt daher allein von der Entfernung zum Absatzmarkt ab. Erst wenn eine hohe Entfernung eine negative Lagerente impliziert, wird die Nutzung des Raumes unterbleiben. Die innere Gliederung der von Thünenschen Region ergibt sich als Abfolge homogener Nutzungszonen. Allerdings sind diese Nutzungszonen

[1] Vgl.: Thünen, Johann Heinrich von, a.a.O., S. 226.
[2] Vgl.: Thünen, Johann Heinrich von, a.a.O., S. 316.
[3] Vgl.: Thünen, Johann Heinrich von, a.a.O., S. 273.
[4] Von Thünen diskutiert die Beziehungen zwischen Staaten und die Wirkung von Handelsbeschränkungen auf den Seiten 312 ff. unter den §§ 32 und 33. Da diese Themen nicht zum Gegenstand der Arbeit gehören, sei an dieser Stelle auf die entsprechenden Abschnitte verwiesen.

nicht als kontinuierliche Räume aufzufassen, da weitere, im Gebiet des isolierten Staates verstreut liegende Nebenstädte (Subzentren) jeweils ihr eigenes Einzugsgebiet aufweisen. Dies führt dazu, dass gleiche oder verwandte Bodennutzungen diskontinuierlich über die gesamte Region verteilt sind.

Die Ausdehnung des Einzugsbereichs eines einzelnen (Sub-)Zentrums hängt von der Höhe der Lagerente ab. Auf der Grenze zwischen zwei Einzugsbereichen gilt die Bedingung, dass die Lagerente gleich hoch sein muss. Jedes Zentrum wird durch die in seinem Einzugsbereich produzierten Güter versorgt. Auch muss jeder Bewohner eines Einzugsbereiches das jeweilige Zentrum aufsuchen, um sich mit den Gütern des Einzugsbereiches zu versorgen. (Sub-)Zentrum und zugehörige Ringzonen bilden somit jeweils eine funktionale Region. Einschränkend postuliert von Thünen allerdings, dass die Zentralstadt als Hauptmarktplatz den isolierten Staat dominiert. Ein großer Anteil der wirtschaftlichen Aktivitäten ist quasi zwangsläufig auf das Zentrum ausgerichtet. Denn dieses besitzt eine besonders hohe Attraktivität, da es den Mittelpunkt des isolierten Staates bildet und zugleich als Sitz der Regierung auch den Standort der politischen Macht beherbergt. Auch wenn die Subzentren ein eigenes Einzugsgebiet besitzen, unterliegen sie dem Einfluss des Hauptzentrums, weil sie eine im Vergleich zu diesem geringere wirtschaftliche Attraktivität besitzen.

Somit skizziert von Thünen neben der konzentrischen Anordnung verschiedener Bodennutzungen um ein Zentrum auch ein einstufiges, hierarchisch gegliedertes Städtesystem. Beide Elemente prägen die Struktur einer Wirtschaftsregion. Jedoch ist nur der Standort des Hauptzentrums, welcher den Mittelpunkt der Wirtschaftsregion bildet, festgelegt. Die Verteilung der Subzentren wird nicht analysiert. Hier setzen die Theorien von Christaller und von Lösch an, die das Gefüge der Städte untersuchen.

2.2 *Die zentralen Orte als Zentren der Wirtschaftsregionen nach der Theorie Christallers*

Auch Christaller geht von den Beziehungen zwischen einer Stadt und dem ihr zuzurechnenden Einzugsgebiet aus.[1] Allerdings analysiert er die räumliche Verteilung von Städten verschiedener Größe auf einer unendlichen homogenen[2] Fläche[3] unter der Prämisse, dass die Nachfrager von möglichst wenigen Angebotsstandorten aus mit Gütern, die eine spezifische Reichweite besitzen, zu versorgen sind.

2.2.1 Das Netz der zentralen Orte nach dem Versorgungsprinzip

Stärker als von Thünen betont Christaller die Funktion eines Zentrums als Ort des Angebots. Die Bevölkerung sucht ein Zentrum auf, um sich mit den dort vorhandenen Gütern zu versorgen. Hierbei versuchen die Nachfrager, ihre Entfernungskosten zu minimieren, indem sie sich zum jeweils nächstgelegenen Angebotsort eines Gutes begeben. Grundsätzlich wird ein Gut in einem Ort nur dann angeboten, wenn eine genügend hohe Nachfrage nach ihm besteht. Folglich benötigt jeder Anbieter ein Einzugsgebiet, welches zumindest die angebotsabhängigen Kosten des Gutes deckt. Diese Mindestreichweite bestimmt also, ob ein Gut überhaupt angeboten wird und ob ein bestimmter Ort ein Versorgungszentrum mit diesem Gut ist. Grundlegend für das Netz der zentralen Orte ist allerdings die Höchstreichweite eines Gutes. Denn überschreitet die Summe aus Güterpreis und den Kosten für die Entfernungsüberwindung den verfügbaren Ausgabebetrag, so wird das Gut nicht nachgefragt. Ausgehend von einem Angebotsort besitzt ein Gut daher eine obere Grenze der Reichweite.[4] Jenseits dieser Höchstreichweite verschwindet die Nachfrage völlig, die Bevölkerung versorgt sich nicht mit diesem Gut. Die Höchstreichweite bestimmt somit die größtmögliche Zahl an Nachfragern, die ein Anbieter auf sich ziehen kann, und damit das mögliche Marktgebiet. Je größer folglich der Abstand zwischen zwei Anbietern des gleichen Gutes bis

---

[1] Vgl.: Christaller, Walter, Die zentralen Orte in Süddeutschland, 2. unveränderte Aufl. Darmstadt 1968.

[2] Mithin bestehen keine topographischen und bevölkerungsgeographischen Unterschiede, die Bevölkerung ist gleichmäßig über den Raum verteilt und besitzt überall eine gleich hohe Nachfragekraft, zudem ist jeder Ort gleichermaßen gut zugänglich.

[3] Darauf, dass die Fläche nicht nur homogen, sondern ebenfalls unendlich sein muss, weist Todt hin. Vgl.: Todt, Horst, Raumwirtschaftsstrukturen, a.a.O., S. 69 f.

[4] Vgl.: Christaller, Walter, Die zentralen Orte in Süddeutschland, a.a.O., S. 54 ff.

zur Erreichung der Höchstreichweite ist, desto größer ist auch das zugehörige Marktgebiet der Anbieter und damit ihr Gewinn. Daher werden die Anbieter ihre Standorte so legen, dass diese auf den Ecken gleichseitiger Dreiecke liegen.

Zudem verlangt Christaller die Einhaltung des Versorgungsprinzips. Dieses besagt, dass das Gesamtgebiet mit einer minimalen Anzahl von Anbietern flächendeckend abgedeckt werden soll, so dass keine Gebiete unversorgt bleiben. Dies hat zur Folge dass kein Nachfrager eine Strecke zurücklegen muss, die größer als die Höchstreichweite des Gutes ist. Wird ein beliebiges Dreieck (vgl. Abbildung 2) ausgewählt, kann der Abstand zwischen zwei Angebotsorten als Seitenlänge a in Abhängigkeit von der Höchstreichweite r des Gutes bestimmt werden als:

$$a^2 = \left(\frac{3}{2}r\right)^2 + \left(\frac{a}{2}\right)^2$$

und

$$a = r\sqrt{3}\ .$$

Abbildung 2: Abstand der Anbieterstandorte für ein Gut mit der Höchstreichweite r

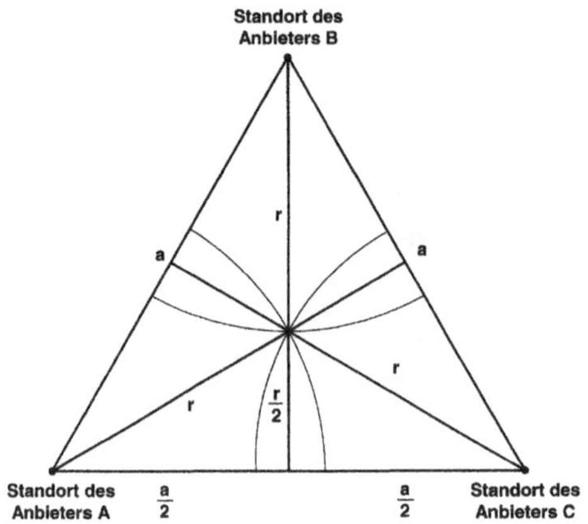

Quelle: Eigene Darstellung in Anlehnung an Heinritz, Günter, Zentralität und zentrale Orte, Stuttgart 1997, S. 27.

Da die Nachfrager den dichtesten Anbieter präferieren, ergeben sich sechseckige Marktgebiete für die Orte dieses Basisrasters (vergleiche Abbildung 3).

Abbildung 3: Die Entstehung der sechseckigen Marktgebiete (Basisraster)

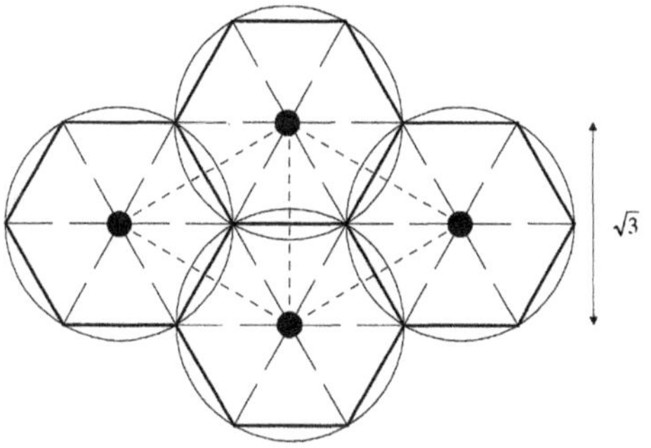

Quelle: Eigene Darstellung in Anlehnung an Todt, Horst, Raumwirtschaftsstrukturen, a.a.O., S. 68.

Werden die Güter nach ihrer Höchstreichweite in aufsteigender Reihenfolge sortiert und dann Rangstufen zugeordnet, wird eine Güterhierarchie erzeugt. Diese verwendet Christaller dazu, die Angebotsorte der Güter, die Städte, zu klassifizieren. Je höher die Reichweite eines Gutes ist, desto höher ist auch der Rang des Gutes und somit auch der Rang der Stadt, in der das Gut angeboten wird.

Christaller geht hier von der Geltung des Zentralitätsprinzips aus. Dies bedeutet, dass in einer Stadt, in der das Gut der Hierarchiestufe n angeboten wird, ebenfalls alle Güter der niedrigeren Hierarchiestufen offeriert werden. Somit gehört die Stadt nicht nur der Hierarchiestufe n, sondern auch allen niedrigeren Hierarchiestufen an.[1] Diese Städte sind die zentralen Orte unterschiedlicher Hierarchiestufen, in denen die zentralen Güter unterschiedlichen Ranges innerhalb ihres jeweiligen Marktgebietes angeboten werden. Mit dem jeweiligen Gut verändert sich die Größe des Gebietes, welches den Ort als Versorgungszentrum nutzt.

Wird die Höchstreichweite r des Gutes mit der geringsten Reichweite (Gut 1) gleich 1 gesetzt, so beträgt der Abstand zwischen den Angebotsorten des Basisrasters $\sqrt{3}$. Das nächste ranghöhere Gut (Gut 2) wird aufgrund der größeren Reichweite nur an ausgewählten Orten des Basisrasters angeboten. Seine kleinstmögliche Reichweite beträgt $\sqrt{3}$. Das Angebot von Gütern, deren Reichweite größer 1, aber kleiner $\sqrt{3}$ ist, wird folglich in die Orte des Basisrasters gedrängt.

---

[1] Vgl.: Christaller, Walter, Die zentralen Orte in Süddeutschland, a.a.O., S. 21 ff.

Abbildung 4: Das Netz der Orte der nächsthöheren Stufe

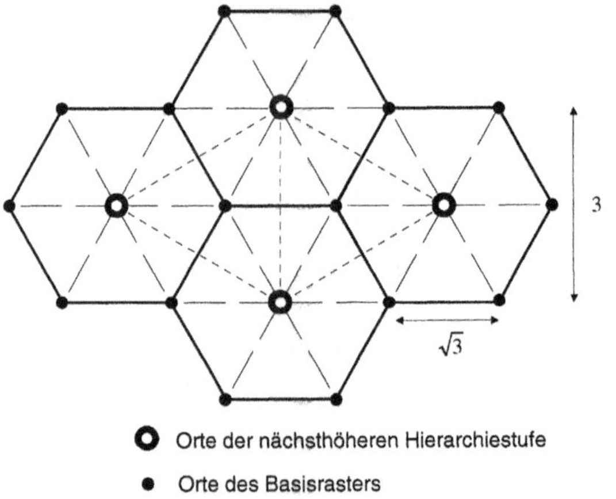

Quelle: Eigene Darstellung in Anlehnung an Todt, Horst, Raumwirtschaftsstrukturen, a.a.O., S. 69.

Auf jeder Hierarchiestufe kann der Abstand zwischen den Angebotsorten der Güter bestimmt werden. Es entstehen einander überlagernde Netze, wobei die folgende Reihe die Abstände zwischen den Angebotsorten angibt:

$$1 < \sqrt{3} < 3 < 3\sqrt{3} < 9 < 9\sqrt{3} \ldots.$$

Im Ergebnis entsteht ein hierarchisches System zentraler Orte, deren Rang durch das Güterangebot bestimmt wird. Orte niedriger Stufe weisen ein kleineres Güterangebot mit kleineren Marktgebieten auf und umgekehrt.

2.2.2 Die Zuordnung der zentralen Orte zur Bildung von Wirtschaftsregionen

Um zu Wirtschaftsregionen der Christallerschen Prägung zu gelangen, ist zu klären, auf welche Weise die Orte einer Hierarchiestufe den Orten der übergeordneten Hierarchiestufe zugeordnet werden und wie die Einzugsbereiche bei der Zuordnung der Orte zu berücksichtigen sind.

Im System Christallers übt die Stadt mit dem höchsten Rang die Hauptstadtfunktion aus (in Abbildung 5 mit H gekennzeichnet). Dieser zentrale Ort der obersten Stufe weist ein Einzugsgebiet auf, welches dem der Volkswirtschaft entspricht. Er bildet den Mittelpunkt dieses Gebietes; in ihm werden alle Güter angeboten, so auch die zentralen Leistungen höchster Stufe. Das Einzugsgebiet dieses Ortes ist somit identisch mit der Wirtschaftsregion höchster Ordnung.

Abbildung 5: Die Bildung der Wirtschaftsregionen nach der Theorie der Zentralen Orte für die drei obersten Hierarchiestufen

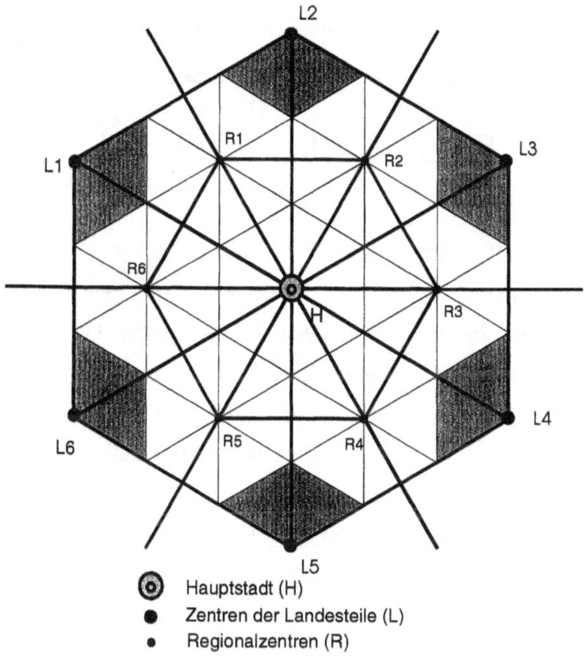

Quelle: Eigene Darstellung in Anlehnung an Christaller, Walter, Die Zentralen Orte in Süddeutschland, a.a.O., S. 71.

Die Orte der folgenden niedrigeren Hierarchiestufe, es handelt sich bei ihnen um die Zentren der Landesteile (L), liegen auf den sechs Ecken des Einzugsgebietes der Hauptstadt. Allerdings gehören sie nur mit einem Drittel zu der Volkswirtschaft, da sie als Grenzstädte mit jeweils einem weitere Drittel zu zwei anderen Gebieten gehören. Gleiches gilt für ihr Einzugsgebiet, auch dieses zerfällt in drei Teile. Dieses Gliederungsprinzip setzt sich auf den darauf folgenden niedrigeren Stufen fort. So liegen beispielsweise von den Zentren der nächsten Hierarchiestufe, den Regionalzentren (R), all diejenigen, die nicht zugleich auch Zentrum eines Landesteils sind, in den Mittelpunkten der gleichseitigen Dreiecke, die von den Landesteilsorten aufgespannt werden. Damit gehören sie gleich zu drei Landesteilen.

Die folgende Tabelle gibt für fünf Hierarchiestufen eine Übersicht über die Zahl der Orte und deren Gebiete. Anders als bei der Berechnung der Zahl der Gebiete werden bei der Bestimmung der Zahl der Orte einer Hierarchiestufe die Orte höherer Hierarchiestufen nicht mitgezählt.

Tabelle 1: Die Zahl der Orte und Gebiete für die fünf höchsten Hierarchiestufen nach Christaller

Hierarchiestufe	**1**	**2**	**3**	**4**	**5**
Zahl der Orte	1	2	6	18	54
Zahl der Gebiete	1	3	9	27	81

Quelle: Eigene Berechnungen nach Christaller, Walter, Die Zentralen Orte in Süddeutschland, a.a.O., S. 72.

Die Überlagerung der Netze führt dazu, dass eine eindeutige Zuordnung der Orte zu Regionen nicht möglich ist. Denn jeder Ort unteren Ranges gehört auf der nachfolgenden höheren Stufe zum Einzugsgebiet gleich dreier zentraler Orte, da er zu allen den gleichen Abstand aufweist.[1] Um dieses Zuordnungsproblem zu lösen, schlug Christaller vor, dass einem zentralen Ort höherer Stufe sowie zwei Orten der nächstniedrigeren Stufe jeweils zwei Orte der übernächstniedrigeren Stufe zugeschlagen werden. Diese Gruppe von neun Orten bilde dann eine Region. Gegen eine derartige Zuordnung lassen sich jedoch mehrere Einwände formulieren: Einerseits wird damit das engere Einzugsgebiet der Orte zerschnitten. Andererseits liegen trotzdem wichtige Orte an der Peripherie ihres Gebietes. Zudem bleibt ungeklärt, auf welche Weise der Anfang einer derartigen, nach Christaller vorrangig unter verwaltungstechnischen Erfordernissen oder kulturellen Bedingungen stehenden Unterteilung bestimmt werden soll. Schließlich besitzt die Positionierung zumindest einiger Orte auf oder in der Nähe einer Marktgrenze zwischen zwei Gebieten durchaus Realitätsnähe. Denn dem Grundgedanken, dass zwischen zwei in einem genügend hohen Abstand zueinander liegenden Orten mit höherer Bedeutung genügend Raum für einen weiteren, jedoch mit geringerer Bedeutung ausgestatteten Ort besteht, ist kaum zu widersprechen.

[1] Christaller ging davon aus, dass sich Handelsbeziehungen zwischen den Städten ergeben, die sich als förderlich für die Zuordnung erweisen. Vgl.: Christaller, Walter, Das Grundgerüst der räumlichen Ordnung Europas, in: Frankfurter Geographische Hefte, 24. Jg. 1950, Heft 1, S. 9.

2.2.3 Der Christallersche Regionsbegriff

Wie in der Theorie von Thünens besteht auch in Christallers Theorie eine Region aus einer Stadt und ihrem Einzugsgebiet. Ob ein in dem Gebiet liegender Ort der landwirtschaftlichen Produktion dient, als industrieller Standort genutzt wird oder den Standort einer größeren Stadt mit Marktfunktion beherbergt, hängt von seiner Lagegunst ab. Im Mittelpunkt der Region liegt der zentrale Ort. Während sich die Standorte mit landwirtschaftlicher Nutzung räumlich im Einzugsbereich des zentralen Ortes verteilen, finden sich die Standorte industrieller Nutzung – je nach der Stärke der Abhängigkeit von einzelnen Standortfaktoren wie beispielsweise Rohstoffvorkommen, Energiequellen, Angebot an Arbeitskräften oder Konsumnähe – entweder in unmittelbarer Nähe des zentralen Ortes oder entlang der Verbindungsstrecken zwischen zentralen Orten.[1]

Nach Christallers Ansicht besteht in der Region eine starker funktionaler Zusammenhang. So zeigen sich zwar Unterschiede zwischen Stadt und Land bzw. zwischen den industriell und den landwirtschaftlich genutzten Gebieten, jedoch bildet die Region ein „... organisches Ganzes von einander ergänzenden sozialen Gruppen ..."[2]. Sie besitzt einen lokalen Wirtschaftskreislauf und Kulturaustausch. Die verschieden genutzten Gebiete in einer Region lassen allerdings bezüglich ihrer Ausdehnung, Verteilung und Bevölkerungszahl keinerlei Regeln oder Gesetzmäßigkeiten erkennen.[3]

Nur die Städte besitzen eine Bedeutung für die Struktur der Wirtschaftsregion. Denn sie nehmen die Versorgungsfunktion für ihr Gebiet wahr. Die in einer Stadt angebotenen Güter können hierarchisch geordnet werden, aus der Hierarchie der Güter ergibt sich somit auch eine Hierarchie der Städte. Die Ausdehnung des Einzugsgebiets einer Stadt wird von der Höchstreichweite des Gutes höchster Hierarchiestufe, welches in der Stadt angeboten wird, bestimmt. Im Einzugsgebiet einer Stadt höherer Hierarchiestufe liegen Städte niedrigerer Hierarchiestufen. Diese besitzen ein eigenes Einzugsgebiet. Jedoch überlappen sich die Einzugsgebiete der Städte für Güter unterschiedlicher Hierarchiestufen. Eine klare Zuordnung der Gebietsteile ist daher nur auf einer bestimmten Hierarchiestufe möglich.

---

[1] Vgl.: Christaller, Walter, Das Grundgerüst der räumlichen Ordnung Europas, a.a.O., S. 8.

[2] Christaller, Walter, Das geographische Problem der Wahlkreiseinteilung, in: Deutsche Wählergemeinschaft, Mitteilungen 1948, S. 13–15, hier S. 15.

[3] Vgl.: Christaller, Walter, Das geographische Problem der Wahlkreiseinteilung, a.a.O., S. 15

Die Nachfrager trachten danach, den zum Erwerb eine Gutes notwendigen Weg zu minimieren, sie bewegen sich daher zum nächstgelegenen Angebotsort. Unter dem Postulat der Wegeminimierung zeigt sich geometrisch eine regelmäßige Sechseckstruktur. Diese Form sieht Christaller nicht nur als adäquate räumliche Deskriptionsbasis an, sondern sie stellt für ihn vielmehr ein optimales Abbild des räumlichen Funktionsgefüges dar, welches sich durch das Wirken einer räumlichen Gesetzmäßigkeit quasi zwangsläufig ergeben müsse.[1] Anzahl und Größe der zentralen Orte mit ihren Gebieten und ihre Abstufungen folgen hierbei der Theorie der zentralen Orte.[2] Diese Gesetzmäßigkeit findet Christaller bei seinen empirischen Untersuchungen für zum Teil in Größe und Ausdehnung sehr unterschiedliche Raumeinheiten in der Kombination von Bevölkerungszahl der Gebietseinheit und Rang des zentralen Ortes bestätigt.[3]

Nur selten zeigt sich allerdings die postulierte Regelmäßigkeit in der gewünschten Deutlichkeit. Christaller sah diese Abweichungen und wandte sich gegen eine allzu starre Anwendung seiner gefundenen Sechseckstruktur. Denn der Einfluss anderer standortbildender Faktoren führe dazu, dass das mathematisch-starre Schema wesentliche Veränderungen erfährt.[4] Damit ist aber nicht ausgeschlossen, dass jede augenfällige Regelmäßigkeit in der Anordnung und Verteilung der Städte verschwindet.[5]

Zu bedenken ist ebenfalls, dass auch Stadtentstehung und -entwicklung im historischen Kontext unterschiedlichen Einflussgrößen unterliegen. Mit jeder Veränderung der Höchstreichweiten durch z. B. verbesserte Transportmöglichkeiten oder das Aufkommen neuer Güter müsste auch eine räumliche Neuanordnung der Städte verbunden sein. Daher ist mit einem den Christallerschen Ausführungen exakt entsprechenden Stadtgefüge kaum zu rechnen.

---

[1] Vgl.: Christaller, Walter, Die Zentralen Orte in Süddeutschland, a.a.O., S. 72; derselbe, Die Parallelität der Systeme des Verkehrs und der zentralen Orte, dargestellt am Beispiel der Schweiz, in: Tagungsberichte und wissenschaftliche Abhandlungen des Deutschen Geographentages, Herbert Lehmann (Hrsg.), Bd. 28, Remagen 1952, S. 159–163, hier S. 160; weiter: derselbe, Raumtheorie und Raumordnung, in: Archiv für Wirtschaftsplanung, Bd. 1 1941, Heft 1, S. 116–135, hier S. 121.

[2] Vgl.: Christaller, Walter, Die Parallelität der Systeme des Verkehrs und der zentralen Orte, dargestellt am Beispiel der Schweiz, a.a.O., S. 13.

[3] Vgl. hierzu z. B. die in Christaller, Walter, Das Grundgerüst der räumlichen Ordnung Europas, a.a.O., auf den Seiten 13, 24 f., 32 f., 40 f. 48 f., 56 f., 66 f., 74 f., 82 f., 92 f. und 95 sowie in Christaller, Walter, Subkontinente, in: Zeitschrift für Geopolitik, 26. Jg. 1955, S. 603–608, angegebenen Tabellen.

[4] Christaller, Walter, Die Zentralen Orte in Süddeutschland, a.a.O., S. 73ff.

[5] Vgl.: Todt, Horst, Raumwirtschaftsstrukturen, a.a.O., S. 70.

2.3 *Die Wirtschaftsgebiete von Lösch*

Der Grundgedanke der Konzeption von Lösch kann folgendermaßen formuliert werden: Die flächendeckende Versorgung wird nicht – wie bei Christaller – durch eine minimale Zahl von Zentren bewirkt, sondern der Wettbewerb zwischen den Anbietern führt zu einer Minimierung der Flächen der Marktgebiete. Zudem setzt er nicht voraus, dass jeder Ort einer höheren Hierarchiestufe alle Güter der unteren Hierarchiestufen anbietet. Sondern dies gesteht er nur noch der Stadt der höchsten Hierarchiestufe, der Hauptstadt, zu.

2.3.1 Das Netz der Marktgebiete

Auch nach Lösch ergibt sich der Radius eines Markt- oder Einzugsgebietes einer Stadt durch die Reichweite eines dort angebotenen Gutes. Allerdings bestimmt die notwendige Versendungsreichweite eines Gutes, welche der kostendeckenden unteren Reichweite in der Theorie Christallers entspricht, und nicht die Höchstreichweite die Ausdehnung des Gebietes.[1]

Das Basisnetz – bestehend aus den Orten der untersten Hierarchiestufe – wird für das Gut mit der geringsten Versendungsreichweite gebildet. In seiner Anlage entspricht es dem Ansatz Christallers, mit der Einschränkung, dass der Abstand zwischen den Orten der Versendungsreichweite entspricht. Die Angebotsorte der Güter höherer Hierarchiestufen liegen auf diesem Netz. Welcher der Orte des Basisrasters zugleich auch Angebotsstandort ist, hängt von der Versendungsreichweite v ab. Ausgehend von der Hauptstadt H, in der Güter aller Hierarchiestufen angeboten werden, kann die Netzkonzeption von Lösch entwickelt werden (vgl. Abbildung 6). Das kleinste Marktgebiet 1 entsteht, wenn alle umliegenden sechs Orte mit einem Gut versorgt werden. Dieses Marktgebiet entspricht in seiner Gestalt dem Christallerschen Prinzip, nach dem eine Stadt die nächstgelegenen sechs Orte, die auf den Ecken eines Sechsecks liegen, versorgt. Die notwendige Versendungsreichweite beträgt v, die Entfernung zwischen den Angebotsstandorten (in Abbildung 6 z. B. die Orte H und A) für das Gut 1 beträgt $v\sqrt{3}$. Auf einen Angebotsstandort entfällt jeweils nur ein Drittel der Nachfrage eines Ortes auf dem Sechseck, so dass dieser insgesamt drei volle Orte versorgt.

---

[1] Vgl.: Lösch, August, Die räumliche Ordnung der Wirtschaft, 3. Aufl. Stuttgart 1962, S. 72 ff.

Abbildung 6: Die sechs kleinsten Marktgebiete

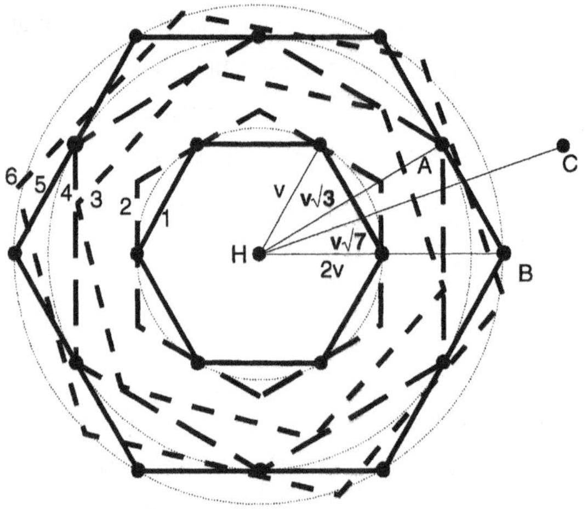

H: Hauptstadt, Angebotsstandort aller Güter (1-6)
A: Angebotsstandort des Gutes 1
B: Angebotsstandort des Gutes 2
C: Angebotsstandort des Gutes 3
v: notwendige Versendungsreichweite
Die Zahlen an den Sechsecken bezeichnen, ausgehend von der Hauptstadt, das jeweilige Marktgebiet der Güter 1-6

Quelle: Darstellung nach Lösch, August, Die räumliche Ordnung der Wirtschaft, a.a.O., S. 81.

Im nächstgrößeren Marktgebiet für das Gut 2 werden die Nachfrageorte jeweils zur Hälfte von zwei Angebotsstandorten aus versorgt. Die Orte liegen nunmehr auf den Kanten eines Sechsecks mit dem Innenkreisradius v, der Abstand zwischen den Angebotsstandorten dieses Gutes (in Abbildung 6 z. B. die Orte H und B) beträgt $2v$. Auf jeden Angebotsstandort entfallen nunmehr 4 Orte. Die notwendige Versendungsreichweite bleibt davon unbenommen, sie beträgt immer noch v.

Das dritte Marktgebiet (Gut 3) endlich umschließt alle sechs benachbarten Orte des Angebotsortes H, sie werden ausnahmslos von ihm beliefert. Der Abstand zwischen zwei Versorgungszentren (in Abbildung 6 z. B. die Orte H und C) beträgt $v\sqrt{7}$, die notwendige Versendungsreichweite beträgt weiter v.

Erst dem vierten Marktgebiet (Gut 4) liegt eine höhere notwendige Versendungsreichweite zugrunde, sie beträgt $v\sqrt{3}$. Dieses Marktgebiet ist hinsichtlich seiner Entstehung wieder identisch mit den Marktgebieten Christallers. Das fünfte Marktgebiet ist analog zum zweiten konzipiert. Hier werden 6 Orte je zur Hälfte, weitere 6 zu je einem Drittel sowie 7 Orte ganz von H versorgt. Die notwendige Versendungsreichweite beträgt $2v$. Das sechste Marktgebiet ähnelt dem Dritten. Die notwendige Versendungsreichweite beträgt nunmehr wieder $v\sqrt{3}$. Von der Hauptstadt H werden 13 Orte versorgt. Diese Entwicklung setzt sich auf den folgenden Hierarchiestufen analog fort. Die folgende Tabelle 2 zeigt die Entwicklung für die 10 kleinsten Wirtschaftsgebiete:

Tabelle 2: Zahl der zu versorgenden Orte, Entfernungen und Höhe der notwendigen Versendungsreichweiten für die 10 kleinsten Marktgebiete nach Lösch

Marktgebiet	1	2	3	4	5	6	7	8	9	10
Zahl der zu versorgenden Orte	3	4	7	9	12	13	16	19	21	25
Entfernung zwischen den Angebotsorten	$v\sqrt{3}$	$v\sqrt{4}$	$v\sqrt{7}$	$v\sqrt{9}$	$v\sqrt{12}$	$v\sqrt{13}$	$v\sqrt{16}$	$v\sqrt{19}$	$v\sqrt{21}$	$v\sqrt{25}$
Höhe der notwendigen Versendungsreichweite	v	v	v	$v\sqrt{3}$	$2v$	$v\sqrt{3}$	$2v$	$2v$	$v\sqrt{7}$	$v\sqrt{7}$

Quelle: Lösch, August, Die räumliche Ordnung der Wirtschaft, a.a.O., S. 82.

Diese Konstruktion von Marktgebieten hat mehrere Konsequenzen: Erkennbar ist, dass die Marktgrenzen zum Teil keine Siedlungen durchtrennen, sondern zwischen zwei Nachfragestandorten verlaufen. Alle Nachfrageorte werden vollständig einem Angebotsort zugeschlagen. Es kommt also zu keiner Aufspaltung von Orten. Lösch hielt daher gerade eine Verwirklichung der Marktgebiete 3, 6 und 8 für wahrscheinlich (vergleiche Abbildung 7).[1] Er begründete dies damit, dass einerseits Grenzstädte in politischen Gliederungen selten vorkommen und sich der Handel jeweils auf die politischen Zentren konzentriere, andererseits die theoretisch richtige Teilung der Orte praktisch zu einer instabilen Situation führen würde, in der drei Orte um einen weiteren wettstreiten. Die wirtschaftliche Konkurrenz um diesen Ort führe aber dazu, dass dies kein Dauerzustand bliebe.

Eine weitere Folge dieser Konzeption ist, dass sich die Orte auf das Angebot lediglich einiger Güter spezialisieren: Im Gegensatz zum System Christallers, in dem jeder Ort höherer Stufe ebenfalls alle Güter und Dienste niedrigerer Stufe anbietet, werden im System von Lösch nur in der im Mittelpunkt des Gebiets liegenden Hauptstadt alle Güter angeboten. Damit ist eine strenge Hierarchie der Orte, bei der der Rang einer Stadt durch den Rang der dort angebotenen Güter festgelegt wird, nicht gegeben.

[1] Vgl.: Lösch, August, Die räumliche Ordnung der Wirtschaft, a.a.O., S. 83 f. Fn. 3.

Abbildung 7: Die Marktgebiete nach Lösch

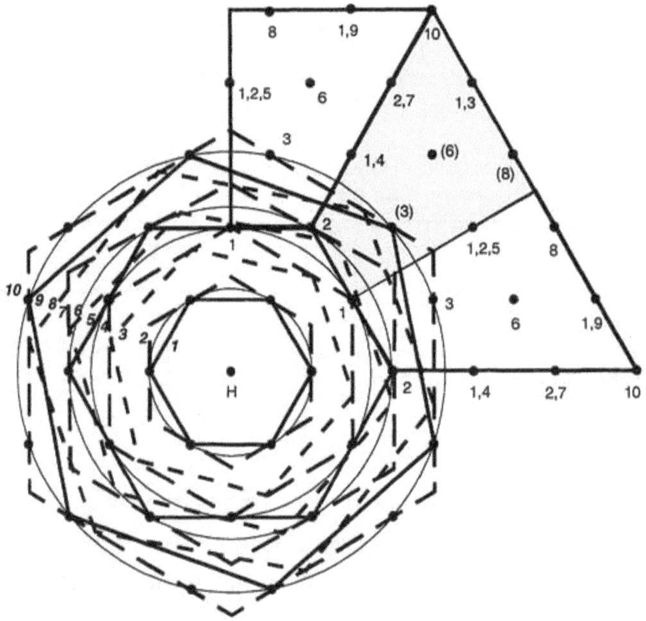

H: Hauptstadt, Angebotsort für die Güter 1 - 10
Die kursiv und fett gedruckten Zahlen kennzeichnen die Marktgebiete.
Die Zahlen an den Angebotsorten verdeutlichen, welches Gut in einem Ort angeboten wird.
Alternative Angebotsorte für ein Gut sind durch in Klammern gesetzte Zahlen gekennzeichnet.

Quelle: Darstellung nach Lösch, August, Die räumliche Ordnung der Wirtschaft, a.a.O., S. 81.

Schließlich besteht auf dem Basisraster ein Freiheitsgrad, der die Lage und Verteilung der Angebotsstandorte eines bestimmten Gutes betrifft. In der Abbildung 7 sind potentielle Angebotsorte eines Gutes in Klammern gesetzt. Sie kommen als Versorgungszentren nicht in Frage. Denn ihr Marktgebiet wird bereits von anderen Orten aus mit dem Gut versorgt. Damit werden sie als zusätzliche Angebotsorte nicht benötigt. Somit wird nicht jeder Nachfrageort auch zu einem Angebotsstandort.

Diesen Umstand nutzt Lösch, um das höhere Aufkommen von Orten entlang der Verkehrsachsen zu verdeutlichen. Denn es entstehen Sektoren mit unterschiedlichen Häufungen von Angebotsorten, wenn die Marktgebiete übereinander gelegt und durch Drehung und Verschiebung der Netze um die Hauptstadt herum Sektoren mit möglichst hoher Besetzung an Angebotsorten erzeugt werden. Hierdurch können sechs stadtreichere und sechs stadtärmere Sektoren sowie ein stadtleerer Ring in direkter Nähe zur Hauptstadt erzeugt werden (vergleiche Abbildung 8).

Abbildung 8: Das vollständige System der Marktgebiete und die Folge der Angebotsorte

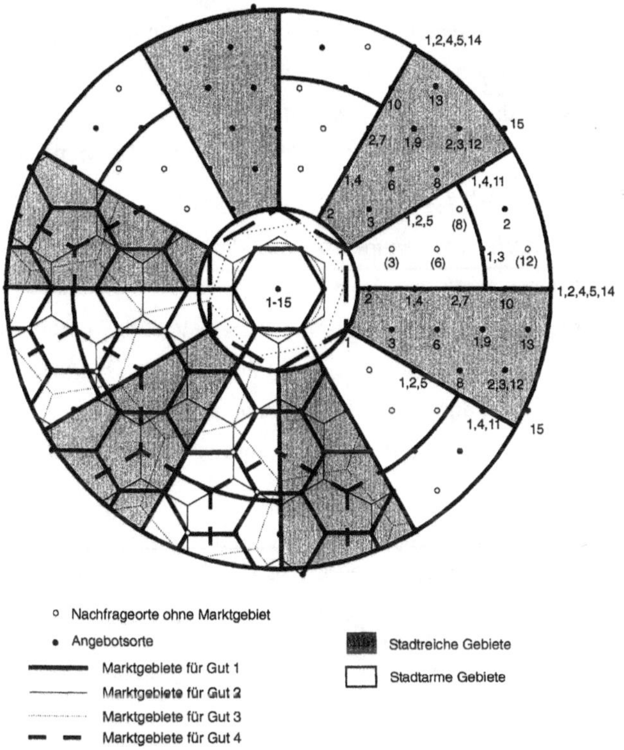

Quelle: Darstellung nach Lösch, August, Die räumliche Ordnung der Wirtschaft, a.a.O., S. 87.

2.3.2 Die zweckmäßige regionale Unterteilung der Marktgebiete zur Bildung von Wirtschaftsregionen

Lösch hat versucht, ausgehend von der Hauptstadt, zweckmäßige regionale Untergliederungen abzuleiten. Fundamental ist hierbei seine Annahme, dass nicht jedes theoretisch mögliche Marktgebiet auch tatsächlich vorhanden sein muss. Denn reicht die Anzahl der zu versorgenden Orte in einem Marktgebiet nicht aus, um das Gut kostendeckend abzusetzen, entfällt dieses Netz, und das Gut wird nicht angeboten. Dieses Ergebnis ähnelt dem, welches erzielt wird, wenn nach Gebieten mit gleichem Aufbau gesucht wird. In beiden Fällen werden lediglich die Gebietsstufen ausgewählt, die

„vernünftige" Lösungen darstellen. Die Zahl der vorhandenen Gebietsstufen wird jedoch erheblich geringer.

Beispielsweise könnte ein größeres Marktgebiet k Gebiete der nächstkleineren Größe (bzw. deren Mittelpunkte) umfassen. Für k = 3 ergäbe sich das auf dem Versorgungsprinzip aufbauende Christallersche System, bei dem neben der Hauptstadt sechs Orte zu jeweils 1/3 zu versorgen sind (vergleiche Abbildung 5). Für k = 4 gehören zum Gebiet der Hauptstadt drei untergeordnete Städte (sechs Orte jeweils zur Hälfte) und vier ganze Gebiete der nächstniedrigeren Stufe (vergleiche Abbildung 9), und für k = 7 sechs Städte und sieben Gebiete (Abbildung 10).

Doch auch mit diesen Varianten können die Zuordnungsprobleme, wie sie sich für die Christallersche Ordnung nach dem Versorgungsprinzip (k = 3) ergaben, nicht ausgeräumt werden. Denn für k = 4 liegen die Orte der nächstniedrigen Stufe auf der Grenze des Gebietes, ihr Einzugsgebiet gehört also nur zur Hälfte zur Hauptstadtregion. Hinzu kommt, dass in beiden Varianten Orte ohne eigenes Marktgebiet auf der Grenze zwischen zwei Angebotsorten liegen. Auch sie gehören damit jeweils nur zur Hälfte zu einem Marktgebiet.

Abbildung 9: Die Bildung von Wirtschaftsregionen durch die Zuordnung von vier nächstniedrigeren Angebotsorten zur Hauptstadt (k = 4)

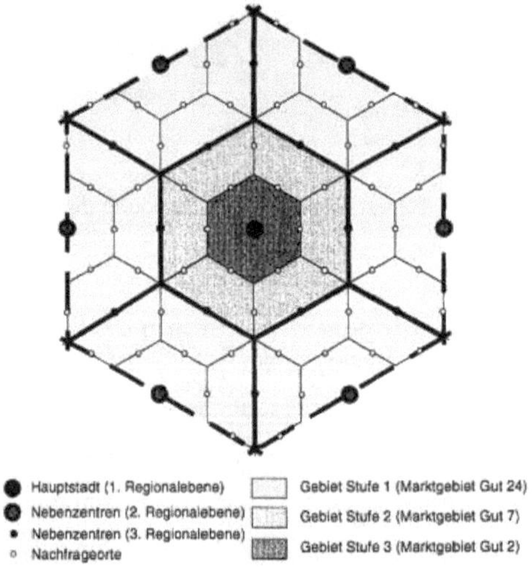

Quelle: Darstellung nach Lösch, August, Die räumliche Ordnung der Wirtschaft, a.a.O., S. 92.

Abbildung 10: Die Bildung von Wirtschaftsregionen durch die Zuordnung von sieben nächstniedrigeren Angebotsorten zur Hauptstadt (k = 7)

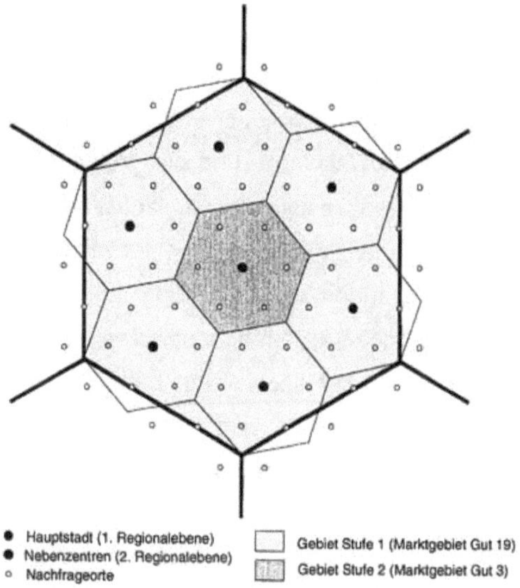

Quelle: Darstellung nach Lösch, August, Die räumliche Ordnung der Wirtschaft, a.a.O., S. 92.

2.3.3 Wirtschaftsregionen in der Theorie von Lösch

Ähnlich wie Christaller unterscheidet auch Lösch zwischen gleichförmig und unterschiedlich strukturierten Räumen. Gleichförmig strukturierte Räume weisen eine annähernd einheitliche Wirtschaftsweise auf und sind daher auch geographisch als Einheit aufzufassen.[1] Beispielsweise ist es möglich, Industrielandschaften nach der Häufigkeit der Betriebe bzw. der Dominanz des industriellen Sektors zu bestimmen. Denn zu einer Häufung von Betrieben an einem Standort kommt es, wenn einerseits die natürlichen Standortfaktoren die Ansiedlung an diesem Ort erzwingen, und wenn andererseits dieser Ort aufgrund der schon vorhandenen Betriebe eine stärkere Anziehungskraft gegenüber alternativen Orten besitzt.[2] Insbesondere die Nutzung von Ballungsvorteilen führt zu einer höheren Konzentration von Betrieben in hoch verdichteten Räumen.[3]

---

[1] Vgl.: Lösch, August, Die räumliche Ordnung der Wirtschaft, a.a.O., S. 90 f., Fn. 6.

[2] Lösch bezeichnet diese als Vorteile der Masse, der Mischung und der Nähe von Unternehmen sowie Vorteile der Lage und des Lagers. Vgl.: Lösch, August, Die räumliche Ordnung der Wirtschaft, a.a.O., S. 47 ff.

[3] Vgl.: Lösch, August, Die räumliche Ordnung der Wirtschaft, a.a.O., S. 181 f.

Diesem eher beschreibenden Bild der ökonomischen Landschaft stellt er das Modell eines nach wirtschaftlichen Prinzipien strukturierten Raumes gegenüber. Die idealtypische Region auf der homogenen Fläche ergibt sich aus der Beziehung zwischen der Hauptstadt und der auf diese ausgerichteten Umgebung. Während die Hauptstadt denjenigen Ort bezeichnet, in dem alle Güter produziert und angeboten werden, der folglich auch die größte lokale Nachfrage und die größte wirtschaftliche Bedeutung besitzt, hängen Ausdehnung und Gestalt ihres Umlandes von dem Gut mit der höchsten Reichweite ab. Denn dessen Marktgebiet bestimmt die Grenze und damit den Umfang des Gebietes. Hinzu treten mit der Hauptstadt konkurrierende Zentren, die einerseits ein insgesamt geringeres Güterangebot aufweisen und sich andererseits auf das Angebot lediglich einiger Güter spezialisiert haben. Nur wenn nach besonders günstigen Marktabgrenzungen gesucht wird, gelingt eine Zusammenfassung von Städten zu Regionen, ohne dass einzelne Städte geteilt und mehreren Wirtschaftsregionen zugeordnet werden.

Wie Christaller hat auch Lösch untersucht, wieweit die reale Wirtschaftsregion mit ihrem theoretischen Ideal übereinstimmt.[1] Eine schwer zu erfassende Einwirkungsquelle sieht er in der unregelmäßig geformten Erdoberfläche, die zu einer Verzerrung der regelmäßigen Struktur der Marktgebiete führt. Doch auch die zwischen den einzelnen Branchen verschiedenen Motive bei der Standortwahl führen zu räumlich unterschiedlich hohen Konzentrationen an Betrieben. Dies verstärkt die Verzerrungen, ohne dass jedoch Richtung und Ausmaß der Abweichung abgeschätzt werden können. Mit einer regelmäßigen Folge von Standorten der Produktion ist somit kaum zu rechnen. Zudem sind die Marktgebiete sehr unterschiedlich übereinander gelagert, so dass die Netzstruktur kein eindeutiges Zentrum mehr ausweist. Weiter stellt Lösch fest, dass auch das Güterangebot sehr unterschiedlich auf die Städte verteilt ist. So kann das Marktgebiet eines Ortes sehr groß sein, wenn er ein bestimmtes Produkt anbietet, obwohl er ansonsten unbedeutend ist und von den umliegenden Städten abhängt. Damit ist nicht auszuschließen, dass in einer Wirtschaftsregion durchaus mehrere regionale Zentren nebeneinander existieren, die eine annähernd gleich große Bedeutung aufweisen. Diese werden nicht autark sein, mithin werden nicht alle benötigten Güter in diesen

---

[1] Vgl.: Lösch, August, The nature of economic regions, Southern Economic Journal, Vol. 5 1938, No. 1, S. 71–78, wieder abgedruckt in: Materialien zur Ökonomie der Stadtplanung, Jörn Barnbrock (Hrsg.), Braunschweig 1975, S. 45–53, hier S. 49; weiter: derselbe, Die räumliche Ordnung der Wirtschaft, a.a.O., S. 287 ff.

Zentren produziert. Alle diese Faktoren führen aber dazu, dass die tatsächliche regionale Struktur von der theoretischen abweicht.

2.4 Erweiterungen der Modelle Christallers und Löschs

Christaller und Lösch zeichnen ein ähnliches Bild von der strukturierten Wirtschaftsregion. Im System Christallers ist diese das Ergebnis eines unter dem Aspekt der flächendeckenden Versorgung stehenden optimalen Aufteilungsprozesses des zur Verfügung stehenden Raumes, bei dem die Transportkosten so gering wie möglich gehalten werden. Durch die Hierarchie der angebotenen Güter folgt ein streng hierarchisches System von Regionen, wobei jedes Zentrum ein Umland unterschiedlicher Ausdehnung auch mit allen Gütern unterer Stufen versorgt. Dagegen gelangt Lösch aufgrund des Wettbewerbs zwischen Anbietern in Abhängigkeit von der Versendungsreichweite zu minimalen Marktgebieten. Zudem zeigt sich keine strenge Hierarchie der Angebotsorte, vielmehr spezialisieren sich diese hinsichtlich ihres Angebots an Gütern. Gerade dies bedingt, dass sich seine Theorie einer empirischen Überprüfung entzieht.

Cristallers Theorie führte dazu, dass die Stadt-Umland-Problematik in das Blickfeld der empirischen Forschung geriet.[1] Dabei wurde sich hauptsächlich auf den Aspekt konzentriert, eine Hierarchie der zentralen Orte für ein fest umrissenes Gebiet zu bestimmen. Dies gelang selten für mehr als vier Stufen. Typisch ist eine Unterscheidung von Groß-, Ober-, Mittel- und Unterzentren. Als problematisch erwies sich, dass eine eindeutige Unterscheidung der Güter und Dienstleistungen und ihre Zuordnung zu Hierarchiestufen kaum möglich ist, da auch untergeordnete Orte oftmals zumindest Teilfunktionen der ihnen übergeordneten Stufe ausüben.

Eine geringere Zahl von Untersuchungen erstreckt sich auf die den Zentren tributären Einzugsbereiche. Diese Gebiete werden von Christaller nachrangig behandelt. Er stellt lediglich fest, dass es am Rand des Einzugsgebietes eines zentralen Ortes zu Überlagerungen mehrerer Einzugsbereiche kommen muss. Dies erschwert die Abgrenzung des Gebietes. In anderen Untersuchungen werden typischerweise Umland, Hinterland und Einflussgebiet unterschieden.[2] Diese Einteilung beruht einerseits auf der Intensität

[1] Vgl.: Kluczka, Georg, Zum Problem der zentralen Orte und ihrer Bereiche, Münster 1967, S. 8–71.

[2] Vgl.: Kluczka, Georg, Zum Problem der zentralen Orte und ihrer Bereiche, a.a.O., S. 29.

der Stadt-Land-Beziehungen, andererseits auf der für die Wahrnehmung des Angebots eines zentralen Ortes notwendigerweise zurückzulegenden Entfernung. Da die auf den Hierarchiestufen angebotenen Güter und Dienstleistungen unterschiedliche Reichweiten besitzen, variieren somit auch die Größen der Regionen. Gleichzeitig entsteht das Problem, wie der größtmögliche Einzugsbereich zu bemessen ist: Denn wird beispielsweise zwischen europäischen und nationalen Dienstleistungen unterschieden, so sind auch Reichweiten möglich, die weit über das Gebiet einer Volkswirtschaft hinausreichen. Hier ist auch nicht auszuschließen, dass das Prinzip der Reichweite zu Gebieten unterschiedlicher Ausdehnung führt. Hauptsächlich wird sich daher, basierend auf dem Modell der Stadtregion von Olaf Boustedt, auf die Abgrenzung des engeren Umlandes konzentriert, in dem die dort offensichtlicher in Erscheinung tretenden Verflechtungen analysiert werden.[1]

Zusätzlich zu den oben angeführten Kritikpunkten, die gegen eine regelmäßige räumliche Verteilung der Zentren bzw. ihrer Markt- oder Einzugsgebiete sprechen, argumentieren verschiedene Autoren auf der Basis der Bevölkerungsverteilung. Unter dem Einfluss der industriellen Entwicklung entstehen Ballungsräume, daher muss ein System zentraler Orte von den Agglomerationsräumen her bestimmt werden. So kommt Arnhold[2] zu dem Schluss, dass das System der zentralen Orte lediglich für die vorindustrielle Zeit Gültigkeit besitze. Infolge von Bevölkerungsbewegungen bilde sich das System um, so dass lediglich der Abstand zwischen den aufgrund der Ortgröße bestimmten zentralen Hauptorte konstant bliebe. Allerdings werde die Lage und Verteilung der zentralen Orte zusätzlich von physisch-geographischen und historischen Faktoren beeinflusst.

---

[1] Vgl.: Hruschka, Erhard, Wirtschaftliche und sozialräumliche Verflechtungen im Raum Pforzheim, Pforzheim 1967; weiter: Boustedt, Olaf, Die Stadtregion, in: Allgemeines statistisches Archiv, Bd. 37 1953, S. 13–26, hier S. 13 ff.; weiter: derselbe, Wesen und Bedeutung der Stadtregion, in: Forschungs- und Sitzungsberichte der Akademie für Raumforschung und Landesplanung, Bd. 14: Stadtregionen in der Bundesrepublik Deutschland, Bremen 1960, S. 1 ff.; weiter: Nellner, Werner, Das Konzept der Stadtregionen und ihre Neuabgrenzung 1970, in: Forschungs- und Sitzungsberichte der Akademie für Raumforschung und Landesplanung Bd. 103: Stadtregionen in der Bundesrepublik Deutschland 1970, Hannover 1970.

[2] Vgl.: Arnhold, Helmut, Das System der zentralen Orte in Mitteldeutschland, in: Berichte zur deutschen Landeskunde, Bd. 9 1951, S. 353–362.

Auch Rushton[1] und Isard[2] wenden sich gegen die Annahme einer gleichmäßigen Bevölkerungsverteilung. Ob ein Gut kostendeckend angeboten werden kann, wird neben der Höhe der Transportkosten zusätzlich von der Verteilung der Nachfrage im Raum abhängen. Variationen in der Bevölkerungsverteilung führen dazu, dass die Marktgebiete in Form und Größe verzerrt werden, da eine Mindestnachfrage gewährleistet sein muss. In der dichter besiedelten Nähe zu Städten werden die Marktgebiete daher kleiner geraten, dünner besiedelte Gebiete in wachsender Entfernung von einer Stadt korrespondieren mit größeren Marktgebieten. Nimmt die Bevölkerungsdichte zudem nicht gleichmäßig ab, so entstehen zusätzlich auch unregelmäßige Sechsecke. Der grundsätzliche Gehalt der Modelle Christallers und Löschs wird von dieser Kritik jedoch nicht berührt.

Die Anordnung der Angebotsorte wird von Allen und Sanglier in einer Simulation untersucht.[3] In ihrem Modell folgt die Veränderung der Bevölkerungsverteilung durch Zu- und Abwanderungen dem Angebot an Beschäftigungsmöglichkeiten, die in den regelmäßig auf der Ebene verteilten Orten zur Verfügung stehen. Es wird ein Ort „zufällig" aus der Gesamtmenge ausgewählt und mit dem Angebot eines neuen zentralen Dienstes betraut. Dies wird so lange wiederholt, bis die Höchstzahl von Angebotsorten, die in dem Gebiet Platz finden können, erreicht ist. Da allerdings ein Ort auch mehrfach Standort desselben Dienstes sein kann, ergibt sich eine unregelmäßige Verteilung der Angebotsorte dieses Dienstes. Mithin wird es zu Wanderungen von Teilen der Bevölkerung kommen, die sich auf diese Orte konzentrieren. Hierdurch werden diese Städte größer. Wird ein weiterer Dienst zufällig auf die Orte verteilt, so ist aufgrund der größeren Bevölkerungsmasse im gesamten Einzugsbereich und dem damit verbundenen Potential an Arbeitskräften auch die Wahrscheinlichkeit größer, dass sich dieser Ort dauerhaft als Angebotsort des Dienstes durchsetzt. Dagegen kann sich das Angebot in den mittlerweile stark „geschrumpften" Städten langfristig nicht etablieren. Das Aufkommen weiterer, hierarchisch höher einzustufender Dienste löst zusätzliche Bevöl-

---

[1] Vgl.: Rushton, Gerard, Map transformations of point patterns: Central place patterns in areas of variable population density, in: Papers of the Regional Science Association, Bd. 28 1971, S. 111–129.

[2] Vgl.: Isard, Walter, Location and space economy. A general theory relating to industrial location, market areas, land use, trade, and urban structure, Cambridge (Mass.) and London 1965, S. 271 f.

[3] Allen, P.M. und Sanglier, M., A Dynamic Model of Growth in a Central Place System, in: Geographical Analysis, Bd. 11 1979, Nr. 3, S. 256–272; dieselben, Urban evolution, self-organization, and decisionmaking, in: Environment and Planning A, Bd. 13 1981, S. 167–183.

kerungswanderungen aus, so dass sich schließlich ein System von Städten gleicher Funktionen ergibt. Dieses lässt jedoch keine regelmäßige Struktur erkennen, denn die Anordnungen der Orte, die dieselben Dienste ausüben, variieren. Ohne die Einführung zusätzlicher Nebenbedingungen ergeben sich daher für jede neue Simulation voneinander abweichende Stadtsysteme, womit auch jeweils die Lage, Form und Ausdehnung der Einzugsbereiche variieren.

Die Ergebnisse der Simulationsstudie von Allen und Sanglier verdeutlichen einerseits die Problematik, die auch schon von Lösch angesprochen wurde. Reale Marktgebiete besitzen keine regelmäßige hexagonale Struktur, insofern ist auch bei der empirischen Untersuchung mit ihrem Auftreten nicht zu rechnen. Andererseits kommt auch diese Theorie nicht ohne die Annahme aus, dass eine hierarchische Abstufung der Güter möglich ist. Damit hängt das Wachstum einer Stadt sowohl von Umfang und Bedeutung der angebotenen Dienste als auch von der Größe des Einzugsbereiches ab. Insofern variieren Größe und Ausdehnung der Regionen trotz des an sich gleichen Güterangebots.

2.5 Die Beziehungen zwischen Zentrum und Peripherie in der Theorie von Friedmann

Friedmann[1] untersucht die sich im Zeitablauf verändernden Beziehungen zwischen dem Zentrum als Kernraum[2] und dem Umland als Peripherie der Region. Er nimmt an, dass zwischen Zentrum und Peripherie eine Autoritäts-Abhängigkeitsbeziehung besteht, wobei das Zentrum erheblichen Einfluss auf die Peripherie ausübt. Diese Beziehung erstreckt sich nicht nur auf ökonomische, sondern zum Beispiel auch auf kulturelle, politische oder soziale Erscheinungen.

Die Autorität des Zentrums beruht dabei einerseits auf seiner im Vergleich zur Peripherie höheren Attraktivität. In ihm sind bereits führende ökonomische Aktivitäten (in der Terminologie Christallers Güter der höchsten Ränge) vorhanden, es bietet daher auch einen guten Nährboden für zukünftige Investitionen von Unternehmen. Neue ökonomische Aktivitäten werden daher vornehmlich im Zentrum entstehen und sich von diesem Ort aus über die Region verbreiten. Andererseits steht die Peripherie in

[1] Friedmann, John, A general theory of polarized development, in: Niles M. Hansen, Growth Centers in regional economic development, New York 1972, S. 82–107.

[2] Der Kernraum setzt sich entweder aus einer Stadt und ihrem engeren Umland (Stadtregion) zusammen oder wird von einer mehrkernigen Agglomeration gebildet.

einem Abhängigkeitsverhältnis zum Zentrum, da sie als Teil der Region besonders dann von den Entwicklungen im Zentrum profitieren wird, wenn die von dort ausgehenden Impulse angenommen werden. Dafür ist gewissermaßen als Vorbedingung jedoch notwendig, dass die Entscheidungsautorität des Zentrums akzeptiert wird. Dies eröffnet den Verantwortlichen innerhalb des Zentrums die Möglichkeit, autark Entscheidungen zu treffen, die ihren Einfluss auf die in der Peripherie ansässige Bevölkerung haben. Als Beispiel kann hier die Investitionslenkung bei der Standortwahl eines Betriebes dienen, welche maßgeblich durch die Gewährung von öffentlichen Vergünstigungen bei der Ansiedlung in einem bestimmten Teilraum beeinflusst werden kann. Die Peripherie profitiert also, wenn sie die Entscheidungsautorität des Zentrums anerkennt.

Die Mehrheit der Investitionen wird jedoch im Zentrum vorgenommen. Durch die Ausweitung der ökonomischen Aktivitäten wird das Zentrum größer und dehnt sich in das benachbarte Umland aus. Zudem verstärken sich auch die Beziehungen zwischen Zentrum und Peripherie. Das höhere Interaktionspotential des Zentrums begünstigt die Entwicklung der Peripherie, in der neue Subzentren entstehen. Allerdings nimmt damit auch die Abhängigkeit der Peripherie bzw. der Subzentren vom Zentrum zu. Diese vermindert sich erst, wenn mit dem Anwachsen der Austauschbeziehungen zwischen den (Sub-)Zentren schließlich auch die Entscheidungsgewalt dezentralisiert wird.

Zentrum, Subzentren und Peripherie fügen sich zu einem nach funktionalen Aspekten gegliederten räumlichen System zusammen. Eine Volkswirtschaft kann mehrere dieser funktionalen Regionen aufweisen. Wie Christaller und Lösch geht auch Friedmann von einer Hierarchie der städtischen Funktionen aus, um die Region zu strukturieren. Denn die verschiedenen Zentren nehmen unterschiedliche Aufgaben wahr: Den größten Einfluss besitzt die dominierende Stadt („primate city"). Sie fungiert als Steuerungszentrale und vereinigt sowohl politische als auch wirtschaftliche Entscheidungsgewalt für den gesamten Raum auf sich. Damit bildet sie den funktionalen Mittelpunkt der Region.[1] Dagegen nehmen die in der Region verstreut liegenden Subzentren untergeordnete Funktionen für den peripheren Raum wahr. Unter dem Einfluss der Autoritäts-Abhängigkeitsbeziehung konkurrieren sie miteinander um die Nutzung neuer Entwicklungen.

Nach Friedman dominieren sowohl Zentrum als auch Subzentren jeweils ein eigenes Gebiet, innerhalb dessen sie die Entscheidungsgewalt über die von ihnen wahrge-

[1] Vgl.: Friedmann, John, Cities in social transformation, a.a.O., S. 347.

nommenen Funktionen besitzen. Die Ausdehnung des Einflussbereiches eines Subzentrums ergibt sich aus der Reichweite und der Stärke der Autoritäts-Abhängigkeitsbeziehung. Aufgrund der mannigfaltigen Verflechtungsintensitäten werden die Gebiete daher in Größe und Form sehr verschieden sein, so dass sich ökonomische bzw. administrative Räume mit unterschiedlicher Ausdehnung ergeben. Dieser Zusammenhang gilt ebenfalls für die Grenze zwischen den funktionalen Regionen, auch sie ist auf die Autoritäts-Abhängigkeitsbeziehung zurückzuführen.

Damit wird zugleich deutlich, dass die Autoritäts-Abhängigkeitsbeziehung der wesentliche Faktor für die Abgrenzung der funktionalen Region ist. Die genaue Bestimmung ihrer Reichweite ist jedoch mit gravierenden Schwierigkeiten verbunden: Zum einen ist zu berücksichtigen, dass die Gesamtheit der unter dem Begriff Autoritäts-Abhängigkeitsbeziehung zusammengefassten Funktionen nicht notwendigerweise in einem Zentrum vereinigt sein muss, sondern sich die Funktionen auf mehrere Orte verteilen können. Nicht selten ist die Trennung zwischen politischen und ökonomischen Funktionsbereichen, wie z. B. zwischen Frankfurt a. M. und Wiesbaden, Leipzig und Dresden oder New York und Washington. Denn die Verteilung der Funktionen unterliegt neben historischen auch zufälligen Einflüssen, die zu einem Vorteil für eine Stadt werden und diese aus einer Gruppe an sich gleichartiger Städte selektiert.[1]

Zum anderen besteht ein generelles Problem darin, die Reichweite einer einzelnen Funktion zu ermitteln, da auch diese von z. T. sehr unterschiedlichen Faktoren abhängt. So beeinflussen die mit der Entwicklung des politischen Systems einhergehenden (De-)Zentralisierungstendenzen die Stärke der Autoritäts-Abhängigkeits-Beziehungen und führen zu einer sehr individuellen Gestalt der Räume. Auch sind Ausmaß und Wirkung einer ausgeübten Funktion nur schwer zu ermitteln, da die Tragweite einer Entscheidung sowohl direkte als auch indirekte Wirkungen hat. Wird beispielsweise eine (Teil-)Funktion auf ein Nebenzentrum übertragen, so bleiben hiervon alle weiteren Teilräume nicht unbeeinflusst. Beide Faktoren erschweren die empirische Analyse, da sie individuelle Gebietsstrukturen bedingen und somit die räumliche Verteilung der Zentren sehr unterschiedlich sein kann.[2]

---

[1] Vgl.: Ritter, Wigand, Allgemeine Wirtschaftsgeographie, 2. Aufl. München, Wien 1993, S. 191.
[2] Vgl.: Friedmann, John, Cities in social transformation, a.a.O., S. 348.

2.6 *Zusammenfassung der wichtigsten Ergebnisse und Folgerungen für die weitere Vorgehensweise*

Vereinigendes Element der in diesem Abschnitt diskutierten Theorien ist die Annahme, dass sich eine strukturierte Wirtschaftsregion aus einem Hauptzentrum, dem dazugehörigen Einzugsgebiet sowie weiteren, im Einzugsgebiet des Hauptzentrums verteilt liegenden Nebenzentren zusammensetzt. In allen Ansätzen bildet das Hauptzentrum den funktionalen Mittelpunkt der Region. Dieser Kernraum kann sowohl aus einer einzelnen Stadt bestehen oder von einer Agglomeration gebildet werden. Während von Thünen über die Verteilung der Nebenzentren in der Region keine Aussage macht, sind die Städte nach Christaller vollkommen regelmäßig angeordnet. Davon abweichend existieren im System von Lösch stadtreiche neben stadtarmen Sektoren. Eine regelmäßige Folge von Orten ergibt sich nur, wenn sich ausgehend vom Zentrum in bestimmte Richtungen bewegt wird. In markantem Gegensatz dazu stehen die Ansätze von Allen und Sanglier sowie Friedmann, in denen zufällige Komponenten betont werden. Hier könnte sich eine regelmäßige Struktur allenfalls unter Berücksichtigung historischer und politischer Komponenten in kleineren Teilräumen zeigen.

Damit sind zunächst die in dem Gebiet der Bundesrepublik Deutschland existierenden Kernräume zu bestimmen und abzugrenzen. Den Ausgangspunkt der Untersuchungen bildet dabei der Umstand, dass die Entstehung von Kernräumen durch Agglomerationsvor- und -nachteile beeinflusst wird. Dies kann berücksichtigt werden, indem zunächst die Verteilung der Siedlungen im Gebiet der Bundesrepublik Deutschland analysiert wird. Denn die Eigenschaften und Funktionen eines Ortes werden ein maßgebliches Motiv für die im Zeitablauf erfolgten Bevölkerungsbewegungen sein, da davon auszugehen ist, dass mit dem höheren Rang eines Ortes auch ein höheres Angebot an Arbeitsplätzen verbunden ist.[1] Dies hat eine Bevölkerungsverteilung zur Folge, bei der gerade die Kernräume eine besonders hohe Einwohnerzahl bzw. besonders viele Siedlungen aufweisen werden. Durch die Analyse der Siedlungsverteilung kann also einerseits die Anordnung der Orte überprüft werden, anderseits erlaubt sie auch, regionale Siedlungscluster zu identifizieren.

Dieser Aspekt muss um eine Untersuchung ergänzt werden, bei der die in den einzelnen Teilräumen unterschiedlichen ökonomischen Aktivitäten im Mittelpunkt stehen.

---

[1] Für den Einzelnen können sehr unterschiedliche Motive maßgeblich sein. Als ökonomische Merkmale nennt Albrecht z. B. Übervölkerung, Landflucht sowie berufliche Bedingungen. Vgl.: Albrecht, Günter, Soziologie der geographischen Mobilität, Stuttgart 1972, S. 42 ff.

Denn nahezu alle diskutierten Ansätze gehen von einer funktionalen Hierarchie der Städte aus. Allerdings erkennt Christaller eine klare Hierarchie städtischer Funktionen, während es bei Lösch zur Spezialisierung der Städte auf bestimmte Funktionen kommt. Von Böventer begründet dies mit Vorteilen und Nachteilen der Agglomeration, die ebenfalls eine Spezialisierung von Teilräumen in der Nähe der Städte nach sich zieht.[1] Dagegen argumentiert Friedmann, dass sich Unterschiede im Entwicklungsstand durch die Auflösung bzw. Anpassung der Autoritäts-Abhängigkeits-Beziehung im Zeitablauf ergeben. Diese bedingen eine individuelle teilräumliche Entwicklung. Er führt dazu aus, dass „... area specialization, functional differentiation, and the degree of interaction among activities distributed in space may be accepted as one of the more important criteria for measuring the relative degree of maturity of regional urban structure."[2] Diese unterschiedliche Spezialisierung, die aus den funktionalen Beziehungen zwischen (Sub-)Zentren und peripheren Gebieten resultiert, schlägt sich im Siedlungssystem nieder. Denn gerade die in den Kernräumen der Wirtschaftsregionen beherbergten Zentren werden Funktionen höherer Hierarchiestufen wahrnehmen und damit eine hohe Bedeutung aufweisen. Daher ist für das Gebiet der Bundesrepublik Deutschland ebenfalls zu untersuchen, welche Zentren eine hohe Bedeutung besitzen. Der Abgleich mit den zuvor identifizierten regionalen Siedlungsclustern erlaubt dann, die Kernräume zu bestimmen, die als mögliche Zentren von strukturierten Wirtschaftsregionen in Frage kommen.

Die Abgrenzung der strukturierten Wirtschaftsregionen beruht in allen theoretischen Ansätzen auf den Beziehungen zwischen dem Zentrum und dem von diesem beeinflussten Gebiet. Mehrere Aspekte sind hier von Bedeutung: Alle Autoren gehen davon aus, dass eine Hierarchie unter den Städten besteht. Jedoch lassen von Thünen und Friedmann offen, wie viele strukturierte Wirtschaftsregionen ein Gebiet besitzt. Dagegen gelangt Christaller zu recht eindeutigen Aussagen, indem er eine Rangordnung unter den Städten entwickelt und daraus exakte Zahlen für die Menge der Orte und Gebiete ableitet. In ähnlicher Weise verfährt Lösch. Allerdings beruht die Rangordnung in beiden Ansätzen auf sehr strengen Annahmen. Daher ist nicht davon auszugehen,

[1] Vgl.: Böventer, Edwin von, Die Struktur der Landschaft, Versuch einer Synthese und Weiterentwicklung der Modelle J. H. von Thünens, W. Christallers und A. Löschs, in: Optimales Wachstum und optimale Standortverteilung, E. von Böventer, R. Henn und G. Bombach (Hrsg.), Schriften des Vereins für Socialpolitik, Bd. 27, Berlin 1962, S. 77–133.

[2] Friedmann, John, Cities in social transformation, a.a.O., S. 349.

dass den Vorgaben der Theorien exakt gefolgt werden kann. Prinzipiell böte es sich deshalb an, die Reichweite städtischer Funktionen zu betrachten und darüber festzustellen, wo eine Region endet und eine andere beginnt. Demnach wäre für jeden der identifizierten Kernräume zu ermitteln, welche Funktionen von ihm ausgeübt werden, und welche Reichweite diese Funktionen besitzen. Jedoch sind sowohl die exakte Menge der in jedem Kernraum beherbergten städtischen Funktionen als auch ihre genaue Reichweite nicht zu ermitteln. Zudem ist auch nicht auszuschließen, dass eine strukturierte Wirtschaftsregion von mehreren Kernräumen geprägt wird, also Hauptzentrum und Subzentren besitzt. Daher muss die Abgrenzung der strukturierten Wirtschaftsregionen auf andere Weise erfolgen: Von Thünen und Friedmann gehen von intensiven Verflechtungen zwischen Zentrum und Umland aus. In ihrer Sicht bestimmt der Grad der Interaktionen zwischen Zentrum und Umland die Zugehörigkeit eines Teilraumes zu einem Zentrum, wobei wirtschaftlich attraktive Orte in der Regel einen höheren Grad an Interaktionen auf sich vereinigen werden. Hier wird also für das Gebiet der Bundesrepublik Deutschland zu untersuchen sein, wo die Orte mit besonders hoher Attraktivität liegen und welche Kernräume tatsächlich Hauptzentren von strukturierten Wirtschaftsregionen sind. Im Gegensatz zu von Thünen und Friedmann gelangen Christaller und Lösch aufgrund der Reichweiten der angebotenen Güter zu Abgrenzungen von Versorgungsgebieten. Dies entspricht der Suche nach den optimalen Standorten für eine noch näher zu bestimmende Zahl von Versorgungszentren, die jeweils ein eigenes Versorgungsgebiet besitzen. Untersucht werden muss also, wo im Gebiet der Bundesrepublik Deutschland die Versorgungszentren anzusiedeln wären, welches Versorgungsgebiet sie haben und in welchen Kernräumen sie beheimatet sind. Die Ergebnisse der beiden miteinander konkurrierenden Abgrenzungsmöglichkeiten sind miteinander zu vergleichen.

3 Empirischer Teil: Die Gliederung der Bundesrepublik Deutschland in strukturierte Wirtschaftsregionen

„... defining regions precisely is such a nightmare that most regional economists prefer to shy away from the task, and are relieved when they are forced to work with administrative regions on the grounds that policy considerations require it or that data are not available for any other spatial units. [#]

Im vorhergehenden Kapitel wurden verschiedene Ansätze erörtert, in denen die strukturierte Wirtschaftsregion als Zusammenfügung von Zentrum und Umland aufgefasst wird. Daran anschließend ist es das Ziel des empirischen Teils der Arbeit, ausgehend von den verfügbaren Datensätzen die Bundesrepublik Deutschland in strukturierte Wirtschaftsregionen zu untergliedern. Festzuhalten ist, dass vor Beginn der empirischen Analyse keine Kenntnis über die Zahl der Wirtschaftsregionen besteht. Als Anhaltspunkt können jedoch die Angaben über die Lage der Zentren und die Verteilung der Gebiete von Christaller und Lösch dienen. Beide geben eine exakte, zugleich aber auch sehr starre Ordnung des Regionalsystems vor. Daher gilt es in einem ersten Schritt zu prüfen, welche Kernräume in der Bundesrepublik Deutschland existieren und ob die postulierte regelmäßige Anordnung der Orte zumindest in Näherung zutrifft. Nach der Analyse der räumlichen Verteilung der Siedlungen ist dann zu untersuchen, welche Orte eine höhere Bedeutung für ihr Umland besitzen. Beide Untersuchungen dienen dazu, diejenigen Orte zu finden, die Hauptzentren von Regionen sein können. Für die Bestimmung der strukturierten Wirtschaftsregionen muss sich eine Regionierung anschließen. Diese kann sich entweder an dem Ausmaß der Interaktionen zwischen Zentrum und Umland orientieren oder mit dem Zweck durchgeführt werden, versorgungsoptimale Regionen zu schaffen. Hier stehen also die Fragen im Vordergrund, welche der Orte mit höherer Bedeutung tatsächlich auch Zentrum einer Region sind, und folgend, welches Gebiet ihnen zuzuordnen ist.

Im folgenden Abschnitt 3.1 wird die Datenlage erörtert. Unter dem Gliederungspunkt 3.2 werden die Untersuchungen zur Verteilung der Orte (Abschnitt 3.2.1) und zur

[#] Vgl.: Richardson, Harry W., Regional and Urban Economics, Harmondsworth 1978, S. 8.

Bedeutung der Zentren (Abschnitt 3.2.2) zusammengefasst. Gliederungspunkt 3.3 widmet sich dann der Abgrenzung der strukturierten Wirtschaftsregionen. Während in Abschnitt 3.3.1 die Abgrenzung der Einzugsbereiche im Sinne von Thünens bzw. Friedmanns auf der Grundlage der Verflechtungen zwischen Stadt und Umland geschieht, werden in Abschnitt 3.3.2 die Thesen Christallers und Löschs aufgegriffen, denen zufolge Städte ihr umliegendes Versorgungsgebiet dominieren. Anschließend werden die beiden Ergebnisse in Abschnitt 3.3.3 einander gegenübergestellt.

3.1 Untersuchungsraum und Datengrundlage

Regionale Untersuchungen, die sich auf das Gebiet eines einzelnen Staates beschränken, unterliegen der Gefahr, dass in ihnen der Zusammenhang zwischen miteinander verflochtenen Räumen, die sich über mehrere Staaten erstrecken, nicht berücksichtigt wird. Dies gilt um so mehr für das Gebiet der Bundesrepublik Deutschland. Denn dieses stellt in seinem heutigen Zuschnitt ein noch relativ junges Ergebnis des Neubeginns nach Kriegsende dar und wurde einerseits von der bis zur Wiedervereinigung bestehenden deutlichen Trennung zwischen Ost- und Westdeutschland geprägt. Hinzu kommen andererseits so genannte Randeffekte, die sich in der Zugehörigkeit von miteinander verflochtenen Räumen zu verschiedenen Staaten zeigen. Gerade in den Grenzräumen besteht, je nach dem Grad der Durchlässigkeit der politischen Grenze, häufig ein reger Grenzverkehr, wie es beispielsweise um Saarbrücken, Aachen oder Flensburg der Fall ist. Somit führt die Orientierung an den Ländergrenzen zu unscharf abgegrenzten Räumen.[1]

Allerdings ist die Beschränkung auf das Gebiet der Bundesrepublik Deutschland aus mehreren Gründen unvermeidbar: Zwar werden statistische Daten heute für die Länder der europäischen Union von dem europäischen statistischen Amt zur Verfügung gestellt.[2] Die Untergliederung in Erhebungseinheiten folgt allerdings zumeist den

[1] Vgl.: Ponsard, Claude und Tranqui, Phuoc, Fuzzy economic regions in Europe, in: Environment and Planning A, Bd. 17 1985, S. 873–887, hier S. 873 ff.

[2] Das statistische Amt der EU (EUROSTAT) legt die Nationalstaaten (Ebene 0) zugrunde und unterscheidet dann gemäß der „Nomenclature des Unités Territoriales Statistiques" (NUTS) in Regionen der Ebenen 1 bis 3. Für die Bundesrepublik Deutschland wird sich an den bestehenden Verwaltungseinheiten orientiert und zwischen den Bundesländern (Ebene 1), den Regierungsbezirken (Ebene 2) und den Kreisen und kreisfreien Städten (Ebene 3) unterschieden. Vgl.: Kommission der Europäischen Gemeinschaften, Die Regionen in den 90er-Jahren.

bestehenden politischen Einteilungen, was die Vergleichbarkeit in der Regel wesentlich einschränkt.[1] Hier besteht einerseits ein Regionalproblem, da sich die Erhebungseinheiten hinsichtlich Ausdehnung und Größe stark voneinander unterscheiden. Andererseits ist aber auch nicht sichergestellt, dass die Daten tatsächlich nach einheitlichen Grundsätzen erhoben werden. Denn die Träger der nationalen Statistiken verwenden unterschiedliche Erhebungsmethoden. Somit werden für die Gebiete keine formal identischen Merkmale ausgewiesen. Daher besteht ebenfalls ein Sachproblem. Zusätzlich nimmt die sachliche Differenzierung mit zunehmender Tiefe der regionalen Gliederung aus Kosten, Kapazitäts- und Geheimhaltungsgründen ab. Infolgedessen mangelt es an einer Vergleichsmöglichkeit für diese räumlich disaggregierten Daten. Dieses Differenzierungsproblem hat zur Folge, dass die politischen Grenzen der Mitgliedsländer der europäischen Gemeinschaft auch als Grenzen in einem statistischen Sinn angesehen werden müssen.[2] Diese Argumente treffen in noch stärkerem Maße auf die Nachbarstaaten der Bundesrepublik Deutschland zu, die noch keine Mitgliedschaft in der europäischen Union innehaben. Sie befinden sich überwiegend in einem Transformationsprozess, der noch nicht abgeschlossen ist. Aus diesen Gründen wird sich auf das Gebiet der Bundesrepublik Deutschland beschränkt und die damit verbundene Unschärfe hingenommen.

Als Datenbasen stehen die 1456 Städte mit einer Bevölkerung von über 10.000 Einwohnern (Stand: 1993) sowie die 444 Stadt- und Landkreise (Stand: 1995) zur Verfügung. Die Verwendung des Regionalsystems der Städte (im Folgenden auch Stadtsystem genannt) bietet sich an, weil die Bundesrepublik Deutschland einen hohen Verstädterungsgrad aufweist. Nahezu 71 % der Bevölkerung wohnte zum 1.1.1993 in den Städten mit einer Bevölkerung von mehr als 10.000 Einwohnern. Damit erfasst das Stadtsystem den überwiegenden Teil der Bevölkerung des Bundesgebiets. Zudem sind die Städte als Bindeglied zwischen den beiden kleinsten Raumeinheiten mit territo-

---

Dritter periodischer Bericht über die sozioökonomische Lage und Entwicklung der Regionen in der Gemeinschaft, Luxemburg 1987, S. 13.

[1] Vgl.: Gatzweiler, Hans-Peter, Ziele und Wege der Regionalstatistik in den neunziger Jahren, in: Neue Wege raumbezogener Statistik, Statistisches Bundesamt (Hrsg.), Schriftenreihe Forum der Bundesstatistik, Bd. 20, Stuttgart 1992, S. 127–136, hier S. 130 ff.

[2] Einen Überblick über Datengrundlage und Erhebungsmethoden in der Europäischen Gemeinschaft geben: Gee, Colin, und Treuner, Peter, Zur Datenlage für eine europäische Raumordnungspolitik, in: Raumforschung und Raumordnung, 34. Jg. 1976, S. 115–124; weiter: Südfeld, Erwin, Der zweite periodische Bericht über die sozio-ökonomische Lage und Entwicklung in den Regionen der EG, in: Raumforschung und Raumordnung, 42. Jg. 1984, S. 144–151.

rialen hoheitlichen Befugnissen im fünfstufigen Aufbau der Verwaltungseinheiten Deutschlands, der Gesamtheit der Gemeinden und den aus ihnen gebildeten größeren Aggregaten, den Landkreisen, anzusehen. Denn sie bieten oftmals wichtige Funktionen für die benachbarten Gegenden an. Auch repräsentiert die räumliche Verteilung der Städte ein gewachsenes Siedlungsgefüge, da bei ihrer Entstehung eine Vielzahl von Einflussfaktoren mitgewirkt hat. Daher sollte sich durch die Städte die Siedlungsstruktur, insbesondere die räumlichen Konzentrationen der Bevölkerung, gut erfassen lassen. Ein Nachteil des Stadtsystems ist, dass für die Städte der neuen Bundesländer bislang nur wenige Daten erhältlich sind. Daher empfiehlt es sich, neben den Städten die 444 Stadt- und Landkreise (im Folgenden auch Kreissystem genannt) als erste Aggregate, für die Daten regelmäßig von den Statistischen Landesämtern auf der Basis von Erhebungen in Statistiken veröffentlicht werden, hinzuzuziehen. Auch ihre Grenzen basieren grundsätzlich auf einer kulturellen, geographischen und politischen Zusammengehörigkeit der in ihnen wohnenden Bevölkerung, da sie aus der Zusammenfassung von räumlich benachbarten Siedlungen und Dörfern bzw. Städten und Stadtteilen zu Gemeinden und nachfolgend zu Kreisen resultieren.[1] Trotzdem stellen die Stadt- und Landkreise im Vergleich zu den Städten in stärkerem Maß eine künstliche, von der Hand des Planers bzw. des Politikers oder der in ihnen lebenden Bevölkerung gewollte und geschaffene Raumeinheit dar, durch die flächendeckend das Gebiet der Bundesrepublik Deutschland in kleinere Verwaltungseinheiten untergliedert wird. Um auch räumliche Analysen zu ermöglichen, werden für die 1456 Städte mit einer Bevölkerung von mehr als 10.000 Einwohnern und für die 444 Stadt- und Landkreise Punktkoordinaten bestimmt, die ihren Standort im Gebiet der Bundesrepublik Deutschland kennzeichnen. Für jeden Kreis wird hierbei ein fiktiver Kreismittelpunkt berechnet.[2]

Werden die Städte und Kreise nach ihrer Einwohnerzahl in absteigender Reihenfolge sortiert und Bevölkerungsklassen zugeordnet, so zeigt sich in den oberen vier Klassen eine weitgehende Übereinstimmung (siehe Tabelle 3). Hier sind überwiegend Städte mit einer hohen Bevölkerungszahl enthalten, die häufig auch die administrative Stellung eines Stadtkreises innehaben. Diese insgesamt 84 Städte vereinigen auf sich

[1] Neben den üblichen kleineren Gebietsänderungen für die Kreise des Bundesgebietes kam es gerade infolge der Wiedervereinigung bis 1995 zu mehreren Kreisreformen in den neuen Bundesländern, mit der die Zahl der Kreise um 99 gesenkt wurde.

[2] Die Vorgehensweise wird in Anhang 1 erläutert.

einen Anteil von 44,85 % der gesamten städtischen Bevölkerung. Die übrigen kreisfreien Städte besitzen immerhin noch eine Bevölkerungszahl von 20.000 bis 100.000 Einwohnern; sie liegen überwiegend in den südlichen Teilen Deutschlands. Insgesamt 1372 Städte weisen eine Einwohnerzahl von weniger als 100.000 Bewohnern auf, ihr Anteil an der Gesamtbevölkerung in Städten beträgt 55,15 %.

Diese Übereinstimmung hat einige Vorteile für die Regionierung des Bundesgebiets. Denn wenn die die Bevölkerungszahl einer Stadt einen Hinweis auf die Bedeutung der Stadt für ihr Umland liefert, so sollten sich die Zentren vorwiegend aus den 117 Stadtkreisen rekrutieren. Daher kann anstelle des Stadtsystems das Kreissystem verwendet werden, um Zentren höherer Stufen zu bestimmen.

Folgende Tabelle gibt einen Überblick über die Verteilung der Städte auf die verschiedenen Größenklassen:

Tabelle 3: Größenverteilung der Städte mit einer Bevölkerung von über 10.000 Einwohnern der Bundesrepublik Deutschland, Zuordnung zu Bevölkerungsklassen

Bevölkerungsklassen (Städte mit ... bis unter ... Einwohnern)	**Zahl der Städte**	**davon kreisfreie Städte**	**Bevölkerung in den Städten einer Bevölkerungsklasse in 1.000 Einw.**	**Anteil der Bevölkerung in den Städten einer Bevölkerungsklasse an der Gesamtbevölkerung in allen Städten in %**
1.000.000 und mehr	3	3	6411	11,04
500.000—1.000.000	10	10	6147	10,59
200.000—500.000	25	25	7308	12,59
100.000—200.000	46	35	6172	10,63
Gesamt 100.000 und mehr	***84***	***73***	***26038***	***44,85***
50.000—100.000	108	29	7192	12,39
20.000—50.000	454	15	13636	23,49
10.000—20.000	810	-	11193	19,27
Gesamt 10.000 bis 100.000	***1372***	***44***	***32021***	***55,15***
Insgesamt	***1456***	***117***	***58059***	***100***

Quelle: Eigene Berechnungen unter Verwendung von Daten aus: Statistisches Jahrbuch Deutscher Gemeinden, Deutscher Städtetag (Hrsg.), 81. Jg. 1994; sowie: Statistik Regional, hrsg. von den statistischen Ämtern der Länder und des Bundes, 1995.

3.2 Bestimmung der Kernräume der strukturierten Wirtschaftsregionen

Die strukturierte Wirtschaftsregion setzt sich in idealisierter Sicht aus ihrem Hauptzentrum und dem zu diesem gehörenden Einzugsgebiet zusammen. In diesem Abschnitt sollen nun Ordnung und Bedeutung der Zentren im Gebiet der Bundesrepublik Deutschland näher untersucht werden, um auf diese Weise diejenigen Orte zu identifizieren, die als Hauptzentren strukturierter Wirtschaftsregionen in Frage kommen.

In Untersuchungen zur Siedlungsstruktur wird der Begriff „Zentrum" häufig mit einer hohen Bevölkerungskonzentration gleichgesetzt und als Indikator die absolute Einwohnerzahl oder die Bevölkerungsdichte verwendet.[1] Hinzu treten städtebauliche Merkmale, wie z. B. Art und Dichte der Bebauung, Höhe und Alter der Gebäude, weiter ökonomische Merkmale, wie z. B. Arbeitsplatz- und Beschäftigungsdichte oder Berufs- und Einkommensstruktur, zudem Verflechtungsmerkmale, die Arbeitsplatz- und Versorgungsbeziehungen erfassen, wie z. B. Daten über Ein- und Auspendler oder Einkaufsfahrten, oder ökologische Merkmale.[2] Jedoch wird sich die Auswahl der Merkmale üblicherweise nach ihrer Verfügbarkeit für die zugrunde liegenden Erhebungseinheiten sowie nach dem Untersuchungsziel richten. Daher kann nicht nur der Begriff „Zentrum" unterschiedlich interpretiert werden, sondern ein Hauptzentrum auch aus einer Agglomeration von Orten gebildet werden. So besteht eine enge Verwandtschaft zwischen den Begriffen Zentrum, Stadtregion, Ballungsgebiet, Verdichtungsraum, städtische Agglomeration oder Agglomerationsraum. Für die folgenden Untersuchungen bietet es sich deshalb an, den Begriff „Hauptzentrum" weit zu fassen und darunter alle Orte, die eine hohe Konzentration an wirtschaftlichen Aktivitäten (Produktion und Konsum) innerhalb eines vergleichsweise knapp bemessenen Raumes aufweisen, zu verstehen. Diese Orte bilden den Kernraum einer Region. Damit kann offengelassen werden kann, ob das Hauptzentrum von einer einzelnen Stadt gebildet wird oder in mehrere benachbarte Städte zerfällt und also aus einer Agglomeration besteht.

---

[1] Vgl. z. B. die Gliederung in siedlungsstrukturelle Regions- und Kreistypen der Bundesforschungsanstalt für Landeskunde und Raumordnung, Laufende Raumbeobachtung: Aktuelle Daten zur Entwicklung der Städte, Kreise und Gemeinden 1992/93, Heft 67 der Materialien zur Raumentwicklung, Bonn 1995, S. 2–8; weiter: Die Abgrenzung von Stadtregionen in der Bundesrepublik Deutschland (Boustedt-Revision), unveröffentlichter Bericht der BIK Aschpurwis und Behrens GmbH, Hamburg 1993.

[2] Vgl.: Gaebe, Wolf, Verdichtungsräume, Stuttgart 1987, S. 176.

Um diese Kernräume zu bestimmen, wird die Siedlungsstruktur analysiert. Der Begriff „Siedlung“ meint jegliche räumliche Konzentration von Menschen, die zur besseren Befriedigung der „Daseinsgrundfunktionen" von ihnen gebildet und gegenüber einer räumlich dekonzentrierten Lebensform bevorzugt wird. Er beinhaltet sowohl eine Standort- als auch eine Nutzungskomponente. Denn auf einer festgelegten Fläche wird eine Vielzahl von wirtschaftlichen Tätigkeiten ausgeübt, der zur Verfügung stehende Raum damit auf verschiedene Weise genutzt. Die Untersuchung der Standortkomponente lässt Aussagen über die Lage der Siedlung zu, wenn beispielsweise die Entfernung zwischen zwei benachbarten Siedlungen berechnet wird. Durch die Analyse der Nutzungskomponente können Aussagen über die am Standort vorkommenden wirtschaftlichen Tätigkeiten und über die Beziehungen zwischen den Siedlungen gemacht werden, so zum Beispiel über bestehende industrielle Verflechtungen.[1]

Um Kernräume zu bestimmen, können beide Komponenten analysiert werden. Denn eine höhere Verdichtung lässt sich auf die erhöhte Anziehungskraft eines schon stärker verdichteten Raumes, die dieser gegenüber anderen, weniger verdichteten Räumen besitzt, zurückführen. Dies sollte sich einerseits in der Verteilung der Siedlungen niederschlagen. Andererseits muss sich diese erhöhte Attraktivität ebenfalls in einer höheren Nutzungsintensität bei den spezifischen, mit einem höheren Verdichtungsgrad vermuteten wirtschaftlichen Aktivitäten zeigen. Die Analyse der ersten Komponente soll in den unter Gliederungspunkt 3.2.1 folgenden Abschnitten geschehen. Unter Gliederungspunkt 3.2.2 wird dann die Nutzungskomponente analysiert. Abschnitt 3.2.3 führt die Ergebnisse der beiden vorhergehenden Abschnitte zusammen.

[1] Vgl.: Bartels, Dietrich, Theorien nationaler Siedlungssysteme und Raumordnungspolitik, in: Geographische Zeitschrift, 67. Jg., Heft 2, 1979, S. 110–146, hier S. 113 ff.; und: Bökemann, Dieter, Theorie der Raumplanung, München, Wien 1982, S. 20 f. Unter einer Siedlung versteht letzter (1) eine nach bestimmten sozialen oder wirtschaftlichen Kriterien abgegrenzte Fläche, die (2) mit tätigkeits- bzw. nutzungsbezogenen Eigenschaften (Eignungskriterien) ausgestattet ist und die (3) von bestimmten Wirtschaftssubjekten auf bestimmte Weise besetzt ist, zu verstehen. Da Letzteres ebenfalls als eine Nutzung anzusehen ist, lässt sich der Begriff Siedlung schließlich in eine Standortkomponente und eine Nutzungskomponente zerlegen.

3.2.1 Analyse der Anordnung der Standorte der Städte und der Mittelpunkte der Kreise zur Identifizierung von regionalen Siedlungsclustern

Die Standortwahl eines Unternehmens unterliegt ebenso wie z. B. die Arbeitsplatzwahl eines Haushalts verschiedenen Einflüssen. Einen für die Siedlungsstruktur maßgeblichen Einflussfaktor bilden hierbei die Agglomerationsvorteile, also die aus der räumlichen Nähe zu einem verdichteten Gebiet herrührenden Vorteile. Denn wird ein Gebiet als besonders vorteilhaft angesehen, so werden sich vermehrt Unternehmen und Haushalte in diesem Gebiet niederlassen. Es kommt dort zu einer Konzentration wirtschaftlicher Aktivitäten.

Gleichwohl werden nicht alle Wirtschaftssubjekte ihren Standort im Zentrum suchen, sondern einige werden auch den nahen Umkreis aufgrund der räumlichen Nähe zum Zentrum in Verbindung mit niedrigeren Bodenpreisen und geringfügig höheren Transportkosten bevorzugen. Daher dehnt sich der verdichtete Raum aus[1], wobei der Verdichtungsgrad mit wachsender Entfernung von Zentrum abnimmt. In den Randzonen bilden sich wiederum lokale Nebenzentren heraus, die durch eine Häufung von Unternehmen und Haushalten gekennzeichnet sind. Die Entwicklung der Nebenzentren wird zusätzlich beschleunigt, wenn diese eine eigene Zentrumsqualität erlangen und somit selbst als attraktiver Standort angesehen werden.[2] Daher werden diese lokalen Verdichtungen, wenn sie genügend groß sind, auch politisch-rechtlich eigenständig.

Über den Zeitablauf entwickelt sich damit eine spezifische Anordnung der Siedlungen und damit ein spezifisches Siedlungsmuster. Dieses empirische Siedlungsmuster kann anderen Verteilungen der Siedlungen gegenübergestellt und mit diesen verglichen werden. Dabei wird angenommen, dass sich die besondere Attraktivität der Kernräume durch die Konzentration von Siedlungen ausdrückt.

Im folgenden Abschnitt 3.2.1.1 wird zunächst die Nächst-Nachbar-Analyse vorgestellt, die zur Analyse des Siedlungsmusters verwendet wird. Die Ausgangsthese lautet, dass das Siedlungsmuster aus einem der Poissonverteilung folgenden Ansiedlungsprozess

---

[1] Zusätzlich ändert sich die Wirtschaftsstruktur des Zentrums, wenn Betriebsverlagerungen stattfinden.

[2] Vgl.: Häußermann, Hartmut, und Siebel, Walter, Die Polarisierung der Großstadtentwicklung im Süd-Nord-Gefälle, in: Süd-Nord-Gefälle in der Bundesrepublik?, J. Friedrichs, H. Häußermann und W. Siebel (Hrsg.), Opladen 1986, S. 70–96, hier S. 83; weiter Sternberg, Rolf, Konzepte der flexiblen Produktion und der Industriedistrikte als Erklärungssätze der Regionalentwicklung, in: Erdkunde, 49. Bd. Heft 3 1995, S. 161–175, hier S. 164 f.

resultiert, und Abweichungen hiervon festgestellt werden können, indem das Entfernungsgefüge zwischen benachbarten Orten ausgewertet wird. In Abschnitt 3.2.1.2 werden sodann Untersuchungsregionen gebildet. In den Abschnitten 3.2.1.3 und 3.2.1.4 werden die Verteilungen der Stadt- und Landkreise sowie der Städte mit einer Bevölkerung von mehr als 10.000 Einwohnern untersucht, in Abschnitt 3.2.1.5 werden die wichtigsten Ergebnisse zusammengefasst.

3.2.1.1 Grundzüge der Nächst-Nachbar-Analyse

Mit der Nächst-Nachbar-Analyse soll die beobachtete räumliche Anordnung der Siedlungen ausgewählten theoretischen Anordnungen gegenübergestellt und anhand eines Index beurteilt werden.[1] Dazu wird folgendermaßen vorgegangen: Zunächst wird für jede der auf einer gegebenen Grundfläche liegenden n Siedlungen die euklidische Entfernung zur nächstgelegenen Nachbarsiedlung bestimmt (D_i) und die durchschnittliche Nächst-Nachbar-Distanz (D_d) der beobachteten Anordnung der Siedlungen, die ein Maß für die Abstände zwischen den Siedlungen ist, berechnet:

$$D_d = \frac{\sum_{i=1}^{n} D_i}{n}$$

Als theoretische Anordnungen der Siedlungen werden die konzentrierte, die zufällige, die rechteckige und die hexagonale räumliche Verteilung der Siedlungen auf gleicher Grundfläche betrachtet.

Abbildung 11: Konzentrierte, zufällige, rechteckige und hexagonale räumliche Verteilung der Orte auf einer Fläche gleicher Größe

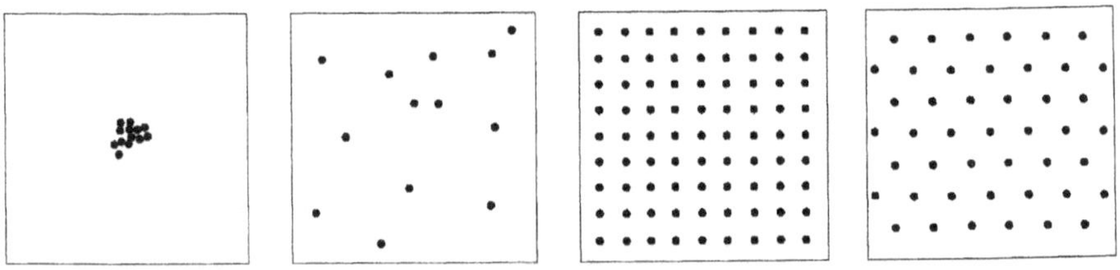

Quelle: Eigene Darstellung in Anlehnung an Rogers, A., Statistical analysis of spatial dispersion, London 1974, S. 2.

---

[1] Vergleiche zu dem folgenden: Clark, P.J., und Evans, F.C., Distance to nearest neighbor as a measure of spatial relationships in populations, in: Ecology, Bd. 35 1954, S. 445–453; und: Rogers, A., Statistical analysis of spatial dispersion, London 1974.

Ausgangspunkt der Nächst-Nachbar-Analyse ist die Basishypothese, dass die Siedlungen zufällig über die Grundfläche verteilt sind. Der Ansiedlungsprozess kann dann wie folgt beschrieben werden: Eine erste, an einer beliebigen Stelle des Gebietes entstandene Siedlung kann mit der gleichen Wahrscheinlichkeit auf jedem Punkt der homogenen Grundfläche liegen. Die räumlichen Positionen der nachfolgend entstehenden Siedlungen werden von der Lage der bereits auf der Grundfläche vorhandenen Siedlungen nicht beeinflusst. Jeder Raumausschnitt hat also die gleiche Chance, dass sich an einer Stelle eine Siedlung bildet. Damit wird die Standortwahl der Haushalte und Unternehmen ohne Beeinflussung durch überregional wirkende raumdifferenzierende Faktoren vorgenommen. Geringere Transportkosten sowie Agglomerationsvor- und -nachteile beeinflussen hier lediglich die Entscheidung, sich in einer Siedlung niederzulassen oder diese zu gründen, aber die genaue Lage der Ansiedlung ist unabhängig von ihrer Entfernung zu anderen bereits bestehenden Siedlungen. Die Wahrscheinlichkeit, dass in einem bestimmten Raumausschnitt eine bestimmte Zahl an Siedlungen zu finden ist, kann durch die Poissonverteilung approximiert werden.[1] Der Erwartungswert der mittleren Entfernungen für ein zufälliges, der Poissonverteilung folgendes räumliches Standortmuster D_e ergibt sich dann als:[2]

$$D_e = \frac{1}{2}\frac{1}{\sqrt{p}}, \text{ mit } p = \frac{n}{F}$$

wobei n die Anzahl der Siedlungen, F die Fläche des Gebietes in km^2 und p die Punktdichte, berechnet als Anzahl der Siedlungen pro km^2, bezeichnen.

Dieser Basishypothese einer zufälligen Anordnung der Siedlungen stehen die Thesen einer konzentrierten bzw. einer regelmäßigen Anordnung der Siedlung gegenüber. Zu einer konzentrierten Anordnung kommt es, wenn neue Siedlungen in der Nähe schon vorhandener entstehen. Hier existiert bereits ein verdichteter Kernraum, die Attraktivität dieses Raumes lässt Unternehmen und Haushalte eine Standortwahl in diesem Kernraum oder in seiner Nähe zur Verminderung der Transportkosten und Nutzung von

---

[1] Vgl.: Clark, Philip J. und Evans, Francis C., Distance to nearest neighbor as a measure of spatial relationships in populations, a.a.O., S. 447; Dacey, Michael F., A note on the derivation of nearest neighbor distances, in: Journal of Regional Science, Vol. 2 1960, Nr. 2, S. 81–97, hier S. 82; derselbe und Tung, Tze-hsiung, The identification of randomness in point patterns, in: Journal of Regional Science, Vol. 4 1962, Nr. 1, S. 83–96, hier S. 86.

[2] Zur Herleitung der Gleichung vergleiche: Clark, Philip J., und Evans, Francis C., Distance to nearest neighbor as a measure of spatial relationships in populations, a.a.O., S. 451 f.

Agglomerationsvorteilen als vorteilhaft erscheinen. Überregional wirkende Agglomerationsvorteile bedingen also nicht nur die Entscheidung, sich in einer Siedlung niederzulassen, sondern zudem auch, diese in der Nähe bereits bestehender anderer Siedlungen zu gründen. Eine bereits bestehende Siedlung begünstigt damit die Entstehung weiterer Siedlungen in ihrer Nähe, was auch die Entfernungen zwischen den Ansiedlungen sehr gering werden lässt. Ein vollkommen konzentriertes Muster wäre realisiert, wenn alle Siedlungen im Gebiet durch einen einzelnen Punkt approximiert werden können.

Ein regelmäßiges Muster ergibt sich in umgekehrter Weise. Eine bereits an einer Stelle vorhandene Siedlung lässt eine Ansiedlung in einiger Entfernung zu dieser attraktiv erscheinen. Unbesiedelte Gebiete werden also den bereits dicht besiedelten Gebieten vorgezogen. Da dies für alle Ansiedlungen gilt, verteilen sich diese über das Gebiet. Das entstandene Muster ist als regelmäßig einzuschätzen, wenn die Entfernungen einer Siedlung zu ihren nächsten Nachbarn nahezu gleich sind. Als Beispiel kann hier eine Verteilung dienen, in der jeweils vier Siedlungen immer genau gleich große Quadrate aufspannen. Ein vollkommen regelmäßiges System entspricht der hexagonalen Verteilung der Siedlungen nach Christaller, bei der die Abstände zwischen den Siedlungen identisch sind und drei willkürlich herausgegriffene Siedlungen auf den Eckpunkten eines von ihnen aufgespannten gleichseitigen Dreiecks liegen.[1] Die Erwartungswerte für die Entfernungen bei einer hexagonalen Anordnung (D_h) bzw. einer quadratischen Anordnung (D_r) der Siedlungen ergeben sich als:[2]

$$D_h = \frac{\sqrt{2}}{\sqrt[4]{3}\sqrt{p}} \quad \text{und} \quad D_r = \frac{1}{\sqrt{p}} \quad .$$

Ein Vergleich der Entfernungen ergibt, dass die geringste Entfernung für die konzentrierte Anordnung, die größte für die hexagonale Anordnung der Siedlungen zu erwarten ist. Zwischen diesen liegen die Abstände für die zufällige und die rechteckige Anordnung, wobei die Entfernung für das zufällige Muster kleiner sein wird.

[1] Es bleibt anzumerken, dass dies keine Begründung für das Zustandekommen dieser regelmäßigen Sechsecke ist.

[2] Zur Herleitung der Gleichungen vergleiche: Clark, Philip J., und Evans, Francis C., Distance to nearest neighbor as a measure of spatial relationships in populations, a.a.O., S. 452; und Dacey, Michael F., und Tung, Tze-hsiung, The identification of randomness in point patterns, a.a.O., S. 88; weiter Jones, Anthony, An order neighbor approach to random disturbances on regular point lattices, in: Geographical Analysis, Vol. 3 1971, Nr. 4, S. 361–378, hier S. 362.

Aus dem Verhältnis zwischen der errechneten durchschnittlichen Nächst-Nachbar-Distanz (D_d) der beobachteten räumlichen Anordnung der Siedlungen und der erwarteten Entfernung (D_e) bei zufälliger Anordnung der Siedlungen lässt sich der Nächst-Nachbar-Index R als ein Maß für den Grad der Abweichung der beobachteten räumlichen Anordnung der Siedlungen von einer zufälligen Anordnung der Siedlungen berechnen:

$$R = \frac{D_d}{D_e}$$

Der Nächst-Nachbar-Index gibt den Faktor an, um den die durchschnittliche Entfernung der empirischen Anordnung der Siedlungen größer bzw. kleiner als die erwartete Entfernung bei zufälliger Anordnung ist.[1] Die Tendenz der beobachteten Anordnung der Siedlungen kann eingeschätzt werden, wenn anstelle der durchschnittlichen Nächst-Nachbar-Distanz die Erwartungswerte für die konzentrierte, die rechteckige oder die hexagonale Anordnung eingesetzt werden. Denn für ein hochgradig konzentriertes Standortmuster nimmt R den Wert 0, für ein zufälliges Muster den Wert 1, für ein quadratisches Muster den Wert 2 und für ein hexagonales Muster einen Wert von 2,15 an.

3.2.1.2 Die Bildung von Untersuchungsregionen

Zunächst werden die Standorte der 1456 Städte mit einer Bevölkerung von mehr als 10.000 Einwohnern und der Kreismittelpunkte der 444 Stadt- und Landkreise in einem Koordinatensystem bestimmt. Dann werden kleinere Untersuchungsregionen gebildet, die zuzüglich zum Gebiet der Bundesrepublik Deutschland als Analyseräume verwendet werden sollen. Dies deshalb, weil nicht auszuschließen ist, dass die Beurteilung der Anordnungen von Städten und Kreisen in kleinräumigen Untersuchungsregionen anders ausfällt als in einem großräumigen Bezug. Denn neben die Inhomogenität des

[1] Vgl.: Garner, B.J., Models of Urban Geography and Settlement Location, in: Models in Geography, Richard J. Chorley und Peter Hagget (eds.), London 1971, S. 303–360, hier S. 310; Dacey, Michael F., A Probability Model for Central Place Locations, wiederabgedruckt in: Geographic perspectives on urban systems, Brian J.L. Berry und Frank E. Horton (eds.), New Jersey 1970, S. 228–249, hier S. 236; Barr, Brenton M., Lindsay, Ian J., und Reinelt, Erhard R., Patterns of urban spacing in the USSR: Analysis of order neighbor statistics in two-dimensional space, in: Journal of Regional Science, Vol. 11 1971, Nr. 2, S. 211–224, hier S. 212 f., und Jones, Anthony, An order neighbor approach to random disturbances on regular point lattices, a.a.O., S. 367.

Untersuchungsraumes treten weitere Faktoren, die die Lage der Siedlungen in einzelnen Teilräumen der Bundesrepublik Deutschland beeinflussen. Sowohl historische Entwicklungen, unterschiedliche Standorteignungen und die ungleiche Entfernungsabhängigkeit einzelner Raumnutzungen als auch der im einzelnen unterschiedlich stark ausgeprägte Wunsch, Agglomerationsvorteile zu nutzen bzw. Agglomerationsnachteile zu vermeiden, führen zu einer unterschiedlichen Anordnung der Standorte der Unternehmen und Haushalte und damit auch der Siedlungen.

Um kleinräumige Untersuchungsregionen zu bilden, werden die Stadtstaaten mit einem jeweils angrenzenden Bundesland kombiniert, im Einzelnen Hamburg mit Schleswig-Holstein, Bremen mit Niedersachsen und Berlin mit Brandenburg. Allerdings muss jede Untersuchungsregion eine ausreichende Fallzahl aufweisen, zudem sollten sich die Untersuchungsregionen auch in Bevölkerung und Flächenausdehnung nicht zu stark voneinander unterscheiden. Denn sind in einer Untersuchungsregion nur wenige Kreise bzw. Städte vorhanden, ist der Einfluss von einzelnen Variationen der Nächst-Nachbar-Entfernungen sehr hoch.

Daher werden nach ihrer räumlichen Nachbarschaft sowie der Zahl ihrer Einwohner aus den Bundesländern Niedersachsen, Bremen, Schleswig-Holstein und Hamburg die Untersuchungsregion Nord-West, aus den Bundesländern Mecklenburg-Vorpommern, Brandenburg und Berlin die Untersuchungsregion Nord-Ost, aus den Bundesländern Sachsen-Anhalt, Thüringen und Sachsen die Untersuchungsregion Süd-Ost und aus den Bundesländern Rheinland-Pfalz, Hessen und Saarland die Untersuchungsregion Süd-West gebildet. Hinzu kommen die Bundesländer Nordrhein-Westfalen, Bayern und Baden-Württemberg. Diese kleinräumigen Untersuchungsregionen weisen mit Ausnahme der Gebiete Nord-Ost und Nordrhein-Westfalen annähernd gleiche hohe Einwohnerzahlen auf. Einen Überblick über die wichtigsten Kenndaten dieser kleineren Untersuchungsregionen sowie für das Gesamtgebiet Bundesrepublik Deutschland enthält Tabelle 4.

Tabelle 4: Vergleich der gebildeten Untersuchungsregionen nach ausgewählten Daten

Gebiet	Zahl der Stadt- und Landkreise	Zahl der Städte mit mehr als 10.000 Einw.	Fläche des Gebiets in 1.000 km²	Gesamte Bevölkerung in Kreisen in 1.000 Einw.	Bevölkerung in Städten in 1.000 Einw.	Anteil der Bevölkerung in Städten an der gesamten Bevölkerung in Kreisen in %	Einw. pro km²	Kreisdichte (Kreise pro 1.000 km²)*	Stadtdichte (Städte pro 1.000 km²)**
Baden-Württemberg	44	228	35,73	10148,71	6770,66	0,67	284,05	1,23	6,38
Bayern	96	202	70,51	11770,28	6311,76	0,54	166,94	1,36	2,86
Nordrhein-Westfalen	54	329	34,05	17679,17	17127,43	0,97	519,27	1,58	9,66
Nord-Ost	37	76	53,54	7867,44	5813,28	0,74	146,94	0,69	1,42
Nord-West	65	241	64,43	12637,66	9448,27	0,75	196,14	1,01	3,74
Süd-Ost	80	132	54,99	9983,79	5491,87	0,55	181,55	1,45	2,40
Süd-West	68	248	43,49	10887,60	7096,61	0,65	250,36	1,56	5,70
Bundesrepublik Deutschland	444	1456	356,74	80974,63	58059,88	0,72	226,99	1,24	4,08

**: Anzahl der Städte / Fläche der Untersuchungsregion

Die Bundesländer Mecklenburg-Vorpommern, Brandenburg und Berlin bilden die Untersuchungsregion Nord-Ost, die Bundesländer Niedersachsen, Bremen, Schleswig-Holstein und Hamburg die Untersuchungsregion Nord-West, die Bundesländer Sachsen-Anhalt, Thüringen und Sachsen die Untersuchungsregion Süd-Ost und die Bundesländer Rheinland-Pfalz, Hessen und Saarland die Untersuchungsregion Süd-West.

Quelle: Eigene Berechnungen unter Verwendung von Daten aus: Statistisches Jahrbuch Deutscher Gemeinden, Deutscher Städtetag (Hrsg.), 81. Jg. 1994; sowie: Statistik Regional, hrsg. von den statistischen Ämtern der Länder und des Bundes, September 1995.

3.2.1.3 Die Beurteilung der Anordnung der Standorte der Städte und der Kreismittelpunkte in den Untersuchungsregionen nach den Werten des Nächst-Nachbar-Indexes

Um die räumlichen Verteilungen der Standorte der Städte und der Mittelpunkte der Stadt- und Landkreise beurteilen zu können, werden für die Anordnungen in den Untersuchungsregionen die Nächst-Nachbar-Indices berechnet. Die folgende Tabelle enthält die Ergebnisse.

Tabelle 5: Ergebnisse der Berechnungen des Nächst-Nachbar-Indexes R, acht Untersuchungsregionen, Standorte der 1456 Städte und Mittelpunkte der 444 Stadt- und Landkreise

Untersuchungsregion	**Wert des Nächst-Nachbar-Indexes R für die Standorte der Städte**	**Wert des Nächst-Nachbar-Indexes R für die Mittelpunkte der Stadt- und Landkreise**
Bundesrepublik Deutschland (BRD)	1,11	1,34
Baden-Württemberg (BAD)	1,18	1,40
Bayern (BAY)	1,08	1,16
Nord-Ost (NO)	1,22	1,38
Nordrhein-Westfalen (NRW)	1,40	1,33
Nord-West (NW)	1,17	1,45
Süd-Ost (SO)	1,24	1,47
Süd-West (SW)	1,02	1,40

Quelle: Eigene Berechnungen.

Nach den Werten des Nächst-Nachbar-Indexes sind in keiner der Untersuchungsregionen die räumlichen Verteilungen der Standorte der Städte bzw. der Mittelpunkte der Kreise als konzentriert angeordnet einzuschätzen. Für die meisten Untersuchungsregionen ergeben sich Werte, die überwiegend auf eine regelmäßige Anordnung der Kreismittelpunkte hindeuten. Eine Ausnahme zeigt sich nur bei der Untersuchungsregion Bayern, in der der Wert des Nächst-Nachbar-Indexes deutlich in Richtung einer zufälligen Anordnung der Kreismittelpunkte weist. Werden dagegen die räumlichen Verteilungen der Standorte der Städte in den Untersuchungsregionen beurteilt, so ergeben sich fast durchgehend niedrigere Werte für den Nächst-Nachbar-Index. Somit sind in den meisten Untersuchungsregionen die Standorte der Städte eher zufällig angeordnet. Lediglich bei Nordrhein-Westfalen zeigt sich eine Ausnahme, da in dieser Untersuchungsregion der Nächst-Nachbar-Index auf eine regelmäßige Anordnung der Standorte der Städte hindeutet, wobei der sich hier ergebende Wert sogar höher als der für die Kreismittelpunkte ist. Der Vergleich der Anordnungen der Standorte der Städte und der Kreismittelpunkte anhand des Nächst-Nachbar-Indexes zeigt damit deutlich den Gegensatz zwischen der eher natürlich gewachsenen Anordnung der Städte und der stärker von Planungsgrundsätzen abhängenden Festlegung der Kreisgebiete (vgl. auch Kapitel 3.1). Jedoch ist ebenfalls festzuhalten, dass der Nächst-Nachbar-Index lediglich eine grobe Kategorisierung der Anordnungen der Standorte der Städte und der Kreismittelpunkte im Sinne einer Gesamtbeurteilung erlaubt. Denn in einer Untersuchungsregion können, obwohl die räumlichen Verteilungen der Standorte der Städte und der Kreismittelpunkte als regelmäßig angeordnet eingeschätzt werden, regionale Gruppen von besonders dicht beieinander liegenden Siedlungen zu finden sein. Dieser Aspekt wird im nächsten Abschnitt genauer untersucht.

3.2.1.4 Die Gruppierung der Standorte der Städte und der Kreismittelpunkte nach der Nächst-Nachbar-Entfernung zur Identifikation von regionalen Siedlungsclustern

Um regionale Gruppen von besonders dicht beieinander liegenden Siedlungen in den Untersuchungsregionen zu identifizieren, wird wie folgt vorgegangen: Zunächst wird das 99%-Konfidenzintervall der erwarteten mittleren Entfernung bei zufälliger Verteilung berechnet.[1] Sodann kann jede Siedlung nach der zu ihrem nächstgelegenen Nachbarn zurückzulegenden Entfernung individuell beurteilt werden. Liegt dieser Abstand innerhalb des berechneten Intervalls, so wird die Siedlung der Gruppe der als zufällig angeordnet anzusehenden Siedlungen zugeordnet. Ist die Distanz höher, so gehört sie zur Gruppe der als regelmäßig angeordnet eingeschätzten Siedlungen, im umgekehrten Fall zur Gruppe der als konzentriert angeordneten Siedlungen.

Allerdings beeinflussen sowohl die Ausdehnung der Untersuchungsregion als auch die Zahl der von einer Untersuchungsregion beherbergten Kreise bzw. Städte die erwartete Nächst-Nachbar-Entfernung bei zufälliger räumlicher Verteilung der Siedlungen. Dies erschwert jedoch die Zuordnung der Kreismittelpunkte bzw. der Standorte der Städte zu den drei Gruppen. Denn Abweichungen dürften sich gerade zwischen den neugebildeten kleinräumigen Untersuchungsregionen und der großräumigen Untersuchungsregion Bundesrepublik Deutschland ergeben. Beispielsweise könnte eine Siedlung in der kleinräumigen Analyse als konzentriert angeordnet, in der großräumigen Analyse dagegen als regelmäßig angeordnet eingeschätzt werden. Demzufolge werden auch die Anteile der den einzelnen Gruppen zugeordneten Kreise bzw. Städte an

[1] Vgl.: Güßefeldt, Jörg, Regionalanalyse, München, Wien 1996, S. 432.

der Grundgesamtheit je nach zugrunde gelegter Untersuchungsregion variieren. Um trotzdem die Ergebnisse der kleinräumigen Untersuchungsregionen mit dem der großräumigen vergleichen zu können, werden die Anteile auch für die Teilgebiete der großräumigen Untersuchungsregion Bundesrepublik Deutschland in den nachfolgenden Tabellen ausgewiesen.

Tabelle 6: Mittlere Nächst-Nachbar-Entfernungen in den Untersuchungsregionen

Untersuchungsregion	Mittlere Nächst-Nachbar-Entfernung zwischen Kreisen in km	Mittlere Nächst-Nachbar-Entfernung zwischen Städten in km
Bundesrepublik Deutschland (BRD)	19,0	8,7
Baden-Württemberg (BAD)	19,9	7,4
Bayern (BAY)	15,7	10,1
Nord-Ost (NO)	26,2	16,2
Nordrhein-Westfalen (NRW)	16,7	7,1
Nord-West (NW)	22,8	9,6
Süd-Ost (SO)	19,3	12,7
Süd-West (SW)	17,7	6,8

Quelle: Eigene Berechnungen.

Tabelle 7: Anteile der nach ihrer Entfernung zum nächstgelegenen Nachbarn als konzentriert angeordnet, zufällig angeordnet oder regelmäßig angeordnet eingeschätzten Kreismittelpunkte an der Grundgesamtheit in den einzelnen Untersuchungsregionen (Basis: Kleinräumige Untersuchungsregionen)

Kleinräumige Untersuchungsregionen	Anteil der Kreismittelpunkte, die als konzentriert angeordnet eingeschätzt wurden, an der Grundgesamtheit (in %)	Anteil der Kreismittelpunkte, die als zufällig angeordnet eingeschätzt wurden, an der Grundgesamtheit (in %)	Anteil der Kreismittelpunkte, die als regelmäßig angeordnet eingeschätzt wurden, an der Grundgesamtheit (in %)
Baden-Württemberg (BAD)	27,3	2,3	70,4
Bayern (BAY)	41,7	6,3	52,0
Nord-Ost (NO)	16,2	27,0	56,8
Nordrhein-Westfalen (NRW)	18,5	31,5	50,0
Nord-West (NW)	12,3	13,9	73,8
Süd-Ost (SO)	12,5	16,2	71,3
Süd-West (SW)	27,9	16,2	55,9
Alle kleinräumigen Untersuchungsregionen zusammen	23,6	15,1	61,3

Quelle: Eigene Berechnungen.

Tabelle 8: Anteile der nach ihrer Entfernung zum nächstgelegenen Nachbarn als konzentriert angeordnet, zufällig angeordnet oder regelmäßig angeordnet eingeschätzten Kreismittelpunkte an der Grundgesamtheit in den einzelnen Gebieten (Basis: Großräumige Untersuchungsregion Bundesrepublik Deutschland)

Gebiete	Anteil der Kreismittelpunkte, die als konzentriert angeordnet eingeschätzt wurden, an der Grundgesamtheit (in %)	Anteil der Kreismittelpunkte, die als zufällig angeordnet eingeschätzt wurden, an der Grundgesamtheit (in %)	Anteil der Kreismittelpunkte, die als regelmäßig angeordnet eingeschätzt wurden, an der Grundgesamtheit (in %)
Großräumige Untersuchungsregion Bundesrepublik Deutschland	30,0	4,7	65,3
Teilgebiet Baden-Württemberg	29,6	0,0	70,4
Teilgebiet Bayern	44,8	2,1	53,1
Teilgebiet Nord-Ost	16,2	0,0	83,8
Teilgebiet Nordrhein-Westfalen	44,4	5,6	50,0
Teilgebiet Nord-West	12,3	3,1	84,6
Teilgebiet Süd-Ost	18,8	10,0	71,2
Teilgebiet Süd-West	35,3	8,8	55,9

Quelle: Eigene Berechnungen.

Tabelle 9: Anteile der nach ihrer Entfernung zum nächstgelegenen Nachbarn als konzentriert angeordnet, zufällig angeordnet oder regelmäßig angeordnet eingeschätzten Standorte der Städte an der Grundgesamtheit in den einzelnen Untersuchungsregionen (Basis: Kleinräumige Untersuchungsregionen)

Kleinräumige Untersuchungsregionen	**Anteil der Standorte der Städte, die als konzentriert angeordnet eingeschätzt wurden, an der Grundgesamtheit (in %)**	**Anteil der Standorte der Städte, die als zufällig angeordnet eingeschätzt wurden, an der Grundgesamtheit (in %)**	**Anteil der Standorte der Städte, die als regelmäßig angeordnet eingeschätzt wurden, an der Grundgesamtheit (in %)**
Baden-Württemberg (BAD)	42,1	12,3	45,6
Bayern (BAY)	49,0	8,4	42,6
Nord-Ost (NO)	27,6	14,5	57,9
Nordrhein-Westfalen (NRW)	13,0	12,2	74,8
Nord-West (NW)	39,0	13,7	47,3
Süd-Ost (SO)	29,6	6,8	63,6
Süd-West (SW)	58,5	10,9	30,6
Alle kleinräumigen Untersuchungsregionen zusammen	36,9	11,3	51,8

Quelle: Eigene Berechnungen.

Tabelle 10: Anteile der nach ihrer Entfernung zum nächstgelegenen Nachbarn als konzentriert angeordnet, zufällig angeordnet oder regelmäßig angeordnet eingeschätzten Standorte der Städte an der Grundgesamtheit in den einzelnen Gebieten (Basis: Großräumige Untersuchungsregion Bundesrepublik Deutschland)

Gebiete	**Anteil der Standorte der Städte, die als konzentriert angeordnet eingeschätzt wurden, an der Grundgesamtheit (in %)**	**Anteil der Standorte der Städte, die als zufällig angeordnet eingeschätzt wurden, an der Grundgesamtheit (in %)**	**Anteil der Standorte der Städte, die als regelmäßig angeordnet eingeschätzt wurden, an der Grundgesamtheit (in %)**
Großräumige Untersuchungsregion Bundesrepublik Deutschland	51,6	4,7	43,7
Teilgebiet Baden-Württemberg	63,1	3,1	33,8
Teilgebiet Bayern	43,5	3,5	53,0
Teilgebiet Nord-Ost	10,5	1,3	88,2
Teilgebiet Nordrhein-Westfalen	61,7	7,3	31,0
Teilgebiet Nord-West	41,9	6,6	51,5
Teilgebiet Süd-Ost	20,5	1,5	78,0
Teilgebiet Süd-West	72,6	4,4	23,0

Quelle: Eigene Berechnungen.

Offensichtlich sind die Anteile der Gruppen, die die als zufällig angeordnet eingeschätzten Kreismittelpunkte bzw. die als zufällig angeordnet eingeschätzten Standorte der Städte enthalten, an der jeweiligen Grundgesamtheit in den Teilgebieten der bundesweiten Untersuchung geringer als in den kleinräumigen Untersuchungen. Indem die erwartete mittlere Entfernung bei zufälliger Verteilung der Siedlungen für alle Teilgebiete auf der Grundlage des Bundesgebiets bestimmt wird, nimmt die Menge der als konzentriert bzw. regelmäßig angeordnet eingeschätzten Kreismittelpunkte bzw. Standorte der Städte zu Lasten der Menge der als zufällig angeordnet eingeschätzten Kreismittelpunkte bzw. Standorte der Städte zu. Allerdings wirkt sich dies unterschiedlich stark in den einzelnen Untersuchungsregionen aus.

Bei der Zuordnung der Kreismittelpunkte zu den Gruppen ergibt sich, dass der Anteil der als regelmäßig angeordnet eingeschätzten Kreismittelpunkte weder bei kleinräumiger noch bei großräumiger Basis unter 50 % liegt. Im Einzelnen sind die Anteile jedoch deutlich höher, so beispielweise für Baden-Württemberg, Süd-Ost oder Nord-West. Diese Untersuchungsregionen weisen auch die höchsten Werte im Nächst-Nachbar-Index auf. Sehr gering dagegen ist der Einfluss der verschiedenen mittleren Entfernungen bei kleinräumiger und großräumiger Untersuchung auf die Zuordnung der Kreismittelpunkte zu den Gruppen für Bayern und Baden-Württemberg. Hier bleiben die Anteile nahezu unverändert. Dagegen erhöht sich in Nord-West der Anteil der als regelmäßig angeordnet eingeschätzten Kreismittelpunkte, in Süd-Ost und Süd-West nehmen die Anteile der als konzentriert angeordnet eingeschätzten Kreismittelpunkte zu. In zwei Gebieten sind Zu- und Abnahmen besonders stark ausgeprägt: Während in Nord-Ost der Anteil der als regelmäßig angeordnet eingeschätzten Kreismittelpunkte ansteigt, erhöht sich in Nordrhein-Westfalen der Anteil der als konzentriert angeordnet eingeschätzten Kreismittelpunkte. In Nordrhein-Westfalen liegt dies daran, dass im Verdichtungsgebiet Rhein-Ruhr vermehrt Stadtkreise anzutreffen und damit verbunden auch die Nächst-Nachbar-Entfernungen sehr gering sind. In Nord-Ost sind dagegen vermehrt Landkreise anzutreffen und folglich sind die Nächst-Nachbar-Entfernungen tendenziell höher. Bei diesen Untersuchungsregionen handelt es sich also um die klassischen Gegensätze „Verdichtungsregion“ und „Flächenregion“. Als weitere Gebiete mit einem relativ hohen Aufkommen an als konzentriert angeordnet eingeschätzten Kreismittelpunkten sind Bayern, Nordrhein-Westfalen (nur großräumige Untersuchung), Süd-West und Baden-Württemberg zu nennen.

Auf den ersten Blick erscheinen bei den Städten die Abweichungen zwischen kleinräumiger und großräumiger Untersuchungsbasis weniger regelhaft. Zwar verringern sich auch hier die Anteile der als zufällig angeordnet eingeschätzten Stadtstandorte, daneben verändern sich jedoch ebenfalls die Anteile der als konzentriert angeordnet und der als regelmäßig angeordnet eingeschätzten Standorte der Städte. Die Anteilsänderungen fallen jedoch deutlich unterschiedlicher als bei den Kreismittelpunkten aus: So wächst in Nordrhein-Westfalen der Anteil der als konzentriert angeordnet eingeschätzten Stadtstandorte von 13 % auf annähernd 62 %, deutliche Steigerungen verzeichnen auch Baden-Württemberg und Süd-West. Dagegen nimmt in Nord-Ost der Anteil der als regelmäßig angeordnet eingeschätzten Standorte der Städte auf ca. 80 % zu, in Süd-Ost und Bayern steigen diese Anteile um 10 bzw. 14 %. Allerdings tritt hier eine Tendenz sehr viel deutlicher als bei den Kreismittelpunkten zutage: Typischerweise nehmen die Anteile der als konzentriert angeordnet eingeschätzten Stadtstandorte zu, wenn die mittlere Entfernung der kleinräumigen Untersuchungsregion kleiner ist als die der großräumigen Untersuchungsregion, und umgekehrt (vgl. Tabelle 6). Die Beispiele Nord-West (Städte) sowie Baden-Württemberg und Bayern (Stadt- und Landkreise) zeigen jedoch, dass dies keine Regelmäßigkeit darstellt.

Insgesamt ist das Aufkommen an konzentriert angeordneten Standorten von Städten über alle Regionen sehr hoch: Zu nennen sind hier zuvorderst Baden-Württemberg und Nordrhein-Westfalen (nur großräumige Untersuchung), daneben die Gebiete Süd-West, Bayern und Nord-West. Lediglich in den Gebieten Nord-Ost und Süd-Ost sind die Anteile etwas geringer, sie betragen immerhin noch 30 %. In den folgenden Abbildungen sind die Kreismittelpunkte bzw. die Standorte der Städte nach ihrer Zugehörigkeit zu den Gruppen eingezeichnet.

Abbildung 12: Als zufällig und konzentriert angeordnet eingeschätzte Kreismittelpunkte; großräumige Untersuchungsregion Bundesrepublik Deutschland (Basis: 444 Stadt- und Landkreise)

▲ nach der Entfernung zum nächstgelegenen Nachbarn als konzentriert angeordnet eingeschätzte Kreismittelpunkte

■ nach der Entfernung zum nächstgelegenen Nachbarn als zufällig angeordnet eingeschätzte Kreismittelpunkte

Quelle: Eigene Darstellung.

Abbildung 13: Als zufällig und konzentriert angeordnet eingeschätzte Kreismittelpunkte; kleinräumige Untersuchungsregionen (Basis: 444 Stadt- und Landkreise)

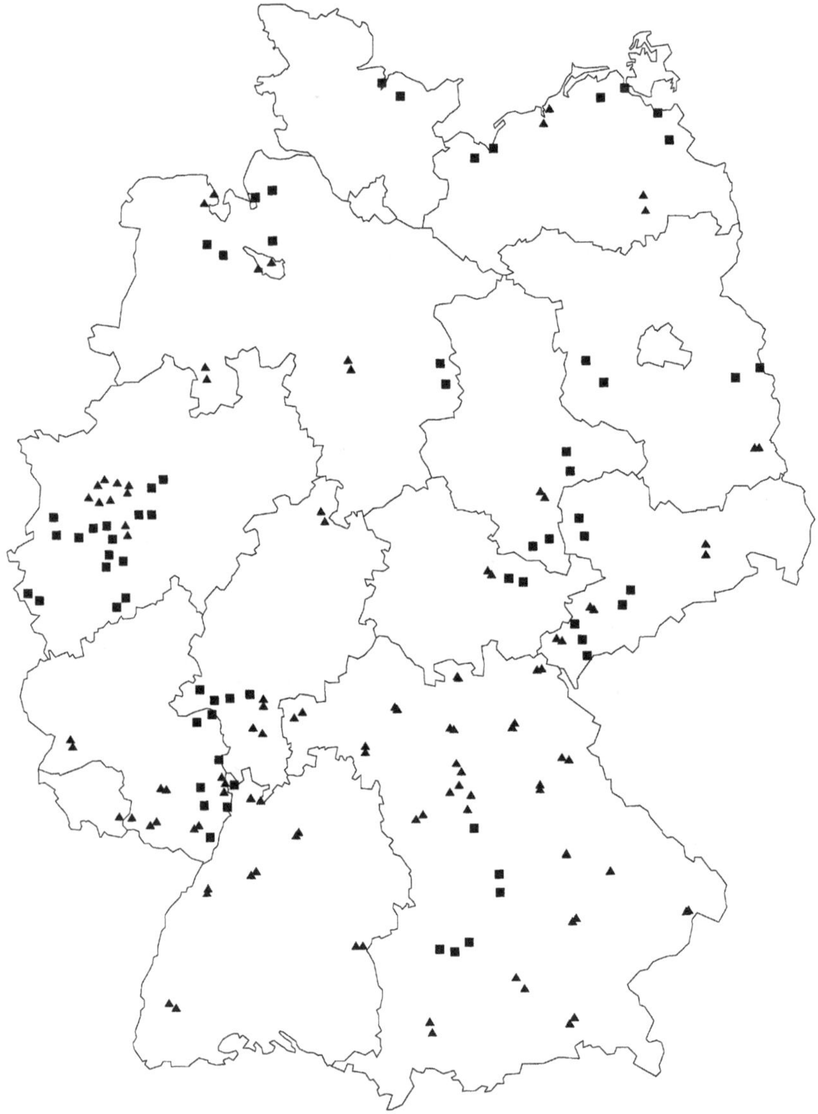

▲ nach der Entfernung zum nächstgelegenen Nachbarn als konzentriert angeordnet eingeschätzte Kreismittelpunkte

■ nach der Entfernung zum nächstgelegenen Nachbarn als zufällig angeordnet eingeschätzte Kreismittelpunkte

Quelle: Eigene Darstellung.

Abbildung 14: Als regelmäßig angeordnet eingeschätzte Kreismittelpunkte; großräumige Untersuchungsregion Bundesrepublik Deutschland (Basis: 444 Stadt- und Landkreise)

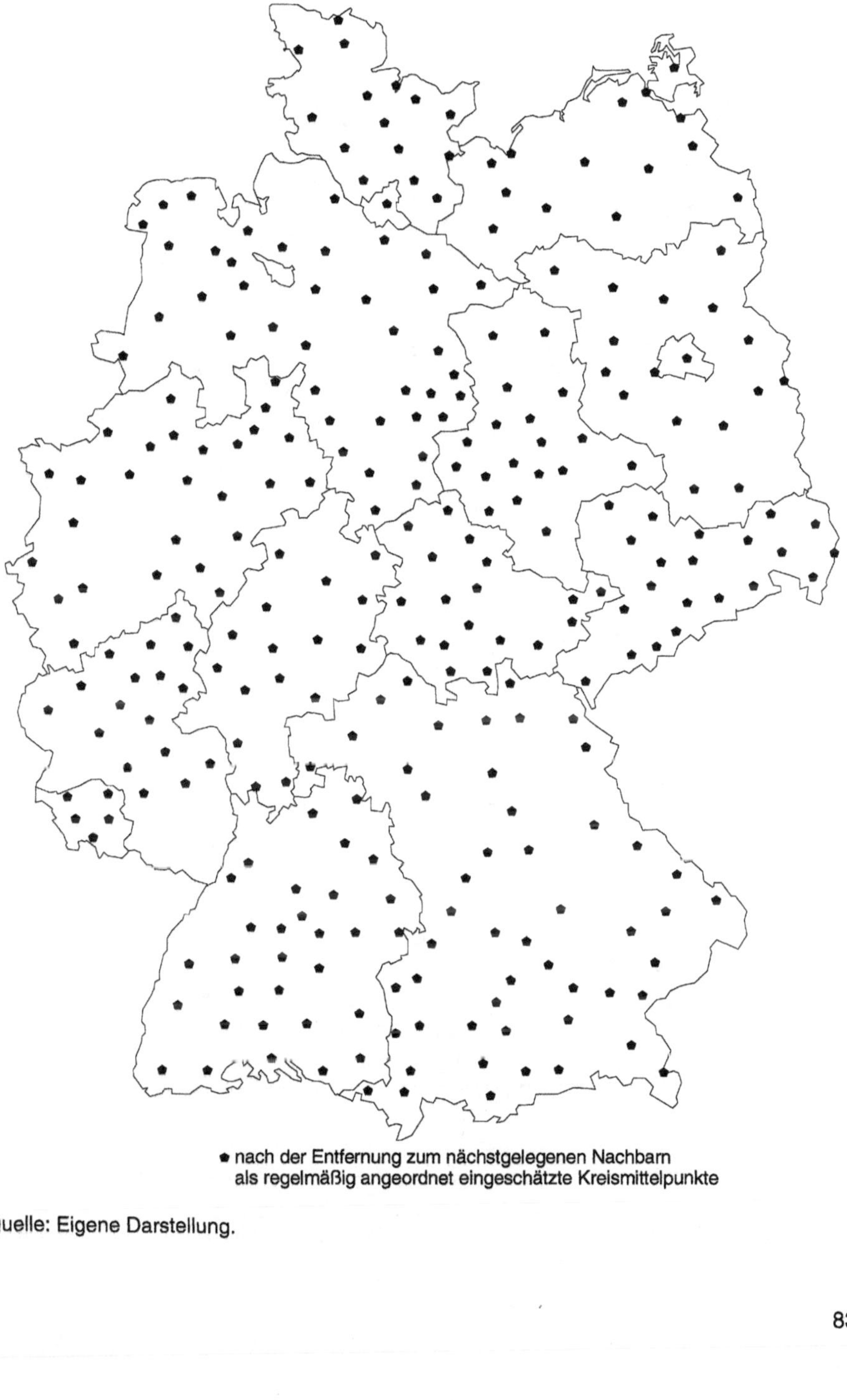

Quelle: Eigene Darstellung.

Abbildung 15: Als regelmäßig angeordnet eingeschätzte Kreismittelpunkte; kleinräumige Untersuchungsregionen (Basis: 444 Stadt- und Landkreise)

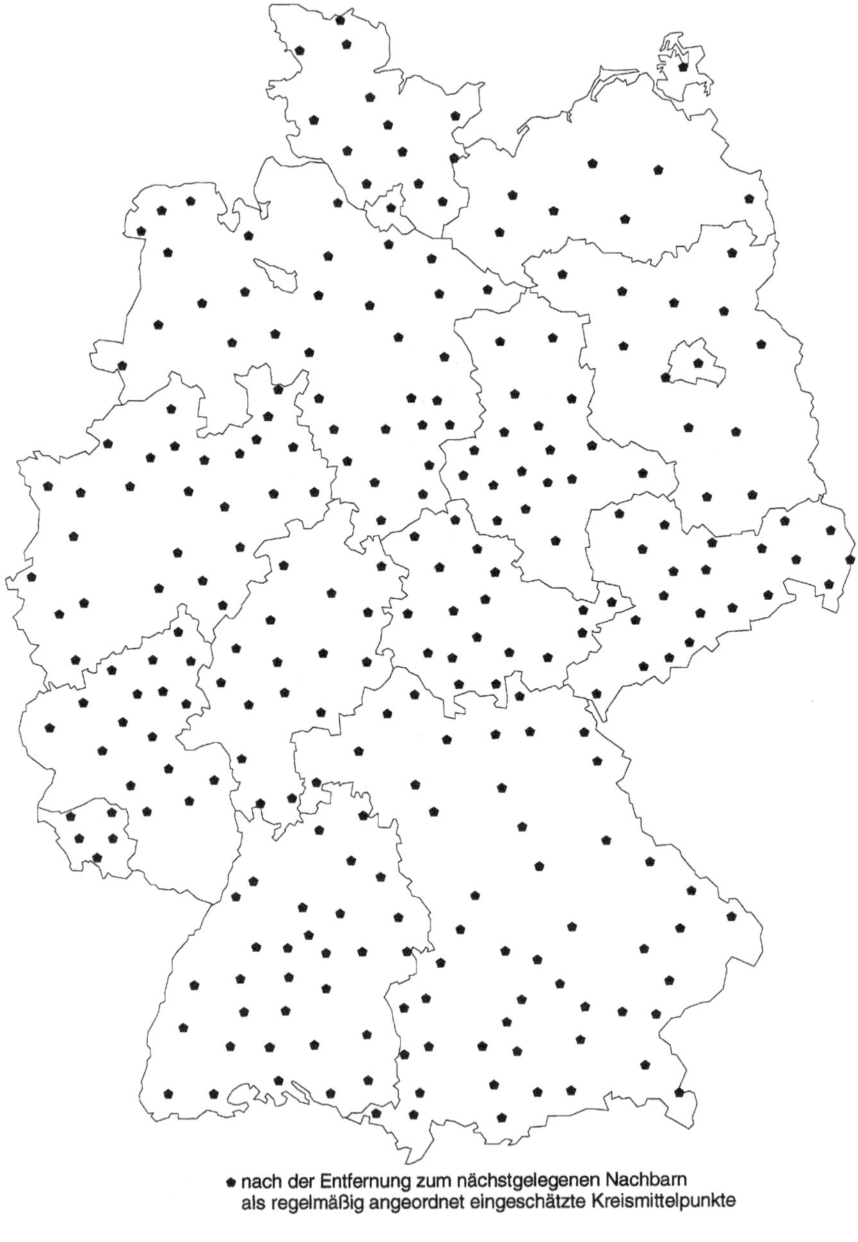

Quelle: Eigene Darstellung.

Abbildung 16: Als konzentriert angeordnet eingeschätzte Standorte der Städte; großräumige Untersuchungsregion Bundesrepublik Deutschland (Basis: 1456 Städte)

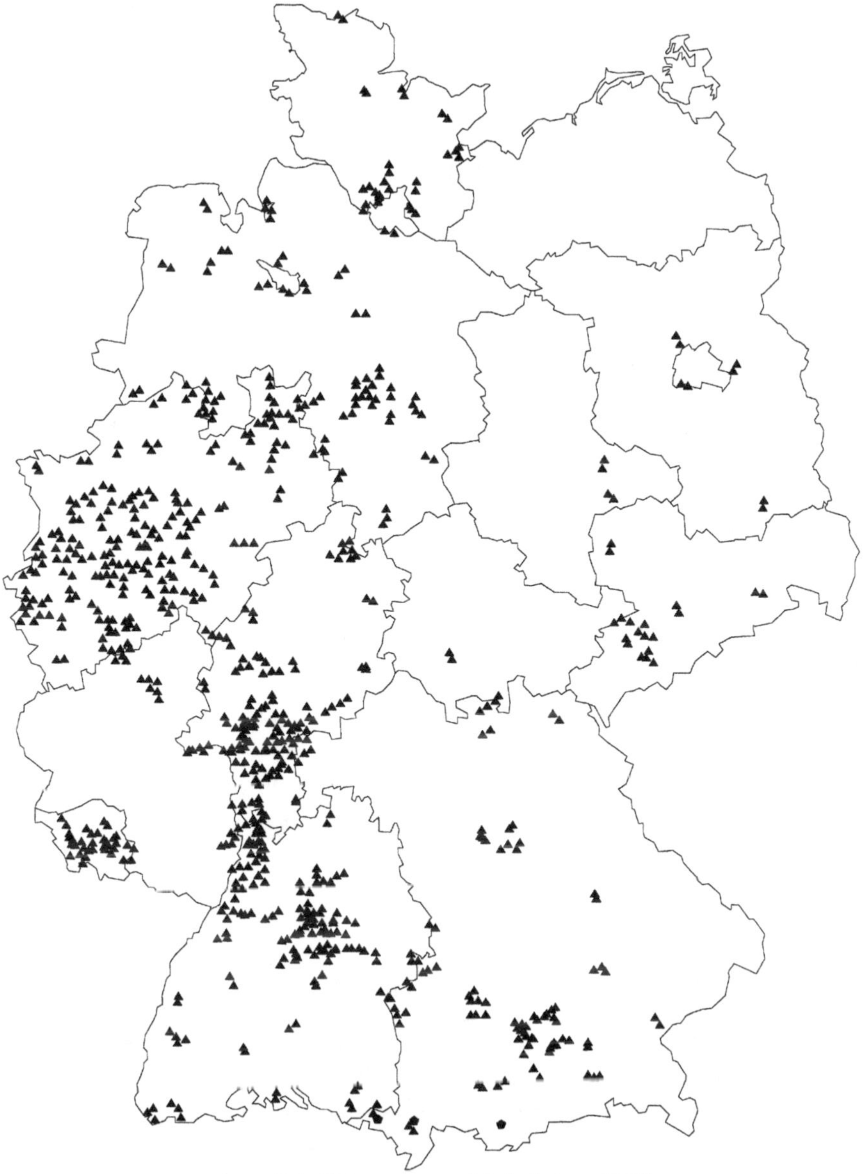

Quelle: Eigene Darstellung.

Abbildung 17: Als konzentriert angeordnet eingeschätzte Standorte der Städte; kleinräumige Untersuchungsregionen (Basis: 1456 Städte)

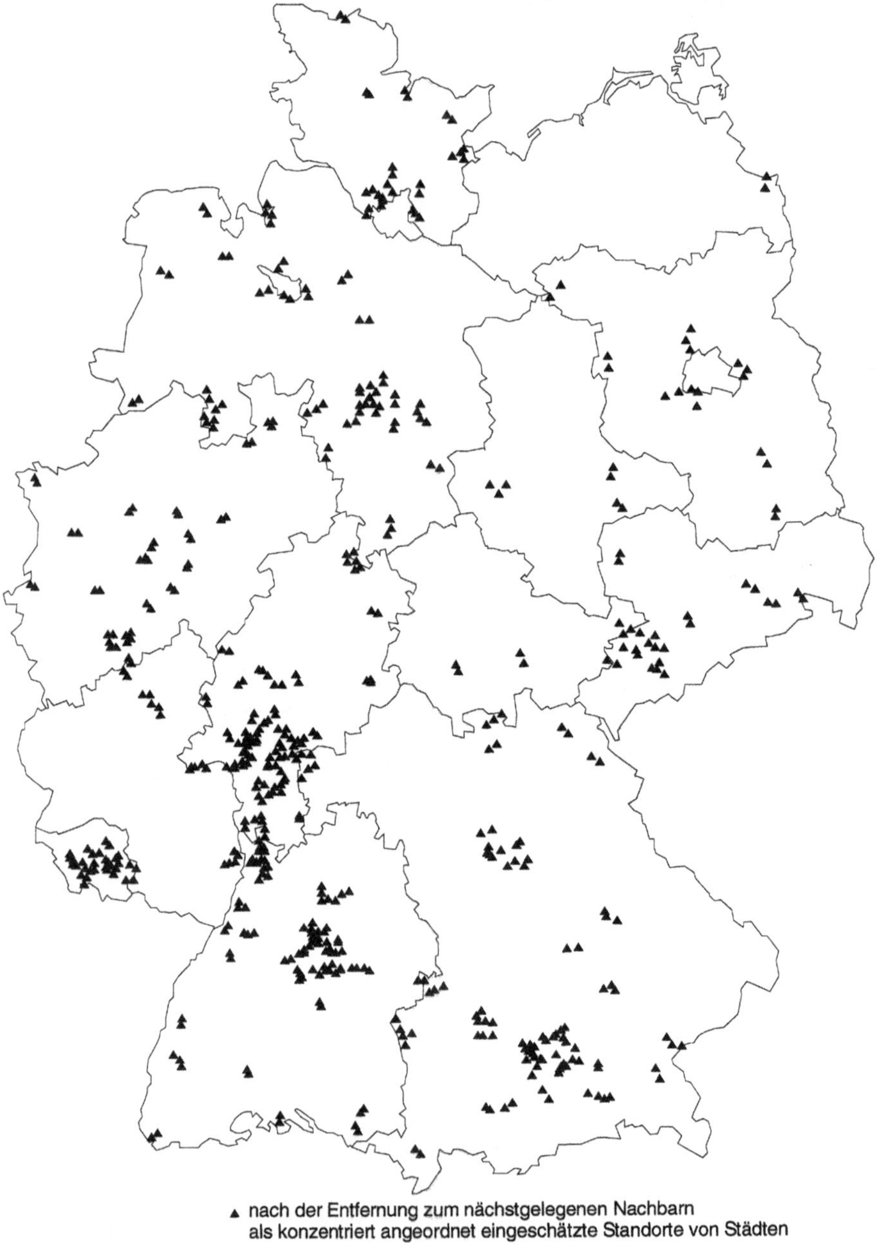

▲ nach der Entfernung zum nächstgelegenen Nachbarn als konzentriert angeordnet eingeschätzte Standorte von Städten

Quelle: Eigene Darstellung.

Abbildung 18: Als zufällig angeordnet eingeschätzte Standorte der Städte; großräumige Untersuchungsregion Bundesrepublik Deutschland (Basis: 1456 Städte)

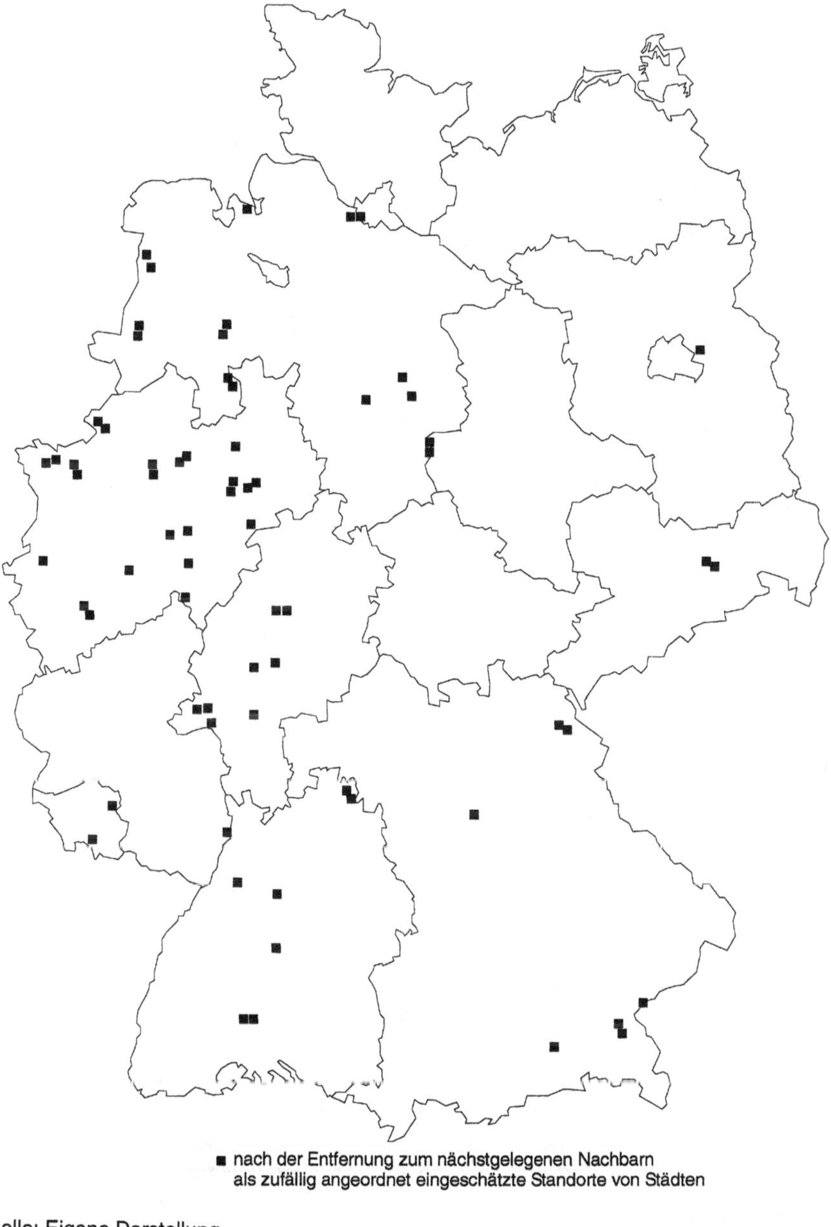

▪ nach der Entfernung zum nächstgelegenen Nachbarn als zufällig angeordnet eingeschätzte Standorte von Städten

Quelle: Eigene Darstellung.

Abbildung 19: Als zufällig angeordnet eingeschätzte Standorte der Städte; kleinräumige Untersuchungsregionen (Basis: 1456 Städte)

■ nach der Entfernung zum nächstgelegenen Nachbarn als zufällig angeordnet eingeschätzte Standorte von Städten

Quelle: Eigene Darstellung.

Abbildung 20: Als regelmäßig angeordnet eingeschätzte Standorte der Städte; großräumige Untersuchungsregion Bundesrepublik Deutschland (Basis: 1456 Städte)

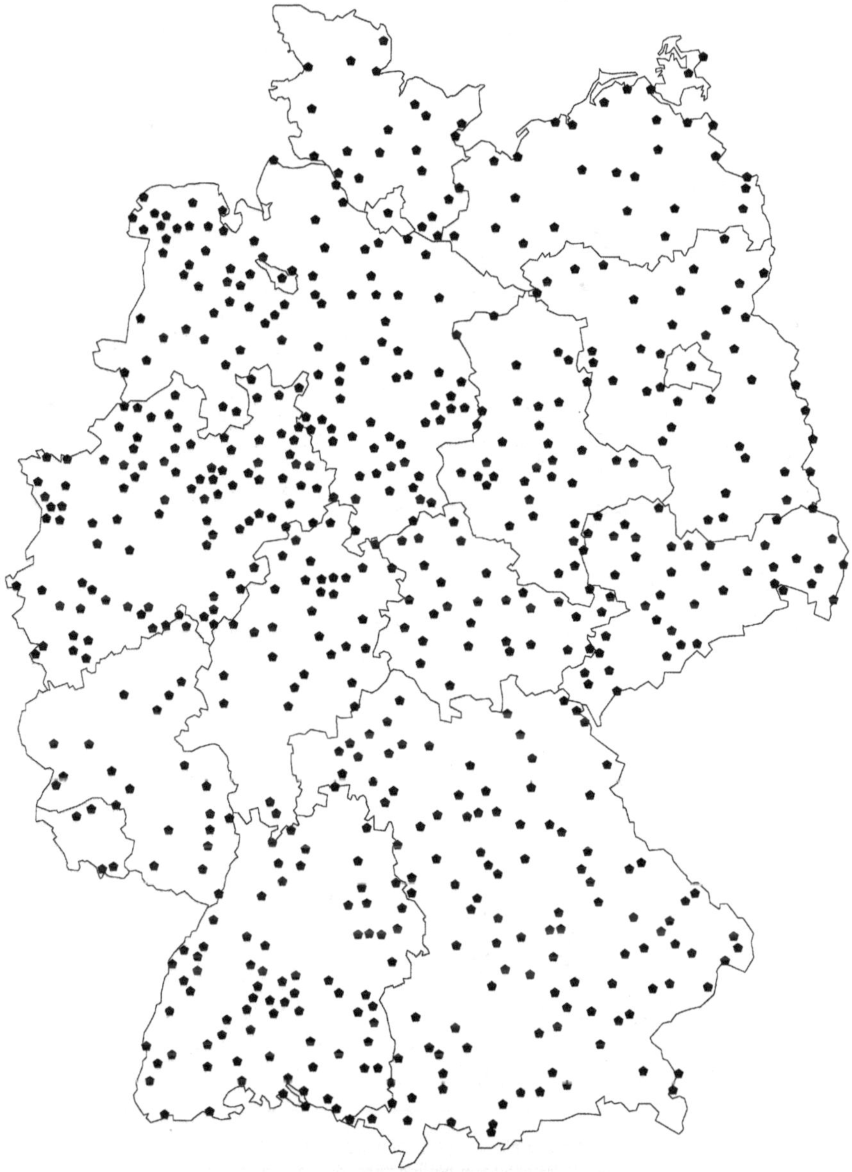

• nach der Entfernung zum nächstgelegenen Nachbarn als regelmäßig angeordnet eingeschätzte Standorte von Städten

Quelle: Eigene Darstellung.

Abbildung 21: Als regelmäßig angeordnet eingeschätzte Standorte der Städte; kleinräumige Untersuchungsregionen (Basis: 1456 Städte)

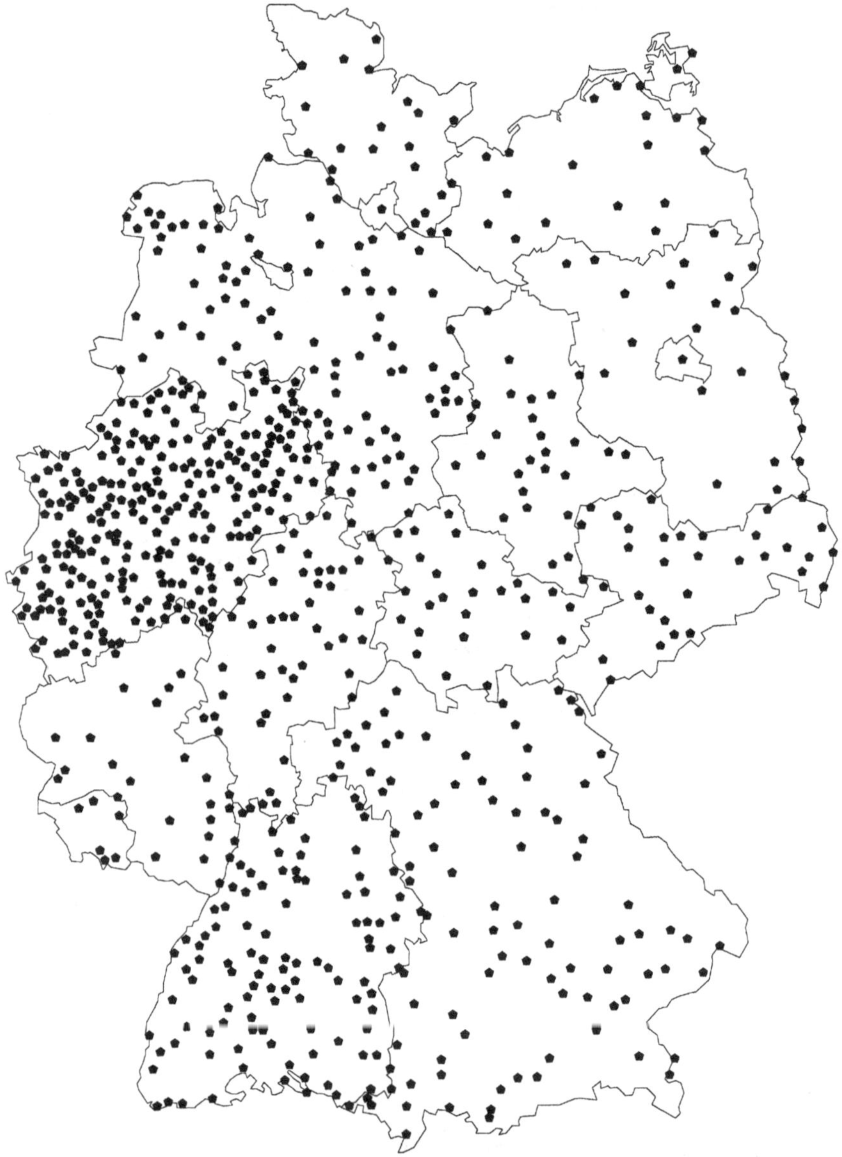

• nach der Entfernung zum nächstgelegenen Nachbarn als regelmäßig angeordnet eingeschätzte Standorte von Städten

Quelle: Eigene Darstellung.

Nur wenige örtliche Konzentrationen zeigen sich auf den Karten, in denen die Mittelpunkte der Stadt- und Landkreise eingezeichnet sind. Größere Ansammlungen von als konzentriert angeordnet eingeschätzten Kreismittelpunkten finden sich im Ruhrgebiet, im südlichen sächsischen Raum, im Ballungsgebiet Rhein-Main, im Gebiet um Mannheim/Ludwigshafen und im Nürnberger Raum (vergleiche Abbildung 12 und Abbildung 13). Daneben treten als konzentriert angeordnet eingeschätzte Kreismittelpunkte vermehrt gerade in den beiden südlichen Untersuchungsregionen Bayern und Baden-Württemberg auf. Sie bilden häufig Zweiergruppen, zwischen den beiden Kreismittelpunkten liegt also nur eine geringe Entfernung, so dass es sich bei ihnen um sog. reflexive Nachbarn handelt. In geringerem Umfang finden sich derartige „Zwillinge" auch in den anderen Untersuchungsregionen, so z. B. in Nord-West oder Süd-Ost. Diese Kreismittelpunkte werden fälschlicherweise als konzentriert angeordnet eingeschätzt, da es sich bei ihnen um eigentlich zusammengehörige eher flächenkleine Stadtkreise und eher flächengroße Landkreise handelt. Wird die Datenbasis der Stadt- und Landkreise um diese reflexiven Nachbarn reduziert, so zeigt die räumliche Verteilung der Kreismittelpunkte eine deutlich höhere Tendenz zur Regelmäßigkeit.[1]

Die Karten, die die als konzentriert angeordnet eingeschätzten Städte enthalten, ermöglichen eine differenziertere Beschreibung. Im optischen Vergleich zeigen sich nur geringe Unterschiede zwischen den Ergebnissen der kleinräumigen Analysen und der großräumigen Untersuchung. Lediglich in Nordrhein-Westfalen kommt es zu einem massiven Anstieg der als konzentriert angeordnet eingeschätzten Städte, in den restlichen Gebieten werden nur vermehrt reflexive Nachbarn ausgewiesen. In der Untersuchungsregion Nord-West, die aus den Bundesländern Niedersachsen, Bremen, Hamburg, Schleswig-Holstein und Mecklenburg-Vorpommern gebildet wird und nach ihrer Grundfläche das zweitgrößte Gebiet ist, liegen Ansammlungen von Städten mit tendenziell konzentrierter Anordnung im Hamburger sowie im Bremer Umland, im Raum um Hannover (Dreieck Hannover-Wolfsburg-Salzgitter) sowie im Gebiet um Osnabrück. In der gering besiedelten Untersuchungsregion Nord-Ost finden sich allein im

[1] Hierzu wird die Datenbasis um reflexive Nachbarn bereinigt und die Untersuchung für dann nur noch 402 Stadt- und Landkreise wiederholt. Der Intensitätsindex steigt auf Werte zwischen 1,38 für Nordrhein-Westfalen und 1,65 für Baden-Württemberg, die Anteile der als konzentriert angeordnet eingeschätzten Kreismittelpunkte sinken auf unter 8 %. Ausnahmen bilden lediglich die Gebiete Nordrhein-Westfalen und Süd-West, in denen die Anteile immer noch erheblich sind. Zu den vorgenommenen Veränderungen vergleiche Anhang 2.

Berliner Einzugsgebiet Städte mit Konzentrationstendenzen, im Gebiet Süd-Ost dagegen im südwestlichen Sachsen. In Nordrhein-Westfalen liegen kleinere Konzentrationen um Bielefeld und Münster, daneben ist in der großräumigen Untersuchung der gesamte Rhein-Ruhr-Raum mit als konzentriert angeordnet eingeschätzten Stadtstandorten belegt. Dieses Band zieht sich entlang des Rheins über die Gegenden um Bonn und Koblenz bis zur Untersuchungsregion Süd-West. In dieser Region, bestehend aus den Bundesländern Hessen, Rheinland-Pfalz und dem Saarland, werden einerseits das Rhein-Main-Gebiet, andererseits das Saarland deutlich durch eine große Zahl von als konzentriert angeordneten Standorten von Städten ausgewiesen. Hinzu kommt im nördlichen Teil der Raum um Kassel. Weitere als konzentriert angeordnet eingeschätzte Stadtstandorte finden sich in Baden-Württemberg einerseits im Stuttgarter Raum, andererseits aber auch im Rhein-Neckar-Gebiet (Mannheim / Ludwigshafen). Hier wird ein Verdichtungsraum durch die Landesgrenzen zerschnitten, da ein Teil der als konzentriert angeordnet eingeschätzten Standorte der Städte auf den Gebieten der Bundesländer Hessen bzw. Rheinland-Pfalz liegt.

Gleiches ist in Bayern der Fall, wo ebenfalls grenznahe Ansammlungen von als konzentriert angeordnet eingeschätzten Stadtstandorten zu finden sind. Zum einen ist hier im nordwestlichen Teil des Landes der Aschaffenburger Raum, der noch Teil des Verdichtungsgebietes Rhein-Main ist, zum anderen im westlichen Teil der Raum um die Zwillingsstädte Ulm/Neu-Ulm zu nennen. Weitere Ansammlungen liegen um Augsburg, um Nürnberg sowie um München.

Wie in der Analyse der Anordnung der Mittelpunkte der Stadt- und Landkreise weisen auch in der Untersuchung der Anordnung der Standorte der Städte alle Regionen Zwillingspärchen von als konzentriert angeordnet eingeschätzten Stadtstandorten auf. Im Gegensatz zu den Kreismittelpunkten handelt es sich bei diesen reflexiven Nachbarn jedoch um Städte, deren geringe Entfernung als Ergebnis der siedlungsstrukturellen Entwicklung zu werten ist.

3.2.1.5 Zusammenfassung

In diesem Abschnitt wurde untersucht, ob der Ansiedlungsprozess zu einer bestimmten Anordnung der Siedlungen auf dem Gebiet der Bundesrepublik Deutschland geführt hat. Um dies zu überprüfen, wurden die beobachteten Anordnungen der Mittelpunkte der Stadt- und Landkreise bzw. der Stadtstandorte mit verschiedenen theoretischen Anordnungsmustern verglichen. Den Ausgangspunkt bildete dabei die Basishypothese, nach der die Mittelpunkte der Stadt- und Landkreise sowie die Stadtstandorte zufällig über das Gebiet der Bundesrepublik Deutschland bzw. über die durch die Zusammenfassung von Bundesländern gebildeten Untersuchungsregionen verstreut sind, und dementsprechend die Abstände der Siedlungen zu ihren nächsten Nachbarn variieren. Dieser Basishypothese wurden zwei weitere Hypothesen gegenübergestellt: Zum einen die These, dass aufgrund von Agglomerationsvorteilen vorrangig Siedlungen in der Nähe bereits bestehender Siedlungen entstehen und deshalb die Siedlungen mit nur geringem Abstand konzentriert angeordnet sind, zum anderen die Gegenthese, dass eine bereits an einem Ort bestehende Siedlung abschreckend auf neu entstehende Siedlungen wirkt und sich die Siedlungen daher regelmäßig und mit ungefähr gleichen Abständen über das Untersuchungsgebiet verteilen.

Festgehalten werden kann, dass nach dem Nächst-Nachbar-Index keine Anordnung von Kreismittelpunkten oder Stadtstandorten in einer Untersuchungsregion ein konzentriertes Muster aufweist. Die Anordnungen der Kreismittelpunkte werden mit Ausnahme der in der Region Bayern (diese tendiert in Richtung einer zufälligen räumlichen Verteilung) durchweg als regelmäßig beurteilt. Dagegen trifft dies für die Anordnungen der Stadtstandorte lediglich in der Region Nordrhein-Westfalen zu; alle anderen Anordnungen in den Regionen weisen eine sehr starke Tendenz in Richtung eines zufälligen Musters auf.

Aussagekräftiger erscheint jedoch eine individuelle Beurteilung der Abstände zwischen den nächsten Nachbarn. Hierzu wurde nach der Entfernung zu ihrem nächstgelegenen Nachbarn jeder Kreismittelpunkt bzw. jeder Standort einer Stadt eingeschätzt, ob er entweder zu der Gruppe der konzentriert angeordneten, der zufällig verstreuten oder der regelmäßig angeordneten Kreismittelpunkte bzw. Stadtstandorte gehört. Für die Anordnung der Kreismittelpunkte bestätigte sich die schon durch den Nächst-Nachbar-Index ausgewiesene Tendenz zur Regelmäßigkeit: In keiner Untersuchungsregion ist der Anteil der als regelmäßig angeordnet eingeschätzten Kreismittelpunkte an der

Grundgesamtheit geringer als 50 %, in einzelnen Untersuchungsregionen werden in dieser Gruppe nahezu 75 % der Kreismittelpunkte erfasst. Dies bestätigt die oben geäußerte Erwartung, dass das „künstlich geschaffene" System der Stadt- und Landkreise eine regelmäßige Anordnung besitzt (vgl. Abschnitt 3.1).

Dagegen zeigt sich gerade für die Stadtstandorte ein verändertes Bild: Im Gegensatz zu den Ergebnissen des Nächst-Nachbar-Indexes wird die Masse der Stadtstandorte als regelmäßig oder konzentriert angeordnet eingeschätzt. Dabei werden rund 50 % der Stadtstandorte in der Bundesrepublik Deutschland als regelmäßig angeordnet eingeschätzt. Im einzelnen variieren die Anteile für die Untersuchungsregionen zwischen 23 % (für Süd-West) und 88 % (für Nord-Ost). Dies ist als Beleg dafür anzusehen, dass – obwohl das von den Städten repräsentierte Siedlungsgefüge in stärkerem Maße als die Kreise eine gewachsene Ordnung repräsentieren – grundsätzlich eine gleichmäßige Anordnung der Städte existiert, wobei eine strenge hexagonale Anordnung im Sinne von Christaller jedoch nicht erreicht wird.

Zudem konnten durch die Menge der als konzentriert angeordnet eingeschätzten Stadtstandorte verschiedene regionale Siedlungsgruppen, die von besonders dicht beieinander liegenden benachbarten Städten gebildet werden und die Regelmäßigkeit in der Anordnung der Stadtstandorte stören, identifiziert werden. In ihrer Bedeutung werden sich diese jedoch voneinander unterscheiden. Die bloße Zahl der einer Ansammlung zuzurechnenden Städte bzw. ihre Einwohnerzahl kann hierbei lediglich ein Indiz sein, ohne dass sich hieraus jedoch weitere Folgerungen ergeben. Daher ist der Aspekt der Bedeutung im folgenden Abschnitt zu untersuchen.

3.2.2 Klassifikation der Stadt- und Landkreise nach ihrer Zentralität

Gemäß den Theorien Christallers, Löschs und Friedmanns weisen nicht alle Orte eine gleich hohe Bedeutung auf, vielmehr existiert unter ihnen eine Hierarchie, die auf ausgewählten Funktionen höheren Ranges basiert und einzelne Orte eine besondere Stellung innerhalb ihres Umlands einnehmen lässt. Im Folgenden ist daher zu überprüfen, welche Orte im Gebiet der Bundesrepublik Deutschland einen höheren Rang einnehmen und ob diese innerhalb der konzentrierten Standortmuster liegen.

Hier soll die Bedeutung eines Ortes untersucht werden, indem Daten aus der amtlichen Statistik ausgewertet werden. Für die 1456 Städte mit einer Bevölkerung von über

10.000 Einwohnern liegen jedoch keine geeigneten Daten vor. Allerdings besitzen alle Städte mit einer Bevölkerung von 200.000 oder mehr Einwohnern auch den Status einer kreisfreien Stadt, in der Gruppe der Städte mit einer Bevölkerung zwischen 100.000 und 200.000 Einwohnern trifft dies immerhin noch für 35 von insgesamt 46 Städten zu (vgl. Tabelle 3). Daher werden anstelle der Städte die Stadt- und Landkreise verwendet.

Im folgenden Abschnitt 3.2.2.1 wird der für die Untersuchung der Bedeutung eines Ortes maßgebliche Begriff der Zentralität, in Abschnitt 3.2.2.2 die Tauglichkeit der ausgewählten Merkmale und die Konstruktion der Indikatoren zur Messung der Zentralität diskutiert. Die unter den Gliederungspunkten 3.2.2.3 und 3.2.2.5 erläuterten multivariaten statistischen Methoden werden dann zur Klassifikation der Stadt- und Landkreise herangezogen, deren Ergebnisse in den Abschnitten 3.2.2.4 und 3.2.2.6 erläutert sind. Eine Zusammenfassung beschließt diesen Abschnitt.

3.2.2.1 Methodik zur Erfassung der Zentralität eines Kreises

Wird der Begriff „Zentralität eines Ortes" verwendet, so wird damit sowohl etwas über die Eigenschaft des Ortes ausgesagt, funktionaler Mittelpunkt einer größeren, ihm zuzuordnenden Gesamtheit von Orten zu sein, als auch die besondere Bedeutung des Ortes herausgestellt, die dieser als Teil der Gesamtheit für die zu ihm gehörigen Orte innehat (Bedeutungsüberschuss).[1] Der Begriff „Zentralität" umfasst damit zwei Aspekte: Zum einen bezieht er das zu einem Ort gehörige Einzugsgebiet mit ein, zum anderen verweist er auf den Bedeutungsüberschuss, der sich nach Christaller als Differenz zwischen der Gesamtbedeutung eines zentralen Ortes und der Bedeutung dieses Ortes für die in ihm wohnende Bevölkerung ergibt.[2] Sowohl die Abgrenzung des Einzugsgebietes als auch die exakte Bestimmung der zur Bedeutung eines Ortes beitragenden Faktoren verursachen jedoch erhebliche Probleme, die um so größer werden, je weniger sich zwischen den Komponenten Eigenbedarf des Ortes und Umlandbedarf eine scharfe Trennung herbeiführen lässt. So maß Christaller die Zentralität, indem er den Bedeutungsüberschuss einer Stadt als Differenz zwischen der Zahl der tatsächlich vorhandenen Telefonanschlüsse und derjenigen, die sich ergeben würde, wenn diese sich vom Umland hinsichtlich der Telefondichte nicht unterschiede. In sei-

[1] Vgl.: Christaller, Walter, Die zentralen Orte in Süddeutschland, a.a.O., S. 21–27.
[2] Vgl.: Christaller, Walter, Die zentralen Orte in Süddeutschland, a.a.O., S. 27.

ner Untersuchung im süddeutschen Raum bezog er sich dabei auf den Landesdurchschnitt und schloss aus der Abweichung zwischen Ist-Wert und Soll-Wert auf die einem Orte innewohnende Zentralität. [1]

Kritiker der Christallerschen Methodik geben zu bedenken, dass die Bestimmung des Einzugsgebietes zur Ermittlung der Zentralität exakt sein müsse, nicht aber auf Verwaltungsgrenzen oder das Landesgebiet zur Berechnung des Durchschnittswertes zurückgegriffen werden dürfe. Denn jedes zentrale Gut weise eine spezifische Reichweite auf, so dass sich Reichweitenunterschiede ergäben, und daher sei ein Verfahren anzuwenden, welches aus der Menge unterschiedlicher Reichweiten der in einem zentralen Ort angebotenen Güter eine plausible Außengrenze bestimmt.[2] Allerdings ist in dieser Arbeit die nationale Grenze durchaus als Außengrenze anzusehen, welche die Reichweite zentraler Güter beschränkt, da davon auszugehen ist, dass der überwiegende Teil der Dienstleistungen innerhalb dieser Grenzen angeboten wird. Zudem werden die Orte höherer Bedeutung aufgrund ihrer regionalen Stellung auch einen hohen Anteil an überregionalen Beziehungen unterhalten. Diese wirtschaftlichen Verflechtungen zu anderen Räumen bzw. Orten bedingen daher gerade den Bezug auf das Gesamtgebiet und die Orientierung an den nationalen Grenzen. Hinzu kommt, dass schon über die Einschätzung einer Leistung als „zentrales Gut" eine Rangordnung unter den Leistungen aufgestellt wird. Denn je größer die Menge der angebotenen zentralen Funktionen mit großer Reichweite ist, desto höher ist der betreffende Ort in der Hierarchie einzustufen. Die tatsächliche Ausprägung, also Vorkommen und Menge der angebotenen Güter, legt somit fest, zu welcher Stufe der Ort letztlich gehört. Aus diesem Grunde wäre ebenso eine Klassifikation der vermuteten zentralen Güter nach ihrer regionalen Bedeutung notwendig, damit regionale Unterschiede, welche ansonsten die Exaktheit der gefundenen Zentralitätswerte vermindern würden, berücksichtigt werden. Gerade die Abgrenzung der zentralen Güter und Dienste eines Ortes, die den „... Inhalt der Bedeutung eines Ortes ausmachen"[3], verursacht jedoch erhebliche Schwierigkeiten. Denn nur die exakte Trennung einzelner Inanspruchnahmen der von den Einrichtungen angebotenen Funktionen in lokal, regional oder überregional erbrachte Leistungen erlaubt letztlich eine Unterscheidung zwischen zentralen und subzentralen Diensten in Abhängigkeit von der jeweiligen Reichweite. Diese

[1] Vgl.: Christaller, Walter, Die zentralen Orte in Süddeutschland, a.a.O., S. 146.
[2] Vgl. beispielsweise Heinritz, Günter, Zentralität und zentrale Orte, Stuttgart 1979, S. 47.
[3] Christaller, W., Die zentralen Orte in Süddeutschland, a.a.O., S. 139.

Trennung muss jedoch von der Nachfrageseite her geschehen, da nur hierüber der räumliche Bezug der Versorgungsleistung herzustellen ist. Allerdings erscheint dies kaum möglich, wenn der dafür benötigte Grad an Exaktheit bei der Sammlung dieser – wenn überhaupt – nur verteilt vorliegenden Informationen bedacht wird. Zudem sprechen ebenfalls rechtliche Schutzerwägungen gegen eine Sammlung solcher Informationen.[1] Auch impliziert der Bezug auf das nähere Umland, dass der Bedeutungsüberschuss eines Ortes aus dem Bedeutungsdefizit des Umlands resultiert. Dies muss jedoch nicht der Fall sein, da Dienstleistungen auch für weiter entfernte, nicht dem Umland zugehörige Gebiete erbracht werden können.[2]

Daher ist Zentralität hier als Gesamtbedeutung eines Kreises aufzufassen. Folglich werden alle Aktivitäten von Einrichtungen des Dienstleistungssektors als zentrale Funktionen angesehen und zur Messung der Bedeutung eines Ortes herangezogen.[3] Ein Kreis mit hoher Gesamtbedeutung ist damit als ein „Service"-Zentrum aufzufassen, das seine Leistungen an die Bevölkerung innerhalb und außerhalb seines Kreisgebiets abgibt.

Um die Kreise hinsichtlich ihrer Bedeutung einschätzen zu können, werden im Folgenden Zahlen über die sozialversicherungspflichtig Beschäftigten im Dienstleistungssektor, getrennt nach den Wirtschaftsbereichen Handel, Kreditinstitute und Versicherungsgewerbe, Verkehr und Nachrichtenübermittlung, sonstige Dienstleistungen, Staat und Organisationen ohne Erwerbscharakter sowie Gebietskörperschaften und Sozialversicherung[4], verwendet. Als Sollwert wird der Bundesdurchschnitt auf Kreisbasis im jeweiligen Wirtschaftsbereich errechnet. Zentralität wird damit in sechs Dimensionen gemessen.

---

[1] Dieser Aspekt kennzeichnet ein generelles Problem der deutschen Statistik, da hiermit der Rahmen dessen, was empirisch umgesetzt werden kann, mitunter sehr stark eingeschränkt wird. Denn Daten dürfen sich nicht auf einzelne Personen zurückführen lassen.

[2] Das typische Beispiel ist der Tourismus, im Dienstleistungssektor sind jedoch viele weitere Beispiele denkbar, z. B. die Tätigkeit von Beratungs- und Prüfungsunternehmen.

[3] Vgl.: Bobek, Hans, Die Theorie der zentralen Orte im Industriezeitalter, Wiesbaden 1969, S. 199–213, hier S. 202.

[4] Obwohl die letzten beiden Wirtschaftsbereiche nicht zu den privatwirtschaftlichen Dienstleistungsangeboten zu zählen sind und daher die Möglichkeit eines Beschäftigungsüberhanges nicht ausgeschlossen werden kann, ist zu bedenken, dass die Einrichtungen dieses Bereichs durchaus auch Aktivitäten ausüben und Leistungen anbieten, die das privatwirtschaftliche Dienstleistungsangebot beeinflussen und / oder zumindest teilweise von Nachfragern aus benachbarten Kreisen genutzt werden können. Da aber eine Trennung des Leistungsangebotes nicht möglich ist, werden die gesamten Beschäftigungszahlen verwendet.

Daten über den Umfang der sozialversicherungspflichtigen Beschäftigung in den Wirtschaftsbereichen sind besonders zur Messung der Zentralität geeignet, da maßgeblich für die Zurechnung der Tätigkeit eines Arbeitnehmers zu einem Stadt- oder Landkreis der Ort der Leistungserstellung ist. Zudem werden diese Daten im Gegensatz zu einer wertmäßigen Erfassung der Dienstleistungen nahezu vollständig und lückenlos für nahezu alle Kreise[1] der Bundesrepublik Deutschland erhoben.[2] Bedenken bestehen hinsichtlich der Exaktheit bei ihrer Ermittlung. Denn die Zuordnung eines Unternehmens gemäß seiner Produktionsstruktur ist nicht immer eindeutig. Werden beispielsweise neben der „reinen" Produktionstätigkeit (z. B. Computer) auch Dienstleistungen (z. B. Wartung und Instandhaltung) angeboten, oder ist ein Unternehmen in anderer Beziehung untergliedert (z. B. Autohandel und Autoreparatur), so erfolgt die Zuordnung nach dem Schwerpunkt der Tätigkeit des Unternehmens, und der Anteil der erbrachten Dienstleistungen wird somit nicht oder nicht korrekt erfasst. Zudem basieren die Zahlen der Beschäftigtenstatistik auf den Meldungen der Arbeitgeber. Fallen Standort des Unternehmens und Einsatzort des Arbeitnehmers auseinander, so besteht die Möglichkeit, dass die Tätigkeit am falschen Ort erfasst wird.

Mit diesen Einschränkungen sind sie jedoch als plausible Annäherung an die Größe des gesamten Dienstleistungsangebotes anzusehen und gestatten Rückschlüsse auf die unterschiedliche Bedeutung, die den Dienstleistungen im jeweiligen Stadt- oder Landkreis zukommt. Daher sind sie durchaus geeignet, als Kriterium Aufschluss über die Zentralität eines Kreises zu geben, wenn davon ausgegangen werden kann, dass der Dienstleistungsbereich eine hohe Bedeutung für die Kreise der Bundesrepublik einnimmt. Dieser Aspekt wird im folgenden Abschnitt untersucht.

---

[1] Lediglich für die Kreise Wolfsburg und Gifhorn waren keine Daten erhältlich. Sie wurden daher von der folgenden Untersuchung ausgeschlossen.

[2] Neben den generellen Schwierigkeiten, den Wert von Dienstleistungen zu bestimmen, die nicht auf einem Markt angeboten werden, tritt hinzu, dass die Statistiken der neuen Bundesländer auf Kreisebene keine Daten über den Wert der nach Wirtschaftsbereichen gegliederten Dienstleistungen ausweisen, und derartige Daten in tiefer systematischer Gliederung auch in absehbarer Zeit nicht zur Verfügung stehen.

3.2.2.2 *Die relative Bedeutung der Dienstleistungsbereiche und die Beziehung der Merkmale in den Kreisen*

Welchen Anteil weisen die einzelnen Bereiche innerhalb des Dienstleistungssektors für die Stadt- und Landkreise auf? Es ist anzunehmen, dass die Zahl der in den Wirtschaftsbereichen sozialversicherungspflichtig Beschäftigten mit der Einwohnerzahl schwankt, hohe Einwohnerzahlen somit auch zu einem höheren Angebot an Arbeitsplätzen im Dienstleistungsbereich führen und umgekehrt. Zusätzlich muss jedoch bedacht werden, dass die Landkreise eine heterogene Kombination von unterschiedlich dicht besiedelten Gebieten darstellen, da sie sowohl eher städtisch als auch eher ländlich geprägte Gebiete enthalten. Daher kann das relative Ausmaß der einzelnen Wirtschaftsbereiche, gemessen als Anteil der Beschäftigung in einem bestimmten Dienstleistungsbereich an der Gesamtbeschäftigung in allen Dienstleistungsbereichen, variieren. Denn wahrscheinlich werden spezifische Dienstleistungen, so z.B. auch unternehmensorientierte höherwertige Dienstleistungen, vermehrt oder ausschließlich nur in den verstädterten Gebieten angeboten. Jedoch erlaubt die Datenlage die auf einer genaueren Unterteilung basierende Identifikation typischer repräsentativer zentraler Dienste, wie z. B. des Medienbereiches oder des Verkehrswesens, und deren Lokalisation in städtisch oder ländlich geprägten Gebieten, die an sich wünschenswert wäre, um darüber nähere Erkenntnisse über räumliche Profiltypen im Sinne von auf bestimmte Dienstleistungen spezialisierte Stadt- oder Landkreise abzuleiten, nicht. Wird jedoch das gesamte Angebot der Wirtschaftsbereiche des Dienstleistungssektors als relevante Größe angesehen, so ist zumindest zu überprüfen, ob Unterschiede in der Verteilung der einzelnen Dienstleistungsbereiche auf Stadt- und Landkreise bestehen. Bestehende starke Unterschiede sind als ein Indiz dafür anzusehen, dass nicht alle Bereiche gleichermaßen relevant für die spätere Bestimmung der Zentralität sind, und die Merkmalsauswahl wäre daher zu korrigieren.

Zusätzlich wird auch das Gesamtangebot aller Bereiche in einem Kreis nicht ohne Einfluss auf dessen Bedeutung bleiben. Wenn angenommen wird, dass die Stadtkreise als Städte die typischen Produktions- und Angebotsstandorte für Dienstleistungen sind, es in diesen also zu einer Konzentration des Dienstleistungsangebotes kommt, so müssen sich Unterschiede zwischen Stadt- und Landkreisen auch in der relativen Bedeutung des Dienstleistungsbereiches, gemessen als Anteil des Dienstleistungssektors an der gesamten Beschäftigung bzw. an der Bevölkerung in einem Kreis, zeigen.

Es empfiehlt sich daher, Stadt- und Landkreise voneinander zu trennen und die Kreise dann anhand ihrer Bevölkerungszahl zu Gruppen zusammenzufassen. Danach ist zunächst zu überprüfen, ob ein Unterschied zwischen Stadt- und Landkreisen hinsichtlich der Anteile der einzelnen Dienstleistungsbereiche besteht. Jene sowie der Anteil des Dienstleistungssektors insgesamt an der Beschäftigung bzw. an der Bevölkerung sind in Tabelle 11 wiedergegeben. Während die Spalten 2 bis 7 die Verteilung der Beschäftigten auf die einzelnen Bereiche präzisieren und somit Aufschluss über die unterschiedliche Bedeutung einzelner Wirtschaftsbereiche geben, enthalten die Spalten 8 und 9 die Anteile der Dienstleistungsbeschäftigten an der Gesamtheit der sozialversicherungspflichtig Beschäftigten bzw. an der Bevölkerung. Die berechneten Werte tragen zur Klärung der Frage bei, ob sich bezüglich der Bedeutung des Dienstleistungsbereiches Unterschiede zwischen Stadt- und Landkreisen zeigen. Zuzüglich wurde die Zahl der Kreise in jeder (Bevölkerungs-)Klasse in Spalte 1 angegeben.

Der Blick auf die Ergebnisse bestätigt die vermuteten Zusammenhänge nur zum Teil. So sind die Unterschiede bei den Werten in den einzelnen Wirtschaftsbereichen für die verschiedenen Bevölkerungsklassen generell als sehr gering einzustufen.[1] Nur im Bereich sonstige Dienstleistungen sind die Differenzen größer als 4 Prozentpunkte. In diesem Bereich ist mit 28 % auch der größte Teil der sozialversicherungspflichtig Beschäftigten tätig, gefolgt von dem mit 14 % immer noch sehr bedeutsamen Anteil im Bereich Handel. Die Werte lassen jedoch keine größeren Unterschiede zwischen Stadt- und Landkreisen in der Verteilung der sozialversicherungspflichtig Beschäftigten auf die einzelnen Wirtschaftsbereiche erkennen.

Allerdings besteht hinsichtlich der Gesamtbedeutung der Dienstleistungsbereiche ein Stadt-Land-Unterschied: Während der Anteil der Dienstleistungsbeschäftigten mit der Stadtgröße ansteigt und Werte bis zu 70 % erreicht, schwanken die Anteile für die Landkreise eng um 50 %. Dies ist ebenfalls am Anteil der im Bereich Dienstleistungen Beschäftigten an der Bevölkerung abzulesen: Mit annähernd 30 % ist dieser für die Stadtkreise gegenüber den Landkreisen mit 15 % doppelt so hoch.

---

[1] Hier ist jedoch bemerkenswert, dass die Anteile der im Wirtschaftsbereich Gebietskörperschaften und Sozialversicherung sozialversicherungspflichtig Beschäftigten an der Gesamtheit der sozialversicherungspflichtigen Beschäftigung mit abnehmender Bevölkerungszahl der Kreise zunehmen.

Tabelle 11: Anteile der sozialversicherungspflichtig Beschäftigten in den Dienstleistungsbereichen

Kreise nach Bevölkerungsklassen	Zahl der Kreise	Anteil der im Bereich Handel Beschäftigten an der Gesamtheit der sozialversicherungspflichtig Beschäftigten in %	Anteil der im Bereich Verkehr und Nachrichten Beschäftigten an der Gesamtheit der sozialversicherungspflichtig Beschäftigten in %	Anteil der im Bereich Kredit und Versicherung Beschäftigten an der Gesamtheit der sozialversicherungspflichtig Beschäftigten in %
Stadtkreise				
Stadtkreise mit mehr als 350.000 Einwohnern	17	15	8	7
Stadtkreise mit einer Bevölkerung von 150.000 bis 350.000 Einwohnern	31	14	6	5
Stadtkreise mit einer Bevölkerung von 99.000 bis 150.000 Einwohnern*	25	14	6	3
Stadtkreise mit weniger als 99.0000 Einwohnern*	40	14	6	3
Landkreise				
Landkreise mit mehr als 350.000 Einwohnern	20	14	4	3
Landkreise mit einer Bevölkerung von 200.000 bis 350.000 Einwohnern	56	15	4	3
Landkreise mit einer Bevölkerung von 150.000 bis 200.000 Einwohnern	60	12	4	3
Landkreise mit einer Bevölkerung von 100.000 bis 150.000 Einwohnern	118	12	4	2
Landkreise mit weniger als 100.000 Einwohnern	75	11	4	2
Kreise nach Typen				
Stadtkreise	113	14	7	5
Landkreise	329	13	4	3
Gesamtes Bundesgebiet	442	14	5	4

* Die Festlegung der Grenze auf 99.000 Einwohner ergibt sich aus markanten Veränderungen in der Einwohnerzahl.

Fortsetzung der Tabelle 11

Anteil der im Bereich sonstige Dienstleistungen Beschäftigten an der Gesamtheit der sozialversicherungspflichtig Beschäftigten in %	Anteil der im Bereich Staat und Organisationen ohne Erwerbszweck Beschäftigten an der Gesamtheit der sozialversicherungspflichtig Beschäftigten in %	Anteil der im Bereich Gebietskörperschaften und Sozialversicherung Beschäftigten an der Gesamtheit der sozialversicherungspflichtig Beschäftigten in %	Anteil der in allen Dienstleistungsbereichen Beschäftigten an der Gesamtheit der sozialversicherungspflichtig Beschäftigten in %	Anteil der in allen Dienstleistungsbereichen Beschäftigten an der Bevölkerung in %	Anteil der sozialversicherungspflichtig Beschäftigten an der Bevölkerung in %
29	4	7	70	32	45
27	4	9	65	28	43
26	3	10	64	33	51
25	4	11	63	29	47
20	2	5	49	14	29
22	2	5	50	15	31
22	2	8	52	15	28
20	2	9	49	14	28
20	2	10	50	15	29
28	4	9	67	31	46
21	2	7	50	15	29
24	3	8	57	20	35

Quelle: Eigene Berechnungen, Daten von 1993, aus: Statistik Regional – Daten und Informationen der statistischen Ämter der Länder und des Bundes, 1995.

Hieraus sind mehrere Schlüsse zu ziehen: Zum einen eignet sich das Merkmal „Dienstleistungsbeschäftigte getrennt nach Wirtschaftsbereichen" zur Messung der Zentralität, da Unterschiede zwischen Stadt- und Landkreisen betont werden. Zudem ist zu erwarten, dass Landkreisen nur ausnahmsweise eine höhere Bedeutung zukommt, sie also nur selten einen hohen Zentralitätswert besitzen. Zum anderen bestehen trotz der Aufspaltung in Wirtschaftsbereiche keine gravierenden Unterschiede bezüglich der Bedeutung einzelner Bereiche für Stadt- und Landkreise. Daher können alle Bereiche zunächst als einzelne Merkmale zur Messung der Zentralität verwendet werden.

Die Formel für die Zentralität Z eines Kreises lautet dann für jeden Wirtschaftsbereich:

$$Z_k^w = SvB_k^w - E_k \frac{SvB_g^w}{E_g}$$

Dabei bezeichnen SvB_k^w die Zahl der sozialversicherungspflichtig Beschäftigten in einem Wirtschaftsbereich w in einem Kreis k, SvB_g^w die Gesamtzahl der in einem Wirtschaftsbereich w sozialversicherungspflichtig Beschäftigten, E_k die Einwohnerzahl des Kreises und E_g die Einwohnerzahl des Untersuchungsraumes.

Wie oben festgestellt wurde, ist jeder einzelne Zentralitätsindikator als individuelles Teilmaß für die Bedeutung eines Kreises aufzufassen. Allerdings können zwischen den einzelnen Wirtschaftsbereichen inhaltliche Beziehungen bestehen. Daneben ist grundsätzlich von einer positiven Abhängigkeit zwischen den Zentralitätsindikatoren auszugehen, da jeder die Bedeutung eines Kreises mindert bzw. steigert. Hinzu können aber stärkere Zusammenhänge zwischen zwei oder mehreren Merkmalen existieren, die als typische Kombination von Merkmalsausprägungen anzusehen sind. Um dies zu analysieren, werden die Korrelationskoeffizienten nach Pearson berechnet. Diese geben Auskunft über den Zusammenhang zwischen zwei Zentralitätsindikatoren (vgl. Tabelle 12).

Tabelle 12: Matrix der Pearsonschen Korrelationskoeffizienten, 6 Zentralitätsindikatoren des Dienstleistungsbereiches, 442 Stadt- und Landkreise

	ZDIENST	ZGEBIET	ZHANDEL	ZKREDIT	ZORGAN
ZGEBIET	0,62				
ZHANDEL	0,67	0,13			
ZKREDIT	0,71	0,18	0,82		
ZORGAN	0,83	0,66	0,57	0,69	
ZVERKEHR	0,81	0,50	0,70	0,72	0,68

ZGEBIET: Zentralitätsindikatoren sozialversicherungspflichtig Beschäftigte im Dienstleistungsbereich Gebietskörperschaften und Sozialversicherung
ZHANDEL: Zentralitätsindikatoren sozialversicherungspflichtig Beschäftigte im Dienstleistungsbereich Handel
ZKREDIT: Zentralitätsindikatoren sozialversicherungspflichtig Beschäftigte im Dienstleistungsbereich Kredit und Versicherung
ZORGAN: Zentralitätsindikatoren sozialversicherungspflichtig Beschäftigte im Dienstleistungsbereich Staat und Organisationen ohne Erwerbszweck
ZVERKEHR: Zentralitätsindikatoren sozialversicherungspflichtig Beschäftigte im Dienstleistungsbereich Verkehr und Nachrichten
ZDIENST: Zentralitätsindikatoren sozialversicherungspflichtig Beschäftigte im Dienstleistungsbereich sonstige Dienstleistungen

Quelle: Eigene Berechnung.

Ein sehr starker Zusammenhang zeigt sich zwischen den Zentralitätsindikatoren ZDIENST und ZORGAN bzw. ZVERKEHR, ein etwas schwächerer zu dem Indikator ZKREDIT. Hoch korreliert sind auch die Indikatoren ZKREDIT und ZHANDEL. Dagegen bildet der Indikator ZGEBIET eine eigene „Abteilung", hier besteht jeweils nur eine sehr schwache positive Korrelation zu den Indikatoren ZHANDEL und ZKREDIT, eine mittlere dagegen zu den Indikatoren ZORGAN und ZVERKEHR. Insgesamt ist festzustellen, dass mit Ausnahme der Kombinationen ZGEBIET und ZHANDEL bzw. ZKREDIT deutlich positive Werte zu verzeichnen sind. Dies lässt vermuten, dass, wenn die Kreise nach den Zentralitätsindikatoren typisiert werden, verstärkt mit dem Auftreten dieser Indikatorkombinationen zu rechnen ist, und die in den „oberen" Gruppen enthaltenen Stadt- und, sofern diese nicht in die „unteren" Gruppen fallen, Landkreise diese Kombinationen in unterschiedlicher Intensität aufweisen werden.

Weiter stellt sich die Frage, inwieweit „Ausreißer" für die starken Korrelationen verantwortlich sind. Denn es ist möglich, dass eine kleinere Anzahl an Kreisen sehr hohe Indikatorwerte auf sich vereint. So weist beispielsweise Berlin in den Wirtschaftsbereichen sonstige Dienstleistungen sowie Gebietskörperschaften und Sozialversicherung jeweils sehr hohe Zentralitätswerte auf. Werden die Kreise mit einer vermuteten hohen Zentralität, also Hamburg, Berlin, Frankfurt/Main, München, Köln, Düsseldorf, Stuttgart,

Hannover und Nürnberg, aus dem Datensatz herausgenommen und somit die Anzahl der Fälle um 9 auf 432 reduziert, so zeigt sich ein etwas verändertes Ergebnis:[1]

Tabelle 13: Matrix der Pearsonschen Korrelationskoeffizienten, Ausschluss von Kreisen mit besonders hohen Indikatorwerten, 6 Zentralitätsindikatoren des Dienstleistungsbereiches, 432 Stadt- und Landkreise

	ZDIENST	ZGEBIET	ZHANDEL	ZKREDIT	ZORGAN
ZGEBIET	0,62				
ZHANDEL	0,61	0,23			
ZKREDIT	0,70	0,42	0,63		
ZORGAN	0,71	0,72	0,42	0,52	
ZVERKEHR	0,66	0,60	0,51	0,43	0,58

ZGEBIET: Zentralitätsindikatoren sozialversicherungspflichtig Beschäftigte im Dienstleistungsbereich Gebietskörperschaften und Sozialversicherung
ZHANDEL: Zentralitätsindikatoren sozialversicherungspflichtig Beschäftigte im Dienstleistungsbereich Handel
ZKREDIT: Zentralitätsindikatoren sozialversicherungspflichtig Beschäftigte im Dienstleistungsbereich Kredit und Versicherung
ZORGAN: Zentralitätsindikatoren sozialversicherungspflichtig Beschäftigte im Dienstleistungsbereich Staat und Organisationen ohne Erwerbszweck
ZVERKEHR: Zentralitätsindikatoren sozialversicherungspflichtig Beschäftigte im Dienstleistungsbereich Verkehr und Nachrichten
ZDIENST: Zentralitätsindikatoren sozialversicherungspflichtig Beschäftigte im Dienstleistungsbereich sonstige Dienstleistungen

Quelle: Eigene Berechnung.

Für diesen reduzierten Datensatz sind die Korrelationen zwischen den Indikatoren immer noch deutlich positiv, tendenziell jedoch schwächer ausgeprägt. Beispielsweise ist der Zentralitätsindikator ZDIENST weniger stark mit den Indikatoren ZORGAN und ZVERKEHR korreliert.

Aufgrund der starken Korrelationen zwischen den Merkmalen wird zur Gruppierung der Kreise nach ihrer Bedeutung zunächst eine Reduzierung des Indikatorenraumes mit Hilfe der Faktorenanalyse durchgeführt. Die als Ergebnis resultierenden Faktoren werden dann verwendet, um die Kreise durch eine Clusteranalyse zu gruppieren.

[1] Die Verringerung des Datensatzes gerade um diese Raumeinheiten beruht auf dem großen Abstand zwischen dem individuellen Wert für jeden der Kreise und dem Mittelwert für alle Kreise.

3.2.2.3 Grundzüge der Faktorenanalyse

Ziel der Faktorenanalyse[1] ist es, die mehr oder minder stark korrelierten beobachteten Merkmale durch eine geringere Zahl von „Kunstvariablen" zu ersetzen, die als „weiche", also nicht beobachtbare oder nicht beobachtete Merkmale hinter den beobachteten Merkmalen stehen, ohne dass die in den Ausgangsmerkmalen enthaltenen Informationen verloren gehen. Die Extraktion der Kunstvariablen, sie werden auch als Faktoren bezeichnet, beruht dabei auf dem unterstellten faktoranalytischen Modell. Am häufigsten wird die Hauptkomponentenanalyse verwendet, deren Ablauf im Folgenden erläutert werden soll.

Abbildung 22: Der Ablauf der Faktorenanalyse

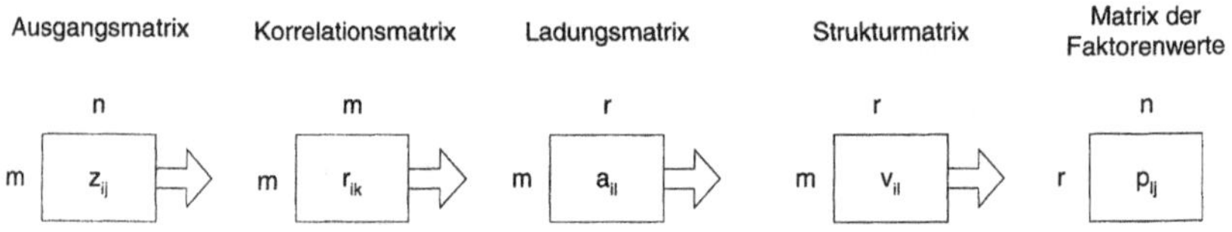

Quelle: Eigene Darstellung.

Aus den Ausgangsmerkmalen z_{ij} werden zunächst die Korrelationskoeffizienten r_{ik} ermittelt. Diese verschaffen einen Eindruck über Stärke und Richtung des Zusammenhangs zwischen den Merkmalen. Während überwiegend geringe Korrelationskoeffizienten darauf hindeuten, dass die Zusammenfassung der Merkmale zu Faktoren und damit die Datenreduktion erschwert wird, sind sehr hoch korrelierte Merkmale ein Indiz dafür, die Merkmalsauswahl inhaltlich auf kausale Beziehungen zwischen den Merkmalen zu überprüfen.

Als Nächstes werden durch die Faktorenextraktion die Ladungen a_{il} berechnet. Dabei wird für jedes Merkmal eine Linearkombination aus hypothetischen Faktoren und den Ladungen der Faktoren, welche die Bedeutung eines Faktors für das Merkmal widerspiegeln und damit den Zusammenhang zwischen Faktoren und Merkmalen aus-

[1] Vgl. zur Faktorenanalyse: Backhaus, Klaus, Erichson, Bernd, Plinke, Wulff, und Weiber, Rolf, Multivariate Analysemethoden, 8. Aufl. Berlin u. a. 1996, S. 189 ff.; Revenstorf, Dirk, Lehrbuch der Faktorenanalyse, Stuttgart u. a. 1976; Überla, Karl, Faktorenanalyse, 2. Aufl. Berlin u. a. 1971; zu ihrer Anwendung in der Regionalanalyse: Klemmer, Paul, Die Faktorenanalyse im Rahmen der Regionalforschung, in: Raumforschung und Raumordnung, 29. Jg. 1971, S. 6–11; Landwehr, Reinhard, Zur Verwendung der Faktorenanalyse in der Raumforschung und Raumplanung, in: Raumforschung und Raumordnung, 34. Jg. 1976, S. 207–214.

drücken, ermittelt. Hinzu kommt eine Restgröße, die die Residuen erfasst, da üblicherweise die zu erklärende Variable nicht vollständig durch die Faktoren erklärt wird.

$$z_{ij} = a_{i1}\, p_{1j} + a_{i1}\, p_{2j} + \ldots + a_{ir}\, p_{rj} \quad ; i = 1,2,\ldots,m \quad und \quad j = 1,2,\ldots,n$$

bzw. in Matrixnotation

$$(z_{ij}) = (a_{il})(p_{lj}) \quad ; i = 1,2,\ldots,m; \quad j = 1,2,\ldots,n \quad und \quad l = 1,2,\ldots,r$$

z_{ij} bezeichnet die (z-standardisierten) Ausgangswerte des Merkmals i für Objekt j, a_{il} gibt die Ladungen des Merkmals i für den Faktor l (l = 1, 2, ..., r) an, und p_{lj} den Wert des Faktors l für Objekt j.

Durch die Faktorenextraktion werden die Merkmale, die im hohen Maße miteinander korrelieren, zu Faktoren zusammengefasst. Dazu werden sie derart auf einer neuen Achse skaliert, dass die Summe der quadrierten Abstände der Datenpunkte von dieser Geraden minimiert wird. Durch das Einpassen einer weiteren, senkrecht auf der ersten stehenden Achse wird ein zusätzlicher Faktor generiert, der das Maximum der verbleibenden Varianz erklärt und damit die noch unzureichend abgebildeten Merkmale erfasst. Neue Achsen werden so lange hinzugefügt, bis eine ausreichende Anzahl von Faktoren erreicht ist. Eine Obergrenze ist durch die Menge der Variablen vorgegeben, jedoch sollten schon wenige Faktoren einen Großteil der Varianz erklären. Die endgültige Zahl der Faktoren wird durch Kommunalität und Eigenwert der Faktoren bestimmt. Während die Kommunalitäten, bezogen auf ein Merkmal, angeben, welcher Teil der Streuung eines Merkmals durch die Faktoren erklärt wird, gibt der Eigenwert eines Faktors an, welcher Teil der Gesamtstreuung aller Merkmale durch den Faktor erklärt wird. Daher wird die endgültige Zahl der zu extrahierenden Faktoren durch die Zahl der Eigenwerte, deren Wert größer eins ist, bestimmt.

Ein Problem der Faktorenanalyse besteht in der Interpretation der gefundenen Faktoren. Denn diese gestaltet sich mitunter schwierig, da sehr verschiedene Merkmale durch einen Faktor vertreten werden. Zudem kann eine Variable mehrere Faktoren hoch laden, was sich aufgrund der beliebigen Lage der Hauptachsen in dem Abstand der Punkte zu den Koordinatenachsen sowie dem Ursprung zeigt. Durch die Faktorenrotation nach der Varimaxmethode kann jedoch versucht werden, die extrahierten Faktoren bzw. ihre Ladungen einer Interpretation zugänglich zu machen. Die Rotation des orthogonalen Koordinatensystems erfolgt daher mit der Absicht, die Achsen so in die Punktgruppen zu verschieben, dass sich die Punkte deutlich um die Achsen verteilen. Die Strukturmatrix ergibt sich dann durch die Neuberechnung der Faktorladungen. Eigenwerte und Kommunalitäten verändern sich dabei nicht. Die Faktorenwerte als zusammengefasste Merkmalsausprägungen der Objekte können dann mit Hilfe der multiplen Regressionsanalyse geschätzt werden.

3.2.2.4 Ergebnis der Faktorenanalyse

Aus der Faktorenanalyse konnten zwei Faktoren extrahiert werden, die als „Kunstvariablen" die Merkmalsausprägungen inhaltlich abbilden.[1] Nachfolgende Übersicht gibt die Faktoren sowie die jeweiligen Faktorladungen an, wobei ab einer Ladung von ± 0,7 auf einen wesentlichen Erklärungswert geschlossen wird[2].

Tabelle 14: Faktorladungen der 6 Zentralitätsindikatoren des Dienstleistungsbereiches, 442 Stadt- und Landkreise

	Faktor 1	Faktor 2
ZDIENST	0,67	0,67
ZHANDEL	0,94	0,08
ZKREDIT	0,93	0,17
ZVERKEHR	0,73	0,51
ZORGAN	0,57	0,72
ZGEBIET	0,01	0,98

ZGEBIET: Zentralitätsindikatoren sozialversicherungspflichtig Beschäftigte im Dienstleistungsbereich Gebietskörperschaften und Sozialversicherung
ZHANDEL: Zentralitätsindikatoren sozialversicherungspflichtig Beschäftigte im Dienstleistungsbereich Handel
ZKREDIT: Zentralitätsindikatoren sozialversicherungspflichtig Beschäftigte im Dienstleistungsbereich Kredit und Versicherung
ZORGAN: Zentralitätsindikatoren sozialversicherungspflichtig Beschäftigte im Dienstleistungsbereich Staat und Organisationen ohne Erwerbszweck
ZVERKEHR: Zentralitätsindikatoren sozialversicherungspflichtig Beschäftigte im Dienstleistungsbereich Verkehr und Nachrichten
ZDIENST: Zentralitätsindikatoren sozialversicherungspflichtig Beschäftigte im Dienstleistungsbereich sonstige Dienstleistungen

Quelle: Eigene Berechnungen.

Der Faktor 1 zieht vor allem die Bereiche Handel und Kredit und Versicherungen und in geringerer Weise den Bereich Verkehr- und Nachrichtenwesen auf sich. Dieser Faktor steht insbesondere für den privatwirtschaftlichen Anteil an den gesamten Dienstleistungen. Im Gegensatz dazu ist der Faktor 2 durch deutlich positive Ladungen für den Bereich Gebietskörperschaften und Sozialversicherung gekennzeichnet, und etwas geringere für den Bereich Staat und Organisationen ohne Erwerbscharakter. Damit umfasst er die eher dem öffentlichen Sektor entstammenden Wirtschaftsaktivitäten.

---

[1] Für die Berechnungen wurde das Programm SPSS verwendet.
[2] Die Ladungshöhe von 0,7 beruht auf einer Faustregel.

Dagegen lädt der Indikator für den Wirtschaftsbereich „sonstige Dienstleistungen" trotz seiner generell hohen Bedeutung gleichermaßen Faktor 1 und 2.

3.2.2.5 Grundzüge der Clusteranalyse

Die Clusteranalyse[1] ist ein geeignetes Mittel zur Gruppierung von Objekten nach ihren Merkmalsausprägungen. Hier wird das agglomerative Verfahren von Ward angewendet, welches im Folgenden kurz erläutert werden soll.

Zunächst werden für alle paarweisen Kombinationen der Kreise die quadrierten euklidischen Distanzen zwischen den Merkmalsausprägungen ermittelt und zu einem Gesamtabstandsmaß addiert. Hieraus ergibt sich eine Matrix von Distanzkoeffizienten für die Kreise. Jeder Kreis wird zunächst als einzelnes Cluster aufgefasst. Die beiden Cluster, die den geringsten Abstand aufweisen, werden sodann zu einem gemeinsamen Cluster, der Startpartition, zusammengefasst.

Bei der Ward-Methode geschieht die weitere Zusammenfassung zu Gruppen ähnlicher Merkmalsausprägung, indem für die bestehenden Cluster die Mittelwerte für jedes Merkmal berechnet werden.

Anschließend wird wiederum eine Distanzmatrix aufgestellt, indem ein Gesamtabstandsmaß unter den Clustern berechnet wird. Sodann werden diejenigen Cluster vereinigt, die zu der geringsten Zunahme in der Gesamtsumme der quadrierten Distanzen in einer Gruppe führen. Diese Schritte wiederholen sich, bis alle Kreise in einem Cluster vereint sind.

Das wesentliche Problem aller agglomerativen Verfahren besteht darin, zu entscheiden, bei welchem Agglomerationsschritt abgebrochen werden soll. Denn es existiert kein Kriterium, welches mit vertretbarem Aufwand eine optimale Gruppenanzahl vorgibt. Daher muss die Gruppenanzahl auf einer subjektiven Abwägung beruhen. Da diese nicht unabhängig von dem verwendeten Datenmaterial ist, wird sie unten näher erläutert.

---

[1] Vgl. zur Clusteranalyse: Backhaus, Klaus, Erichson, Bernd, Plinke, Wulff, und Weiber, Rolf, Multivariate Analysemethoden, a.a.O., S. 261 ff.; Bock, Hans Hermann, Automatische Klassifikation, Göttingen 1974; Späth, Helmuth, Cluster-Analyse-Algorithmen zur Objektklassifizierung und Datenreduktion, 2. Aufl. München, Wien 1977; zu ihrer Anwendung in der Regionalanalyse: Bähr, Dieter, Regionalisierung mit Hilfe von Distanzmessungen, in: Raumforschung und Raumordnung, 29. Jg. 1971, S. 11–19; Barker, D., Hierarchic and non-hierarchic grouping methods: An empirical comparison of two techniques, in: Geografiska Annaler, 58. Jg. 1976, S. 42–58.

3.2.2.6 Lage und Verteilung der zentralen Orte

Auf der Grundlage der durch die multiple Regressionsanalyse geschätzten Faktorenwerte werden die Kreise in einer Clusteranalyse zu Gruppen zusammengefasst. Bei der Gruppenbildung ist darauf zu achten, dass einerseits nicht zu viele Gruppen gebildet werden, da ansonsten die Menge der in einer Gruppe enthaltenen Kreise zu gering wird, mithin an sich als ähnlich anzusehende Kreise unterschiedlichen Gruppen zugeordnet werden. Mit genau der entgegensetzten Argumentation können Bedenken gegen eine zu geringe Gruppenanzahl gerechtfertigt werden. Die Entscheidung über die Anzahl der Gruppen ist daher inhaltlich zu treffen: Die Gruppenbildung hat es hier zum Ziel, diejenigen Kreise auszuweisen, die eine überregionale Bedeutung besitzen. Prinzipiell ist daher eine geringe Gruppenanzahl ausreichend. Hinzu kommt, dass Landkreise aufgrund ihrer geringeren Besiedlungsdichte und der relativ höheren Bedeutung der nicht dem Dienstleistungssektor zuzurechnenden Wirtschaftsbereiche hinsichtlich ihrer regionalen Zentralität nur ausnahmsweise eine andere als eine unterrangige Position in der Hierarchie einnehmen werden. Schließlich kann sich an der Veränderung der Distanzkoeffizienten zwischen den Clustern orientiert werden. Hier zeigt sich, dass dieser zwischen den Stufen 7 und 8 etwas stärker ansteigt. Daher werden 7 Gruppen gebildet.[1] Tabelle 15 zeigt, welche Kreise in die oberen fünf Gruppen eingeordnet werden, ihre räumliche Position ist in Abbildung 23 auf S. 117 eingetragen.

Tabelle 15: Die in den oberen fünf Gruppen enthaltenen Kreise

Gruppe 1	Hamburg, Frankfurt/Main, München
Gruppe 2	Berlin
Gruppe 3	Hannover, Bremen, Düsseldorf, Köln, Stuttgart, Nürnberg
Gruppe 4	Bonn, Magdeburg, Erfurt, Potsdam, Dresden, Chemnitz, Halle
Gruppe 5	Kaiserslautern, Mainz, Kassel, Koblenz, Karlsruhe, Trier, Heilbronn, Münster, Wiesbaden, Aachen, Ulm, Darmstadt, Würzburg, Augsburg, Stadtverband Saarbrücken, Oldenburg, Brandenburg a. d. Havel, Cottbus, Frankfurt/Oder, Kiel, Uckermark, Neubrandenburg, Rostock, Schwerin, Braunschweig, Osnabrück, Leipzig, Heidelberg, Freiburg i. Br., Stendal, Regensburg, Gera, Jena, Weimar, Wartburgkreis

Quelle: Eigene Zusammenstellung.

Mit Ausnahme der Landkreise Wartburgkreis, Stendal, Uckermark und dem Stadtverband Saarbrücken, die alle in die Gruppe 5 eingestuft sind, werden den aufgeführten Gruppen nur Stadtkreise zugeordnet. Die Einordnung des Stadtverbandes Saar-

[1] Also entsprechend der Anzahl der ursprünglich vorhandenen Merkmale und zusätzlich einer unteren Gruppe, die überwiegend von Landkreisen besetzt sein sollte.

brücken in Gruppe 5 ist jedoch eingängig, da dieser durch die Kombination einer dominierenden Stadt (Saarbrücken) mit weiteren Nebenzentren im Landkreis gebildet wird.

Weiterhin fällt sofort auf, dass Berlin eine eigene Klasse bildet. Dies liegt an der besonderen Stellung, die die Stadt Berlin sowohl vor als auch nach der Wiedervereinigung einnimmt. Denn in der Vergangenheit wurde die Beschäftigungssituation Westberlins durch die Insellage und durch die besondere staatliche Förderung geprägt. Gerade in der Industrie dominierten hochsubventionierte Fertigungen, wohingegen Banken, Versicherungen und die sonstigen unternehmensorientierten Dienstleistungsbereiche aufgrund der ungünstigen Struktur der Westberliner Industrie, der Isolierung vom Umland und der großen Entfernung zu überregionalen Absatzmärkten nur begrenzte Entwicklungsmöglichkeiten hatten.[1] Als Folge der Wiedervereinigung und der damit verbundenen fortschreitenden Einbindung in das Berliner Umland haben sich die Bereiche Handel und Kredit- sowie Versicherungsgewerbe zwar grundsätzlich positiv entwickelt, ohne jedoch an vergleichbare Werte der anderen Metropolen und Großstädte heranzureichen.[2] Vielmehr weisen diese Bereiche immer noch negative Zentralitätswerte auf, so dass Berlin zum Untersuchungszeitpunkt nicht den Status eines „Service"-Zentrums für das Umland besitzt. Dies geht einher mit der Beobachtung, dass nach der Wiedervereinigung vermehrt Läden, Großmärkte und Einkaufszentren zwar auch in den östlichen Stadtteilen, was zur Bedeutung Berlins beiträgt, vor allem aber im Berliner Umland, was die Bedeutung Berlins nicht steigert, gegründet wurden. Hinzu kommen überaus hohe Werte bei den in den Bereichen sonstige Dienstleistungen sowie Gebietskörperschaften und Sozialversicherung Tätigen. Seit der Wiedervereinigung ist der Bereich der sonstigen privaten Dienstleistungen, hierzu zählen beispielsweise neben der Rechts-, Bau- und Wirtschaftsberatung und anderen freien Berufen auch die Bereiche Gaststätten- und Beherbergung, zum bedeutendsten Wirtschaftszweig geworden. Dies zeigt sich auch am Wert des Zentralitätsindikators, der deutlich höher als der ihm nachgeordnete von München ist. Dagegen gründet sich der relativ hohe Personalstand im Bereich Gebietskörperschaften und Sozialversicherung einerseits auf seine arbeitsmarktpolitische „Pufferfunktion" im Westteil der Stadt bis zum Mauerfall, andererseits auf die Überführung überproportional vieler Stellen der Ost-

[1] Vgl.: Eickelpasch, Alexander, und Pfeiffer, Ingo, Perspektiven der wirtschaftlichen Entwicklung in Berlin, in: Wochenberichte des Deutschen Instituts für Wirtschaftsforschung Nr. 37/96, S. 3

[2] Vgl.: Gaulke, Klaus-Peter, Arbeitsplatzstruktur im Westteil Berlins seit der Vereinigung, in: Wochenberichte des Deutschen Instituts für Wirtschaftsforschung Nr. 6/96, S. 2.

Berliner Magistratsverwaltung, der Einrichtungen aus dem Bereich des Ministerrats der DDR, der Volkspolizei und der Stadtbezirke in den Stellenplan Berlins nach dem Mauerfall. Hinzu kommt, dass in Berlin gerade Unternehmen, deren Aufgaben in den Bereichen der öffentlichen Versorgung, Entsorgung und im Verkehrswesen liegen[1], im Gegensatz z. B. zu Hamburg oder Bremen als Eigenbetriebe, nicht aber in privatrechtlicher Form organisiert sind. Zum Teil ist dies ebenfalls eine Folge der Wiedervereinigung, so dass die Beschäftigten bis zu einer Privatisierung der Leistungsbereiche noch in der Personalstatistik des öffentlichen Dienstes geführt werden. In diesem Bereich beträgt der Wert des Zentralitätsindikators mehr als das Dreifache des zweiten, dem von Potsdam. Diese Eigenheiten sind für die besondere Stellung Berlins verantwortlich. Allerdings wird prognostiziert, dass langfristig mit einem Abbau des Defizits in den Bereichen Handel und Kredit- und Versicherungsgewerbe gerechnet werden kann, wenn die besondere Stellung Berlins als Metropole und Bundeshauptstadt in einer dann um die östlichen Nachbarn der Bundesrepublik Deutschlands erweiterten Europäischen Union bedacht wird.[2]

In der ersten und der dritten Gruppe finden sich einerseits die drei großen Metropolen mit überregionaler Bedeutung, Hamburg, München und Frankfurt/Main, andererseits Großstädte mit hoher Bedeutung, wie Hannover, Bremen, Düsseldorf und Stuttgart, die allesamt Landeshauptstädte sind, daneben noch Köln und Nürnberg. Im Vergleich der Werte dieser beiden Gruppen mit denen der anderen (mit Ausnahme Berlins) fällt auf, dass diese mit Ausnahme des Bereichs Gebietskörperschaften und Sozialversicherung in allen anderen Dienstleistungsbereichen dominieren. Sie sind als die typischen Dienstleistungszentren anzusehen, in denen beispielsweise gerade auch die großen Unternehmen ihren Hauptsitz haben.

Mit Ausnahme von Bonn werden in der Gruppe 4 Stadtkreise der neuen Bundesländer erfasst, darunter vier der fünf Landeshauptstädte. Sie weisen, verglichen mit der größeren Gruppe 5, eine höhere Bedeutung in den Bereichen Verkehrs- und Nach-

---

[1] Beispielsweise Müllabfuhr, Straßenreinigung, Krankenhäuser, Theater, Kindergärten und -tagesstätten etc.

[2] Siehe zu den Entwicklungsaussichten Berlins: Schrumpf, Heinz, Zur Entwicklung der Umlandbeziehungen Berlins, in: Der Aufbau einer Region, Arthur Benz und Klaus König (Hrsg.), S. 17–36; weiter: Hesse, Wolf-Ekkehard, Wirtschaftliche Entwicklungsperspektiven der Region Berlin/Brandenburg, in: Der Aufbau einer Region, Arthur Benz und Klaus König (Hrsg.), S. 105–111; und: Eickelpasch, Alexander, und Pfeiffer, Ingo, Perspektiven der wirtschaftlichen Entwicklung in Berlin, a.a.O., S. 13.

richtenwesen, Organisationen ohne Erwerbscharakter, Gebietskörperschaften und Sozialversicherung sowie sonstige Dienstleistungen auf. Während die Stellung der Stadt Bonn mit der Funktion „frühere Bundeshauptsstadt" begründet werden kann, handelt es sich bei den anderen Stadtkreisen um Zentren, die vorwiegend eine regionale Bedeutung besitzen. Sie können als die kommenden Dienstleistungszentren der neuen Bundesländer angesehen werden, deren überregionale Bedeutung allerdings noch gering ist, da höherwertige private Dienstleistungen, wie Großhandel oder Finanzdienstleistungen, noch gering ausgeprägt sind. Die Gruppe 5, die unter anderem Schwerin als Landeshauptstadt des gering besiedelten Mecklenburg-Vorpommerns enthält, zeichnet sich gegenüber der Gruppe 4 durch höhere Zentralitätswerte in den Bereichen Handel sowie Kredit- und Versicherungsgewerbe aus. Hier überrascht vor allem, dass die eng beieinander liegenden Stadtkreise Leipzig und Halle unterschiedlichen Gruppen zugeordnet werden: Denn während Halle in der Gruppe 4 enthalten ist, gehört Leipzig zur Gruppe 5. Im Vergleich der Zentralitätswerte der nach ihrer Einwohnerzahl annähernd gleich großen Stadtkreise Dresden und Leipzig wird jedoch deutlich, dass dies vor allem an der sehr viel höheren Bedeutung der in dem Bereich Gebietskörperschaften und Sozialversicherung Beschäftigten für die Kreise der Gruppe 4 liegt. In den untersten beiden Gruppen (6 und 7) sind die übrigen Kreise enthalten; bei diesen handelt es sich überwiegend um Landkreise. Auffallend ist die recht eindeutige räumliche Verteilung der Standorte der Gruppenmitglieder (siehe Abbildung 24): Während Gruppe 6 hauptsächlich Kreise der alten Bundesländer enthält, sind in Gruppe 7 vorwiegend Kreise der neuen Bundesländer erfasst. Ausnahmen zeigen sich insbesondere in den Küstengebieten Niedersachsens und in Schleswig-Holstein. Die Kreise der Gruppe 7 weisen im Gegensatz zu denen der Gruppe 6 im Mittel positive Werte im Bereich der Gebietskörperschaften und Sozialversicherung auf. Alle anderen Bereiche beider Gruppen sind durch negative Werte gekennzeichnet.

Dieser Ost-West-Gegensatz zeigt sich ebenfalls in der Gruppenzusammensetzung, wenn die anderen Gruppen betrachtet werden (vgl. Tabelle 16, S. 119): Während in die Gruppen 1 bis 3 ausschließlich Orte der westlichen Bundesländer eingeordnet werden, besteht Gruppe 4 vorrangig aus Orten der östlichen Bundesländer. Die Gruppen 1 und 3 weisen bis auf den Bereich der in Gebietskörperschaften und Sozialversicherung Beschäftigten generell die höchsten Werte auf. Dagegen unterscheiden sich die Stadtkreise der neuen Bundesländer (Gruppe 4) von den regionalen Zentren der Gruppe 3 insbesondere durch eine geringere Bedeutung in den Bereichen Handel, Kredit und Versicherungsgewerbe und sonstige private Dienstleistungen sowie eine höhere Bedeutung in den Bereichen Verkehrs- und Nachrichtenwesen und Gebietskörperschaften und Sozialversicherung.

Mehrere Gründe können angeführt werden, um die sich im Ost-West-Vergleich zeigenden Unterschiede zu erklären. So war die Warenproduktion der ehemaligen DDR in Landwirtschaft und dem produzierenden Gewerbe gegenüber der Dienstleistungsproduktion deutlich übergewichtig. Hierbei befand sich der Dienstleistungssektor vorwiegend in der Hand von staatlichen Stellen, von staatseigenen Dienstleistungskombinaten und ihren Betrieben sowie von Konsumgenossenschaften und Kombinaten des produzierenden Gewerbes. Beispielsweise beruhte das Angebot der Bereiche Gesundheitswesen, Aus- und Weiterbildung, Erziehung sowie des kulturellen Bereichs, insbesondere der Theater, der Kinos, des Rundfunks, des Fernsehens und auch der Filmproduktion auf staatlichen Anbietern. Private Anbieter traten nur in wenigen Nischen auf – z. B. als kleinere Handwerksbetriebe des Friseur- oder des Photographiegewerbes.[1] Nach dem Mauerfall hat sich die sektorale Struktur der ostdeutschen Bundesländer der westdeutschen angenähert, gerade in der Zusammensetzung des tertiären Sektors zeigen sich jedoch deutliche Unterschiede. Denn zur Marktabdeckung in den neuen Bundesländern war es häufig nicht erforderlich, zentrale Aufgabenbereiche dorthin zu verlegen. Vielmehr wurden Zweigbetriebe des westdeutschen Handels als Ladenketten, Super- und Verbrauchermärkte oder Verteilzentren gegründet, wogegen die Unternehmenszentralen im Westen verblieben sind. Ähnliches gilt für Kreditinstitute und Versicherungsunternehmen. Abgesehen von den üblicherweise auf regionale Märkte ausgerichteten Sparkassen sowie einigen Spezialinstituten finden sich in Ostdeutschland nur wenige Unternehmenszentralen von Finanzdienstleistern.

Das Fehlen von Konzernzentralen gerade in den ostdeutschen Zentren führt dazu, dass Ausstrahlungseffekte auf lokale Anbieter in vor- und nachgelagerten Bereichen häufig ausbleiben bzw. minder ausgeprägt sind. Gerade unternehmensorientierte Dienstleistungen, die ein großes Know-how benötigen, wie z. B. die EDV-Branche,

[1] Deutsches Institut für Wirtschaftsforschung Berlin, Institut für Weltwirtschaft an der Universität Kiel, Institut für Wirtschaftsforschung Halle, Gesamtwirtschaftliche und unternehmerische Anpassungsfortschritte in Ostdeutschland. Siebzehnter Bericht, in: Wochenberichte des Deutschen Instituts für Wirtschaftsforschung Nr. 3/98, S. 3.

werden in einem geringeren Umfang lokal nachgefragt, da sie aus dem Westen eingekauft werden. Dies deshalb, weil einerseits hier schon Unternehmensbeziehungen bestehen, andererseits das Know-how vor Ort auch nicht in derselben Qualität vorhanden ist.

Daher ist die lokale Versorgung mit unternehmensbezogenen Dienstleistungen (wie z. B. Rechts- und Steuerberatung oder Finanzdienstleistungen etc.) zwar flächendeckend gegeben, jedoch vor allem deshalb, weil sie meistens auch Leistungen für private Haushalte erbringen, die aber nicht überregional von Bedeutung sind.[1] Gerade in dem Bereich der höherwertigen unternehmensbezogenen Dienstleistungen, wie sie beispielsweise von Werbe- und Marktforschungsagenturen, in der Unternehmensberatung oder auch in Forschungs- und Entwicklungseinrichtungen erbracht werden, sind die Beschäftigtenzahlen sehr gering. Hier dominieren häufig regional tätige Freiberufler.[2] Dagegen sind die einfacheren unternehmensbezogenen Dienstleistungen, wie z. B. Schutz-, Wach- und Botendienste, Gebäude- und Fahrzeugreinigungen sowie die konsumnahen Dienstleistungen, wie Einzelhandel, private Personenbeförderung, Apotheken oder Unterhaltungsgewerbe häufig überproportional vertreten.[3]

Ein weiterer Ost-West-Gegensatz zeigt sich im Bereich der in Gebietskörperschaften und Sozialversicherung Tätigen. Dieser Bereich ist den neuen Bundesländern wesentlich höher ausgeprägt, was einerseits daran liegt, dass hier Leistungsbereiche von ehemaligen Kombinatsbetrieben und staatlichen Institutionen übernommen wurden, deren Privatisierung aufgrund einer geringeren Zahl an zur Verfügung stehenden freien Trägern, die diese Aufgaben übernehmen, erst langsam fortschreitet. Zum anderen beinhaltet dieser Bereich Aufgaben, die in den östlichen Bundesländern, verglichen mit dem Niveau der westlichen Bundesländer, zumeist einen wesentlich höheren Versorgungsgrad aufweisen (z. B. die Versorgung mit Plätzen in Kindertagesstätten), zudem eine wesentlich höhere Personalausstattung besitzen (z. B. im Polizeibereich) oder die schließlich erst noch eingerichtet werden mussten (z. B. die Entwicklung des Rechts-

[1] Vgl.: Geppert, Kurt, Ballungsräume Ostdeutschlands als Wachstumspole?, in: Wochenberichte des Deutschen Instituts für Wirtschaftsforschung Nr. 29/97, S. 3.

[2] Deutsches Institut für Wirtschaftsforschung Berlin, Institut für Weltwirtschaft an der Universität Kiel, Institut für Wirtschaftsforschung Halle, Gesamtwirtschaftliche und unternehmerische Anpassungsfortschritte in Ostdeutschland. Siebzehnter Bericht, in: Wochenberichte des Deutschen Instituts für Wirtschaftsforschung Nr. 3/98, S. 1.

[3] Vgl. ebenda, S. 6.

wesens), was ebenfalls die Beschäftigtenzahlen ansteigen lässt.[1] Hinzu kommt, dass in den neuen Bundesländern im öffentlichen Sektor der Anteil der verbeamteten Personen niedriger als in den westlichen Bundesländern ist und zudem eine große Zahl von Personen im Rahmen von Arbeitsbeschaffungsmaßnahmen tätig ist. [2]

---

[1] Vgl.: Vesper, Dieter, Öffentlicher Dienst: Starker Personalabbau trotz moderater Tarifanhebungen - Entwicklungstendenzen in den neunziger Jahren, in: Wochenberichte des Deutschen Instituts für Wirtschaftsforschung Nr. 5/98, S. 2.

[2] Vgl.: Geppert, Kurt, Ballungsräume Ostdeutschlands als Wachstumspole?, a.a.O., S. 1.

Abbildung 23: Lage der Standorte der den Gruppen 1 bis 5 zugeordneten Kreise in der Bundesrepublik Deutschland

Quelle: Eigene Darstellung.

Abbildung 24: Lage der Standorte der den Gruppen 6 und 7 zugeordneten Kreise in der Bundesrepublik Deutschland

Quelle: Eigene Darstellung.

Tabelle 16: Statistische Kennwerte* der Zentralitätsindikatoren der Dienstleistungsbereiche, 442 Stadt- und Landkreise, Gruppenbildung

Gruppen:	**Bereich Handel**			**Bereich Verkehr- und Nachrichtenwesen**			**Bereich Kredit- und Versicherungsgewerbe**		
	MW	*SAW*	*SW*	*MW*	*SAW*	*SW*	*MW*	*SAW*	*SW*
Gruppe 1 (3 Kreise)	42.000	12.000	22.000	40.000	22.000	39.000	46.000	14.000	28.000
Gruppe 2 (Berlin)	- 11.000	---	---	35.000	---	---	- 2900	---	---
Gruppe 3 (6 Kreise)	24.000	9.500	27.000	13.000	3.800	10.000	17.000	9.000	2.300
Gruppe 4 (7 Kreise)	1.000	1.600	4.900	7.500	3.900	12.000	590	1.200	4.000
Gruppe 5 (35 Kreise)	3.400	3.400	12.000	2.300	2.500	11.000	1.700	2.600	11.000
Gruppe 6 (220 Kreise)	- 1.100	2.900	21.000	- 1.500	1.400	13.000	- 920	1.400	13.000
Gruppe 7 (170 Kreise)	- 890	1.600	7.900	- 270	1.200	10.000	- 590	650	35.000
Gruppen 6 und 7 (390 Kreise)	- 980	2.400	21.000	- 930	1.400	14.000	- 780	940	11.000
Kreise der neuen Bundesländer	- 1.100	1.100	6.100	680	2.600	14.000	- 810	550	3.300
Kreise der alten Bundesländer	410	6.200	66.000	- 240	5.300	60.000	290	5.500	65.000

Gruppen:	**Bereich sonstige private Dienstleistungen**			**Bereich Organisationen ohne Erwerbscharakter und private Haushalte**			**Bereich Gebietskörperschaften und Sozialversicherung**		
	MW	*SAW*	*SW*	*MW*	*SAW*	*SW*	*MW*	*SAW*	*SW*
Gruppe 1 (3 Kreise)	92.000	27.000	53.000	11.000	5.600	11.000	1.400	4.000	7.500
Gruppe 2 (Berlin)	140.000	---	---	15.000	---	---	58.000	---	---
Gruppe 3 (6 Kreise)	36.000	14.000	34.000	6.600	4.200	12.000	5.100	6.200	14.000
Gruppe 4 (7 Kreise)	16.000	7.700	23.000	4.900	4.300	13.000	16.000	2.800	7.200
Gruppe 5 (35 Kreise)	9.600	8.000	43.000	1.800	1.200	4.400	3.900	2.300	7.900
Gruppe 6 (220 Kreise)	- 4.200	4.400	35.000	- 800	690	6.300	- 2.300	1.600	8.100
Gruppe 7 (170 Kreise)	- 950	3.000	21.000	- 46	520	2.900	910	1.200	6.300
Gruppen 6 und 7 (390 Kreise)	- 2.800	35.000	4.200	- 470	720	6.300	- 870	2.100	12.000
Kreise der neuen Bundesländer	7	6.100	43.000	350	1.100	7.500	2.500	3.400	20.000
Kreise der alten Bundesländer	- 2	15.000	160.000	- 120	2.200	20.000	- 860	4.300	66.000

*: Es bezeichnen MW den Mittelwert, SAW die Standardabweichung und SW die Spannweite basierend auf den Werten des Zentralitätsindikators der Dienstleistungsbereiche für die in der jeweiligen Gruppe enthaltenen Kreise. Die Werte wurden auf zwei führende Stellen gerundet.

Quelle: Eigene Berechnungen, Daten von 1993, aus: Statistik Regional – Daten und Informationen der statistischen Ämter der Länder und des Bundes, 1995.

Das Ergebnis der Klassifikation, die Zuordnung der Stadt- und Landkreise zu Gruppen, kann mit den Ergebnissen einer Arbeit von Staack verglichen werden.[1] Staack hat eine Hierarchie für 352 ausgewählte westdeutsche Städte mit einer Bevölkerung von mehr als 20.000 Einwohnern (ohne Westberlin), geordnet nach zwölf Regionen, aufgestellt. Hierzu ermittelte er den Bedeutungsüberschuss für jede Stadt und ordnete sodann die Städte nach Schwellenwerten insgesamt elf Zentralitätsklassen zu. Die folgende Tabelle gibt das Ergebnis der Zuordnung für die oberen 5 Klassen wieder.

Tabelle 17: Die Zuordnung der Städte auf die oberen fünf Zentralitätsklassen, Untersuchung von Staack

Klasse 1	Hamburg, Düsseldorf, Frankfurt a. M., München
Klasse 2	Hannover, Köln, Nürnberg, Stuttgart
Klasse 3	Bonn, Karlsruhe
Klasse 4	Kiel, Kassel, Münster, Koblenz, Saarbrücken, Wiesbaden, Mannheim, Heidelberg, Freiburg i. Br., Augsburg, Regensburg
Klasse 5	Braunschweig, Osnabrück, Göttingen, Aachen, Essen, Dortmund, Würzburg, Mainz, Gießen, Darmstadt, Kaiserslautern

Quelle: Staack, Jörg, Die Klassifikation deutscher Städte nach ihrer regionalen Zentralität, a.a.O., S. 159–166.

Deutlich wird, dass sich die Zusammensetzungen der fünf oberen Gruppen der Klassifikation von Staack, in der Westberlin sowie die Städte der neuen Bundesländer nicht berücksichtigt sind, nicht gravierend von dem Ergebnis dieser Arbeit unterscheiden. Die von Staack in den Klassen 4 und 5 eingestuften Städte sind mit Ausnahme von Mannheim, Göttingen, Essen, Dortmund und Gießen in der Gruppe 5 enthalten. Auch die Zusammensetzung der ersten drei Klassen entspricht weitgehend denen dieser Untersuchung, im einzelnen den Gruppen 1, 3 und 4. Als unterschiedlich erweisen sich nur die Zuordnungen der Städte Düsseldorf, Karlsruhe und Bremen. So ordnet Staack Düsseldorf als Metropole und damit als in etwa gleichbedeutend mit Hamburg, Frankfurt a. M. und München ein. Jedoch sieht er dies selbst kritisch, da der Zentralitätsvorsprung Düsseldorfs zu Köln, das der nächstniedrigen Klasse zugehört, sehr gering ist.[2] Damit erscheint eine Einordnung in die nächstfolgende Klasse als ebenso plausibel. Gleiches darf für Karlsruhe gelten. Der markanteste Unterschied besteht darin,

[1] Vgl.: Staack, Jörg, Die Klassifikation deutscher Städte nach ihrer regionalen Zentralität, Hamburg, Univ., Diss., 1995.

[2] Nach Ansicht von Staack handelt es sich bei diesen beiden Städten um „Doppelstädte" im Sinne Christallers, also Städte, die in dichter Nachbarschaft liegen und mit ihrem Güterangebot das gleiche Umland versorgen. Dies mindere aber ihre Gesamtbedeutung. Vgl.: Staack, Jörg, Die Klassifikation deutscher Städte nach ihrer regionalen Zentralität, a.a.O., S. 155.

dass Bremen, abweichend vom Ergebnis dieser Untersuchung, im Klassifikationsergebnis von Staack nicht in einer der oberen Klassen enthalten ist.

Die große Ähnlichkeit kann als Bestätigung des Klassifikationsergebnisses dieser Untersuchung gewertet werden. Es zeigt sich, dass die von Staack verwendete Methode, die Bedeutung der Orte zu erfassen, die diese für ihre Region besitzen, nur zu geringfügigen Abweichungen in der Zusammensetzung der oberen Gruppen führt.

3.2.2.7 Zusammenfassung

In diesem Abschnitt wurde untersucht, welche Orte in der Bundesrepublik Deutschland mit einer besonders hohen Bedeutung ausgestattet sind. Den Ausgangspunkt bildete dabei die Christallersche Theorie, nach der ein zentraler Ort einen Bedeutungsüberschuss besitzt. Da alle 38 Städte mit einer Bevölkerung von mehr als 200.000 Einwohnern sowie 35 der insgesamt 46 Städte mit einer Bevölkerung zwischen 100.000 und 200.000 Einwohnern den Status einer kreisfreien Stadt besitzen, wurden anstelle der Städte die Stadt- und Landkreise verwendet. Daten über den Umfang der sozialversicherungspflichtigen Beschäftigung in den sechs Wirtschaftsbereichen des Dienstleistungssektors erschienen zur Messung der Zentralität besonders geeignet. Denn maßgeblich für die Zurechnung der Tätigkeit zu einem Stadt- oder Landkreis ist der Ort der Leistungserstellung; somit erlaubt eine Auswertung der Daten Rückschlüsse über die Bedeutung, die den Dienstleistungen im jeweiligen Stadt- oder Landkreis zukommt.

Zunächst wurde die relative Bedeutung der Dienstleistungsbereiche in den Kreisen analysiert. Hierzu wurden Stadt- und Landkreise voneinander getrennt und in Bevölkerungsklassen eingeordnet. Sodann wurden die Anteile der sozialversicherungspflichtigen Beschäftigung in den einzelnen Wirtschaftsbereichen an der Gesamtheit der sozialversicherungspflichtig Beschäftigten für die einzelnen Bevölkerungsklassen berechnet. Während die Anteile für die einzelnen Wirtschaftsbereiche zwischen den Bevölkerungsklassen kaum variieren, zeigt sich jedoch, dass der Dienstleistungssektor in den Stadtkreisen eine höhere Bedeutung als in den Landkreisen besitzt.

Sodann wurden die Stadt- und Landkreise auf der Basis von Beschäftigtenzahlen klassifiziert. Das Ergebnis der Klassifikation, die Einordnung der Stadt- und Landkreise in Gruppen, weist mehrere Auffälligkeiten auf: In die erste Gruppe wurden die großen Metropolen mit überregionaler Bedeutung (Hamburg, Frankfurt a. M. und München) eingeordnet. Aufgrund seiner besonderen Stellung vor und nach dem Mauerfall bildet Berlin eine eigene Klasse. Die dritte Gruppe enthält Großstädte mit hoher Bedeutung, im einzelnen Hannover, Bremen, Düsseldorf, Stuttgart, Köln und Nürnberg, die jedoch allesamt keinen Metropolcharakter besitzen. Erst in der Gruppe 4 tauchen neben Bonn mit Magdeburg, Erfurt, Potsdam, Dresden, Chemnitz und Halle auch Stadtkreise der neuen Bundesländer auf. Diese Orte besitzen nur in geringem Maße eine überregionale Bedeutung. In der Gruppe 5 sind schließlich die Stadt- und Landkreise enthalten, die überwiegend regionale Bedeutung aufweisen. Sie liegen in nicht geringem Maße in dünner besiedelten Räumen. Die Gruppen 6 und 7 machen schließlich den Ost-West-Gegensatz offenkundig, da die Mitglieder der Gruppe 6 überwiegend in den alten, dagegen die Mitglieder der Gruppe 7 überwiegend in den neuen Bundesländern beheimatet sind.

Bemerkenswert an dem durch die Klassifikation der Kreise erarbeiteten Gefüge von zentralen Orten ist, dass sich die Kreise der ersten und zweiten Gruppe deutlich von allen anderen Kreisen abheben. Jedoch fehlt es in der Bundesrepublik Deutschland an einem eindeutigen Hauptzentrum. Dieses Ergebnis steht im Gegensatz zu den Theorien von von Thünen und vor allem Christaller, nach denen jede Wirtschaftsregion ein eindeutiges Hauptzentrum besitzt. Zudem mangelt es im bevölkerungsreichen Rhein-Ruhr-Raum an einer mit Hamburg, München, Frankfurt a. M. oder Berlin vergleichbaren Metropole. Während sich eine herausragende Metropole in der heutigen Bundesrepublik Deutschland aufgrund der historischen und politischen Entwicklungen, die in den gegenwärtigen Grenzen münden, nicht herausbilden konnte, ist im traditionell durch den Industriesektor geprägten Rhein-Ruhr-Raum sicherlich sowohl ein erst langsam beginnender Umstrukturierungsprozess als auch eine – gegenüber anderen Gebieten – mit der Ausdehnung des Gebietes einhergehende stärkere Funktionsteilung zwischen den dort entstandenen Städten dafür verantwortlich, dass es an einer einzelnen starken Metropole mangelt.

3.2.3 Abgrenzung der Kernräume ökonomischer Aktivitäten

Im Folgenden sind nunmehr die Ergebnisse der Untersuchungen über die Standort- und die Nutzungsstruktur zusammenzufügen. Dazu werden zunächst die Kreise der Gruppen 1 bis 5 mit den als konzentriert angeordnet eingeschätzten Standorten von Städten kombiniert und anschließend andeutungsweise die Kernräume abgegrenzt. Das in Abbildung 25 dargestellte Ergebnis zeigt, dass alle Zentren der Gruppe 1 bis 3 innerhalb einer Ansammlung von als konzentriert angeordnet eingeschätzten Städten liegen.

Wird zunächst der Raum der alten Bundesländer betrachtet, so finden sich Verdichtungen mit größerer Ausdehnung in Nordrhein-Westfalen, im südlichen Sachsen sowie im Frankfurter und Stuttgarter Raum. Zwischen diesen beiden liegt eine weitere Agglomeration, als deren Zentrum sowohl Karlsruhe als auch Heidelberg in Betracht kommen. Bei beiden handelt es allerdings um Zentren der Gruppe 5. Weitere Verdichtungen sind um Hamburg, Bremen, Hannover, Nürnberg und München zu erkennen. Verdichtungen mit geringerem Ausmaß finden sich um Augsburg, Ulm, Freiburg i. Br., Saarbrücken, Koblenz, Kassel und Osnabrück, die ebenfalls alle der Gruppe 5 zugehören. Bei den verbleibenden konzentrierten Standorten handelt es sich in der Regel um örtliche Konzentrationen von Städten, die von maximal vier Städten gebildet werden. Häufig wird diese Zahl jedoch unterschritten. Einen Sonderfall bildet die Stadt Berlin: In ihrem Umkreis befinden sich im Vergleich zu Hamburg oder Bremen nur sehr wenige als konzentriert angeordnet eingeschätzte Städte.

Abbildung 25: Die Kernräume in der Bundesrepublik Deutschland

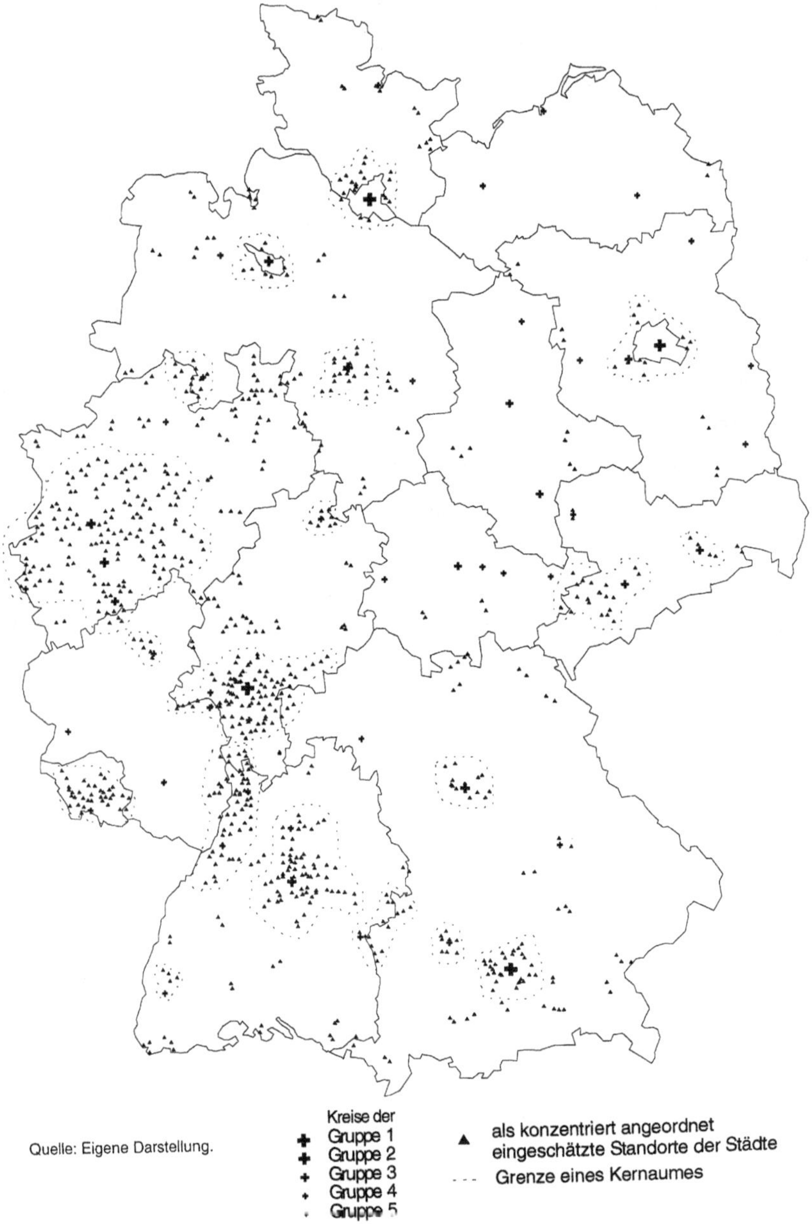

Quelle: Eigene Darstellung.

This figure can also be viewed here:https://www.peterlang.com/app/uploads/2023/02/Pages-from-9783631384527_txt_pg_124.pdf

Zwei weitere Gebiete weisen Besonderheiten auf: Zum einen der Raum Ostwestfalen-Lippe, zum anderen das Lahn-Dill-Gebiet. Im ersten bildet Bielefeld das Zentrum, ohne dass dieser Stadtkreis in eine der ersten fünf Gruppen eingeordnet wird, im zweiten teilen sich die Städte Gießen und Wetzlar diese Funktion. Für diese drei Städte ist im Weiteren nicht auszuschließen, dass auch sie eine regionale Bedeutung aufweisen und damit als Zentren einer Wirtschaftsregion in Frage kommen, auch wenn ihre Bedeutung im Vergleich mit den in einer der Gruppen 1 bis 5 enthaltenen Orte weniger stark ausgeprägt sein dürfte.

Mit Blick auf die östlichen Bundesländer kommen zu den erwähnten Kernräumen lediglich zwei weitere hinzu, die beide in Sachsen zu finden sind: Regionale Siedlungscluster von als konzentriert angeordnet eingeschätzten Städten befinden sich einerseits zwischen Chemnitz (Gruppe 4) und Gera (Gruppe 5) und andererseits um Dresden (Gruppe 4). Für die weiteren Räume, in denen die restlichen drei Zentren der Gruppe 4 (Halle, Erfurt und Magdeburg) sowie die verbleibenden Zentren der Gruppe 5 liegen, zeigen sich keine Verdichtungen.

Die Plausibilität des Ergebnisses kann überprüft werden, indem es mit der am häufigsten verwendeten Systematik, der Unterscheidung siedlungsstruktureller Gebietstypen der Bundesforschungsanstalt für Landeskunde und Raumordnung, verglichen wird. In dieser werden die Merkmale absolute Einwohnerzahl, Bevölkerungsdichte sowie „Existenz eines Oberzentrums“ zur Abgrenzung herangezogen, um drei Regionstypen und neun Kreistypen zu unterscheiden, wobei letztere nach ihrer räumlichen Position den ersten zugeordnet werden.[1] Die folgende Tabelle 18 gibt einen Überblick über die Typisierung.

[1] Bundesforschungsanstalt für Landeskunde und Raumordnung, Laufende Raumbeobachtung: Aktuelle Daten zur Entwicklung der Städte, Kreise und Gemeinden 1992/93, Heft 67 der Materialien zur Raumentwicklung, Bonn 1995, S. 2 f.

Tabelle 18: Die Abgrenzung siedlungsstruktureller Gebietstypen der Bundesforschungsanstalt für Landeskunde und Raumordnung

I	**Regionen mit großen Verdichtungsräumen** Regionen mit einem Oberzentrum von mindestens 300.000 Einwohnern und/oder einer Bevölkerungsdichte von über 300 E/km^2	
1	**Kernstädte**	Kreisfreie Städte über 100.000 Einwohner
2	**Hochverdichtete Kreise**	Kreise mit einer Bevölkerungsdichte von um/über 300 E/km^2
3	**Verdichtete Kreise**	Kreise mit einer Bevölkerungsdichte zwischen 150 und 300 E/km^2
4	**Ländliche Kreise**	Kreise mit einer Bevölkerungsdichte unter 150 E/km^2
II	**Regionen mit Verdichtungsansätzen** Regionen mit i.d.R. einem Oberzentrum von über 100.000 Einwohnern und/oder einer Bevölkerungsdichte von über 150 E/km^2	
5	**Kernstädte**	Kreisfreie Städte um/über 100.000 Einwohner
6	**Verdichtete Kreise**	Kreise mit einer Bevölkerungsdichte über 150 E/km^2, kreisfreie Städte unter 100.000 Einwohner und umliegende Kreise oder umliegende Kreise von Kernstädten mit einer Bevölkerungsdichte von zusammen mindestens 150 E/km^2
7	**Ländliche Kreise**	Kreise und kreisfreie Städte mit einer Bevölkerungsdichte von zusammen mindestens 150 E/km^2
III	**Ländlich geprägte Regionen** 1. stärker besiedelt, nicht peripher: Regionen ohne Oberzentrum über 100.000 Einwohner, verdichtungsraumnähere Lage und/oder Bevölkerungsdichte über 100 E/km^2 2. gering besiedelt, peripher gelegen: Regionen ohne Oberzentrum über 100.000 Einwohner, Bevölkerungsdichte um 100 E/km^2 und weniger	
8	**Verdichtete Kreise**	Kreise mit einer Bevölkerungsdichte um/über 150 E/km^2, kreisfreie Städte und umliegende Kreise mit zusammen einer Bevölkerungsdichte von um/über 150 E/km^2, kreisfreie Städte um 50.000 Einwohner und mehr und umliegende Kreise, Kreise mit einer Gemeinde über 50.000 Einwohner
9	**Ländliche Kreise**	Sonstige Kreise und kreisfreie Städte in ländlich geprägten Regionen

Quelle: Bundesforschungsanstalt für Landeskunde und Raumordnung, Laufende Raumbeobachtung: Aktuelle Daten zur Entwicklung der Städte, Kreise und Gemeinden 1992/93, Heft 67 der Materialien zur Raumentwicklung, Bonn 1995, S. 2.

Mit Hilfe dieser Systematik identifiziert die Bundesforschungsanstalt für Landeskunde und Raumordnung insgesamt 47 Kernstädte, die zumeist im Zentrum der Regionen mit großen Verdichtungsräumen liegen. Hierbei handelt es sich um:

Hamburg, Bremen, Hannover, Bielefeld, Berlin, Potsdam, Halle (Saale), Leipzig, Dresden, Chemnitz, Plauen, Zwickau, Nürnberg, Fürth, Erlangen, München, Stuttgart, Karlsruhe, Ludwigshafen, Mannheim, Heidelberg, Frankfurt a. M., Offenbach, Wiesbaden, Darmstadt, Saarbrücken, Aachen, Bonn, Köln, Leverkusen, Solingen,

Remscheid, Wuppertal, Düsseldorf, Mönchengladbach, Krefeld, Duisburg, Mühlheim a. R., Oberhausen, Bottrop, Essen, Gelsenkirchen, Bochum, Dortmund, Hagen, Herne und Hamm.

Es zeigen sich nur geringe Unterschiede zwischen den Ergebnissen dieser Untersuchung und der Systematik der Bundesforschungsanstalt für Landeskunde und Raumordnung. Diese bestehen einerseits darin, dass die Kernräume Freiburg i. Br., Kassel, Koblenz, Ulm und Augsburg allesamt als Kernstädte von Regionen mit Verdichtungsansätzen (und nicht als Kernstädte von Regionen mit großen Verdichtungsräumen) eingestuft werden. Andererseits werden von der Bundesforschungsanstalt für Landeskunde und Raumordnung zusätzlich Halle (Saale) und Leipzig als Kernstädte ausgewiesen; diese gehören zwar der Gruppe 4 bzw. 5 an, in ihrer Nähe befindet sich jedoch keine Städtekonzentration.

3.3 Die Abgrenzung strukturierter Wirtschaftsregionen

Aufgabe dieses Teils der Arbeit ist es, das Gebiet der Bundesrepublik Deutschland in strukturierte Wirtschaftsregionen zu untergliedern. Ansatzpunkt für die folgenden Abschnitte sind die unterschiedlichen Hypothesen über den Zusammenhang zwischen Zentrum und Einzugsgebiet: Während einerseits bei Christaller der Aspekt der flächendeckenden Versorgung der Bevölkerung im Vordergrund steht, variieren andererseits entsprechend der Diskussion der von Thünenschen und der Friedmannschen Theorie die Attraktivität der Zentren und damit die auf sie ausgerichteten Aktivitäten.

3.3.1 Die Abgrenzung der Einzugsgebiete der Zentren nach dem Kriterium der wirtschaftlichen Attraktivität zur Bestimmung strukturierter Wirtschaftsregionen nach von Thünen

Nach der von Thünenschen Theorie nimmt die Intensität der wirtschaftlichen Nutzung der Bodeneinheiten vom Zentrum zur Peripherie ab.[1] Das Zentrum besitzt aufgrund seiner besonderen Stellung und der deshalb wahrgenommenen Funktionen die höchste Anziehungskraft. Allerdings dominiert nur in der Fiktion des „isolierten Staates"

[1] Vgl.: Todt, Horst, Die hierarchische Gliederung von Regionen anhand zweier Prinzipien, Beiträge zur Wirtschaftsforschung Nr. 32, Sozialökonomisches Seminar der Universität Hamburg 1979, S. 8.

ein einzelnes Hauptzentrum den Gesamtraum. So geht Friedmann davon aus, dass andere Orte mit diesem zumindest in einigen Funktionen konkurrieren. Ausgehend von der an einem bestimmten Ort ansässigen Bevölkerung kann daher jeder Ort des Gebietes mit entfernungsbedingt abnehmender Häufigkeit das Ziel ökonomischer Aktivitäten sein. Jeder Ort besitzt somit eine eigene Anziehungskraft, die ihn für spezielle Nutzungen attraktiv erscheinen lässt.

Aufgabe der folgenden Abschnitte ist es, zu untersuchen, welche strukturierten Wirtschaftsregionen im Sinne der Theorie von Thünens auf dem Gebiet der Bundesrepublik Deutschland unterschieden werden können. Hierzu wird zunächst unter dem Gliederungspunkt 3.3.1.1 das Prinzip der minimalen Potentialdichte vorgestellt. In den darauf folgenden Abschnitten werden der Begriff der Attraktivität (Gliederungspunkt 3.3.1.2) sowie die Merkmale zur Analyse der wirtschaftlichen Attraktivität (Gliederungspunkt 3.3.1.3) diskutiert. Unter Gliederungspunkt 3.3.1.4 wird eine Faktorenanalyse durchgeführt, um komplexe Indikatoren zu generieren, die zur Abgrenzung der strukturierten Wirtschaftsregionen verwendet werden. Unter Gliederungspunkt 3.3.1.5 werden die gefundenen Abgrenzungen vorgestellt und diskutiert.

3.3.1.1 Das Prinzip der minimalen Potentialdichte zur Bestimmung strukturierter Wirtschaftsregionen

Grundlage der Gravitations- bzw. Potentialansätze[1] ist die Annahme, dass sich die Aktivitäten örtlich lokalisierter Wirtschaftssubjekte über den Gesamtraum nicht zufällig verteilen, sondern die in einem Ort vorhandene Angebots- bzw. Nachfragekonzentration dessen Anziehungskraft für die von einem anderen Ort ausgehenden Aktivitätenströme bestimmt. Folglich wird das Einzugsgebiet eines Ortes um so größer sein, je größer die in ihm vorhandene Angebots- bzw. Nachfragekonzentration ist. Wird angenommen, dass die Anzahl der Interaktionen zwischen zwei Orten i und j proportional zu der Höhe der Interaktionsgrößen P_i und P_j und umgekehrt proportional zur Entfernung

[1] Der Potentialansatz geht auf das Gravitationsgesetz von Newton bzw. dessen Übertragung als sozialer Gravitationsansatz in die Regionalwissenschaft zurück. Siehe hierzu: Carrothers, Gerald A. P., An Historical Review of the Gravity and Potential Concepts of Human Interaction, in: Journal of the American Institute of Planners, Bd. 22 1956, S. 94–102; weiter: Stewart, John Q., und Warntz, William, Physics of Population Distribution, in: Journal of Regional Science, Bd. 1 1959, S. 99–123; weiter: Rich, D. C., Potential Models in Human Geography, London 1980.

d_{ij} zwischen den Orten ist, so kann die Intensität der wirtschaftlichen Verflechtung (Anziehungskraft) als Interaktionsstrom I geschätzt werden:

$$I_{ij} \approx a \frac{P_i P_j}{d_{ij}^c}$$

Hierbei bezeichnet das exponentielle Gewicht c die entfernungsabhängige Verminderung der Interaktionen, und der Koeffizient a erfasst die wirtschaftsräumlichen Besonderheiten des Gebietes zum Untersuchungszeitpunkt.[1] Er kann, sofern keine sehr unterschiedlichen Raumeinheiten miteinander verglichen werden, wie es beispielsweise bei einem interkontinentalen Vergleich der Fall wäre, vernachlässigt werden.

Das Interaktionspotential, welches auf den Ort j gerichtet ist, ergibt sich als:

$$I_j = a \frac{P_i}{d_{ij}^c} \text{ bzw. als } I_j = \sum_i^n a \frac{P_i}{d_{ij}^c} \text{ mit } d_{ij} \neq 0, i \neq j,$$

wenn alle n Orte des Gesamtraumes einbezogen werden.

Das gesamte Interaktionspotential eines Ortes bildet damit ein Maß für den relativen Vorteil (Nachteil), den dieser im Vergleich der Interaktionspotentiale aller Orte aufweist.[2] Hiermit ist es möglich, jeden Punkt des Untersuchungsgebietes bezüglich seines Potentials zu qualifizieren. Die solchermaßen flächendeckend oder auf einem kleinräumigen Basisraster ermittelten Potentiale können als Potentialkarte über einem geographischen Bezugsgebiet durch Linien gleicher Potentialdichte dargestellt werden.[3] Die höchsten Gipfel kennzeichnen die Hauptzentren, sie sind durch Punkte oder kurze Höhenlinien markiert. Auch die gering besiedelten Gebiete in ihrer Nähe besitzen ein hohes Potential aufgrund ihres Lagevorteils zum Zentrum. Zwischen den Hauptzentren verlaufen Tallinien, die die Bereiche minimaler Potentialdichte und damit die Grenzen der Einzugsbereiche markieren.[4]

---

1 Wie z. B. die Beeinflussung durch die Wirtschafts- und Sozialstruktur, den wirtschaftlichen Entwicklungsstand oder die Konjunkturlage etc. Vgl.: Lauschmann, Elisabeth, a.a.O., S. 152.

2 Vgl.: Todt, Horst, Die hierarchische Gliederung von Regionen anhand zweier Prinzipien, a.a.O., S. 11.

3 Vgl.: Todt, Horst, Raumwirtschaftsstrukturen, a.a.O., S. 61; weiter: derselbe, Die hierarchische Gliederung von Regionen anhand zweier Prinzipien, a.a.O., S. 13.

4 Die Idee, ein Gebiet anhand der minimalen Potentialdichte zu untergliedern, stammt von Horst Todt. Siehe Todt, Horst, Zur Abgrenzung von wirtschaftlichen Regionen, a.a.O., S.286 ff.

Die Zahl der „sichtbaren" Zentren schwankt mit der Höhe des Exponenten c. Da dieser die entfernungsabhängige Verminderung der Interaktionen bezeichnet, diese aber wiederum mit der betrachteten Funktion bzw. der verwendeten Interaktionsgröße schwankt, wäre er prinzipiell für jede Funktion neu zu bestimmen.[1] Denn in Abhängigkeit von seiner Höhe üben die weiter entfernten Orte einen unterschiedlich hohen Einfluss aus, was aber einerseits zur Verschiebung der Grenzen der Einzugsbereiche führen kann, andererseits zudem vermehrt Subzentren auftreten lässt. Erfahrungsgemäß liegt der Wert des Koeffizienten jedoch nicht außerhalb des Bereichs $0{,}5 \leq c \leq 4$, typisch ist die Verwendung eines mittleren Wertes.[2] Zudem zeigt sich die Position der Tallinien als insensitiv gegenüber einer Veränderung von c, wenn das verwendete Regionalsystem eine genügend hohe Anzahl von Orten umfasst.[3] Daher wird hier ein mittlerer Wert von 2 verwendet.

3.3.1.2 Die wirtschaftliche Attraktivität als Bestimmungsfaktor des Interaktionspotentials eines Ortes

Welche Faktoren üben einen besonderen Einfluss auf die Anziehungskraft eines Gebietes aus? Ein einfaches Schema unterscheidet Funktionen mit besonderem Einfluss auf die Lebenssituation: Versorgung, Erholung, Bildung und Erziehung, Arbeit, Wohnen, Verkehr und Kommunikation.[4] Gerade für den kleinräumigen Bereich dürften besonders Fahrten der Bevölkerung zwischen Wohnung und Arbeitsplatz sowie Einkaufsfahrten Aufschluss über die Bewegungsrichtung der Bevölkerung und damit die Attraktivität einzelner Teilgebiete geben.[5] Für die hier beabsichtigte großräumigere Abgrenzung sind diese jedoch nicht gut geeignet, da sich die Fahrten zumeist auf einen engeren Nahbereich beschränken. Sie sind daher eher als ein Indiz der lokalen Attraktivität zu werten.[6]

---

[1] Zum Beispiel für Erholungs- und Einkaufsfahrten.

[2] Vgl.: Alden, John R., A Reconstruction of Toltec Period Political Units in the Valley of Mexico, in: Transformations: Mathematical Approaches to Cultural Change, Colin Renfrew und Kenneth L. Cooke (Hrsg.), New York u.a. 1979, S. 169–200, hier S. 176.

[3] Vgl.: Todt, Horst, Zur Abgrenzung von wirtschaftlichen Regionen, a.a.O., S. 292 f.

[4] Vgl.: Boustedt, Olaf, Grundriß der empirischen Regionalforschung, Teil III: Siedlungsstrukturen, Hannover 1975, S. 16.

[5] Vgl.: Klingbeil, Detlev, Aktionsräume im Verdichtungsraum, Münchener Geographische Hefte Nr. 41, Regensburg 1978, S. 36 ff.

[6] Vgl.: Sander, Eckart, Zu räumlichen Gemeinsamkeiten von Pendler- und Einkaufsverflechtungen, in: Raumforschung und Raumordnung, 36. Jg. 1978, S. 59–68, hier S. 60.

Zusätzlich geben sie auch keinen Aufschluss über die von den Orten wahrgenommenen übergeordneten Funktionen. Denn typischerweise sind zumindest die Hauptzentren als Steuerungszentralen aufzufassen, deren Funktionswahrnehmung Einfluss auf die gesamte Volkswirtschaftsregion besitzt. Sie bieten nicht nur zentrale Dienstleistungen an und besitzen eine im Vergleich sehr gute Infrastruktur, sondern in ihnen konzentrieren sich ebenso die Hauptsitze übergeordneter Einrichtungen und Organe, wie z. B. der Wirtschaftsverbände, von Zentralbanken oder Börsen sowie Niederlassungen und Vertretungen ausländischer Wirtschaftspartner.[1]

Der unmittelbare Einflussbereich einer Steuerungszentrale lässt sich jedoch lediglich anhand ihrer Zugänglichkeit abschätzen. Denn einerseits bestehen Schwierigkeiten bei der genauen Ermittlung der Steuerungsfunktionen sowie bei der Abschätzung der Reichweite der Funktionswahrnehmung, andererseits kann die Funktionswahrnehmung auch auf unterschiedlichen Wegen erfolgen. Daher wird häufig mit einer distanziellen Faustregel operiert, welche besagt, dass Hin- und Rückfahrt in Abhängigkeit von dem verwendeten Verkehrsmittel zur Verringerung der durch Zeitverluste und Abwesenheit entstehenden Kosten durch den Besuch einer Steuerungszentrale innerhalb eines Tages möglich sein muss. Damit ergeben sich allerdings Entfernungen, die je nach Verkehrsmittelwahl von 250 - 350 km für Bahn und Pkw bis zu ca. 1000 km für den Luftverkehr betragen.

Die Anziehungskraft eines Ortes und damit die Ausdehnung seines Einflussbereichs wird also von den Wirtschaftssubjekten in Abhängigkeit von den in Anspruch genommenen Funktionen sehr unterschiedlich empfunden. Damit ist „Attraktivität" aber als umfassender Begriff zu verstehen, der die Besonderheit eines Raumes beschreibt, mit bestimmten, von der Bevölkerung als wesentlich angesehenen Eigenschaften ausgestattet zu sein, von denen allerdings nur einige wenige tatsächlich eine subjektive Bedeutung erlangen. Grundsätzlich gilt dann, dass ein Gebiet als um so attraktiver anzusehen ist, je besser es seiner Funktion als Wirtschafts- und Lebensraum nachkommen kann, indem es reichhaltig mit von den Bewohnern nachgefragten Arbeits- bzw. Wohnmöglichkeiten oder von den Unternehmen nachgefragten Produktionsstandorten und qualifizierten Arbeitskräften ausgestattet ist.

---

[1] Vgl.: Ritter, Wigand, Allgemeine Wirtschaftsgeographie, a.a.O., S. 194.

Damit gilt es, zunächst einzelne attraktivitätsbeeinflussende Komponenten zu bestimmen. Aus dem gerade für die neuen Bundesländer nur eingeschränkt zur Verfügung stehenden Datenmaterial werden Merkmale zu folgenden Bereichen ausgewählt:

- Altersstruktur und Wanderungen über die Kreisgrenzen
- Struktur und Intensität der Bodennutzung
- Wirtschafts- und Beschäftigungsstruktur
- Relative Lage und Verkehr
- Verdichtungserscheinungen und Siedlungsstruktur
- Tourismus

3.3.1.3 Diskussion der ausgewählten Merkmale zur Analyse der wirtschaftlichen Attraktivität eines Ortes

Im Folgenden sollen die zur Erhebung der ökonomischen Attraktivität verwendeten Merkmale und ihre Einflussrichtung erläutert werden.[1]

Altersstruktur und Wanderungen über die Kreisgrenzen

- Anteil der Bevölkerung in einem Alter von unter 20 Jahren an der erwerbsfähigen Bevölkerung (Abhängigkeitsverhältnis) (1994)
- Wanderungssaldo insgesamt auf 1.000 Einwohner (1994)
- Wanderungssaldo der 18–30-Jährigen auf 1.000 Einwohner (1994)

Der Zusammensetzung der Bevölkerung und den Wanderungen von Bevölkerungsteilen wird besondere Aussagekraft über die gegenwärtige und zukünftige Entwicklung und damit die Attraktivität der Gebiete zugeschrieben.[2] Das Abhängigkeitsverhältnis kennzeichnet die wirtschaftliche Situation eines Gebietes, indem der noch nicht erwerbsfähige Teil der Bevölkerung in Relation zu dem erwerbsfähigen Teil gesetzt wird. Wirtschaftlich entwickelte Gebiete weisen hier typischerweise einen niedrigen Wert auf, da sie zum einen üblicherweise durch eine abnehmende Geburtenhäufigkeit in Verbindung mit einem höheren individuellen Erfolgsstreben charakterisiert sind, zum anderen

[1] Für die Kreise Aurich, Emden, Gifhorn und Wolfsburg standen nicht genügend Daten zu Verfügung. Daten aus: Statistik Regional – Daten und Informationen der statistischen Ämter der Länder und des Bundes, 1996; Statistik Regional – Daten und Informationen der statistischen Ämter der Länder und des Bundes, 1995; Bundesforschungsanstalt für Landeskunde und Raumordnung, Materialien zur Raumentwicklung, Laufende Raumbeobachtung, Aktuelle Daten zur Entwicklung der Städte, Kreise und Gemeinden 1992/93, Heft 67, Bonn 1995 sowie Einzelveröffentlichungen der Länder.

[2] Vgl.: Feichtinger, Gustav, Bevölkerungsstatistik, Berlin, New York 1973, S. 30.

junge Familien ihren Wohnort außerhalb von Verdichtungsgebieten suchen. Zugleich werden hiermit potentielle Ansprüche an die zukünftige Ausstattung der Gebiete mit z. B. Wohnmöglichkeiten oder Ausbildungsplätzen formuliert.

Dagegen gibt der Wanderungssaldo Auskunft über die subjektiv empfundene Vor- oder Nachteiligkeit und damit die Attraktivitätswirkung eines Gebietes, da Zuzüge (Fortzüge) um so häufiger vorgenommen werden, desto attraktiver (unattraktiver) ein Ort ist.[1] Unterschiede in der Bevölkerung ergeben sich jedoch bei den Motiven, die zu Ab- bzw. Zuwanderungen führen: Während ein Teil der Wanderungsbewegungen durch das regional variierende Angebot an Arbeitsplätzen ausgelöst wird und gerade zu überregionalen Wanderungen in attraktive Gebiete führt, betrifft ein anderer Teil die in stärkerem Maße regional stattfindenden Umzüge aus einem verdichteten Gebiet in ein hinsichtlich seiner Wohneignung als besser empfundenes, weniger verdichtetes Randgebiet. Gerade für die Gruppe der 18–30-Jährigen werden die Ausbildungs- und Arbeitsplatzaussichten Hauptgründe einer Verlagerung des örtlichen Lebensmittelpunktes sein. Daher wird deren Wanderungssaldo als zusätzliches Merkmal berücksichtigt.

Struktur und Intensität der Bodennutzung

- Anteil der landwirtschaftlich genutzten Fläche an der gesamten Bodenfläche (1992)
- Anteil der Siedlungs- und Verkehrsfläche an der gesamten Bodenfläche (1992)

Die Bodenfläche eines Kreises setzt sich aus allen innerhalb seiner Grenzen befindlichen Flächen zusammen. Der wirtschaftlich genutzte Raum wird hinsichtlich seiner quantitativen Nutzung hauptsächlich durch die Größen „Landwirtschaftsfläche" und „Siedlungs- und Verkehrsfläche" erfasst.[2] In letzter sind Gebäude- und Freifläche, Betriebs-; Erholungs-, Verkehrs- und Friedhofsfläche enthalten. Für wirtschaftlich entwickelte Gebiete wird erwartet, dass sie niedrigere Anteile beim ersten Merkmal, dagegen höhere beim zweiten Merkmal aufweisen.

- Aufkommen der Grundsteuer B pro ha Gebäude- und Freifläche in DM (1994)

---

[1] Vgl.: Killisch, Winfried W., Gravitationsmodelle in der Wanderungsforschung, in: Raumforschung und Raumordnung, 34. Jg. 1976, S. 173–176, hier S. 173.

[2] Nicht enthalten sind Waldflächen, Wasserflächen, Abbauland sowie die einer der erwähnten Nutzungen nicht zuzuordnende bzw. einer geordneten Nutzung nicht zugängliche Flächen.

Das Bodenpreisgefüge und damit die Intensität der Bodennutzung eines Gebietes kann in Annäherung durch das Merkmal „Aufkommen der Grundsteuer B (Ist-Aufkommen) pro Hektar Gebäude- und Freifläche"[1] erfasst werden. Da einerseits eine enge Beziehung zwischen der Bevölkerungsdichte und der Höhe des Hebesatzes der Grundsteuer B besteht (Korrelationskoeffizient von 0,7), zudem andererseits der Einheitswert der Grundstücke als Bemessungsgrundlage verwendet wird, ist zu vermuten, dass bei bestehender Knappheit der vorhandenen Wohn- bzw. Gewerbe- und Industrieflächen höhere Werte die Attraktivität eines Gebiets kennzeichnen. Zu berücksichtigen ist hier, dass weder die privat genutzten unbebauten Grundstücke einbezogen, noch die in öffentlicher Nutzung stehenden bebauten Flächen ausgeschlossen werden können. Während im ersten Fall für die Gebiete zu niedrige Werte ausgewiesen werden, werden im zweiten Fall die Werte erhöht.

Wirtschafts- und Beschäftigungsstruktur

Die wirtschaftliche Situation eines Gebietes wird durch eine Vielzahl von Wirkungsfaktoren geprägt und lässt sich daher nicht durch ein einzelnes Merkmal erfassen. Relevante Aspekte sind die Bedeutung der Wirtschaftsbereiche für die Bevölkerung des Gebiets, Unterschiede in Einkommens- und Investitionshöhe, die finanzielle Leistungsfähigkeit eines Gebietes und der Beschäftigungsgrad.

- Anteil der Erwerbstätigen an der Wohnbevölkerung (Erwerbsquote) (1993)
- Anteil der Arbeitslosen an der Gesamtheit der Arbeitnehmer (Arbeitslosenquote) (1995)

Die Erwerbsquote bildet in Volkswirtschaften, in denen die Bedeutung der Landwirtschaft relativ gering ist, ein Maß für das Angebot an Arbeitsplätzen am Arbeitsort. Da neben den am Arbeitsort wohnenden Personen die Einpendler in der Zahl der Erwerbstätigen berücksichtigt sind, wird durch die Erwerbsquote der Beschäftigungsgrad und damit die Attraktivität eines Gebietes gekennzeichnet.

Dagegen wird durch die Arbeitslosenquote die Versorgung der Bevölkerung an ihrem Wohnort mit Arbeitsplätzen bzw. das Ausmaß der Unterbeschäftigung erfasst. Attraktive Gebiete besitzen eine niedrigere Arbeitslosenquote. Da lediglich die registrierten

[1] Gebäudeflächen sowie die ihnen zuzuordnenden unbebauten Flächen.

Arbeitslosen berücksichtigt sind, wird damit zugleich unterstellt, dass bezüglich der Meldehäufigkeit kein regional unterschiedliches Verhalten vorliegt.

- Zahl der Beschäftigten im produzierenden Gewerbe auf 1.000 Einwohner (1993)
- Zahl der Beschäftigten in den Dienstleistungsbereichen auf 1.000 Einwohner (1993)
- Zahl der Beschäftigten in den Bereichen Staat, private Haushalte und private Organisationen ohne Erwerbszweck auf 1.000 Einwohner (1993)

Besatzzahlen erlauben es, die Bedeutung der Wirtschaftsbereiche als Existenzgrundlage für die Bevölkerung abzuschätzen. Sie sind damit ein Merkmal für die Attraktivität eines Kreises als Standort der Unternehmen eines Wirtschaftsbereiches. Hierüber wird die wirtschaftliche Struktur der Gebiete offengelegt. Unter der Hypothese, dass die Wirtschaftskraft eines Gebietes maßgeblich von den Bereichen „produzierendes Gewerbe" und „Dienstleistungen" geprägt wird, weisen niedrige Werte zudem auf eine im regionalen Vergleich niedrigere wirtschaftliche Leistungsfähigkeit hin.[1] Allerdings erfassen sie lediglich einen indirekten Zusammenhang zwischen der Zahl der in einem Bereich Beschäftigten und der Wirtschaftskraft, da nicht auszuschließen ist, dass trotz gleich hoher Werte regionale Abweichungen in der tatsächlich erbrachten Gesamtleistung vorliegen. Die Berücksichtigung des Bereichs Staat, private Haushalte und private Organisationen ohne Erwerbszweck gründet sich auf zwei Faktoren: Zum einen auf die besonderen Bedeutung dieses Bereichs für die Kreise der neuen Bundesländer (siehe Abschnitt 3.2.2), zum anderen auf das Angebot von übergeordneten politisch-administrativen Funktionen in einem Kreis, das sich in den höheren Anteilen dieses Bereiches wiederspiegelt.

- Monatliche Bruttolohn- und Gehaltssumme je Beschäftigtem in dem Bereich „Bergbau und verarbeitendes Gewerbe" in DM[2] (1993)

Die Bruttolohn- und Gehaltssumme pro Monat je sozialversicherungspflichtig Beschäftigtem in dem Bereich „Bergbau und verarbeitendes Gewerbe" verdeutlicht regionale Einkommensdisparitäten. Damit gibt das Merkmal aus Sicht der Unternehmen zum einen Auskunft über die Kosten des Faktors Arbeit, zum anderen bildet er ein Maß für qualitative Unterschiede, wenn ein Zusammenhang zwischen Produktivität und Lohn-

---

[1] Vgl.: Geisenberger, Siegfried, Mälich, Wolfgang, Müller, J. Heinz, und Strassert, Günter, Zur Bestimmung wirtschaftlichen Notstands und wirtschaftlicher Entwicklungsfähigkeit von Regionen, Hannover 1970, S. 32 f.

[2] Betriebe mit im Allgemeinen zwanzig oder mehr Beschäftigten.

und Gehaltsniveau unterstellt wird. Aus Sicht der Arbeitsmöglichkeiten nachfragenden Bevölkerung bildet ein hohes Lohnniveau einen grundlegenden Anreiz für die gezielte Arbeitsplatzsuche gerade in diesem Gebiet, schreckt aber ebenfalls Unternehmen, die nicht auf Arbeitskräfte mit hoher Qualifikation zurückgreifen müssen, und weniger qualifizierte Arbeitskräfte ab. Zu berücksichtigen ist, dass von dem Merkmal nur etwa 65 % der insgesamt sozialversicherungspflichtig Beschäftigten sowie zwischen 65 % und 85 % der Erwerbstätigen erfasst werden.[1] Gerade für das verarbeitende Gewerbe wird jedoch von einem hohen Deckungsgrad ausgegangen, da der überwiegende Teil der Erwerbstätigen der Sozialversicherungspflicht unterliegt und damit von der Beschäftigtenstatistik erfasst wird.

- Investitionen in dem Bereich „Bergbau und verarbeitendes Gewerbe" je Einwohner in DM (1994)

Das Merkmal „Höhe der Investitionen in dem Bereich Bergbau und verarbeitendes Gewerbe je Einwohner" gibt Aufschluss über die Attraktivität der Gebiete als gegenwärtige und zukünftige Standorte aus der Sicht der Unternehmen, wobei zu bedenken ist, dass in der Regel die Neigung, einen vorhandenen Standort auch beizubehalten, stark ausgeprägt ist.[2] Grundsätzlich gilt, dass Ersatz- und Neuinvestitionen eines Unternehmens in einem Gebiet um so höher ausfallen, desto besser die vorhandene Infrastruktur ist, desto intensiver bereits vorhandene Fühlungsvorteile genutzt werden können und desto höher die gewährten steuerlichen Vergünstigungen sind. Indirekt wird hierüber ebenfalls die Zahl der potentiellen Arbeitsmöglichkeiten beeinflusst. Ballungsräume und ihre benachbarten Gebiete besitzen hier häufig einen Vorteil, der in der bereits vorhandenen gut ausgebauten Infrastruktur sowie dem breiteren, am Ort bereits vorhandenen Angebot an Gütern und Dienstleistungen besteht. Da einerseits eine enge Beziehung zwischen der Einwohnerzahl und der Investitionshöhe vorliegt (Korrelationskoeffizient von 0,83), andererseits die relative Bedeutung der Investitionen für die Bevölkerung die Wirtschaftsstruktur eines Gebietes besser kennzeichnet, wird

---

[1] Vgl.: Bundesforschungsanstalt für Landeskunde und Raumordnung, Laufende Raumbeobachtung: Aktuelle Daten zur Entwicklung der Städte, Kreise und Gemeinden 1992/93, Heft 67 der Materialien zur Raumentwicklung, Bonn 1995, S. 100.

[2] Dies zeigt sich in einem hohen Anteil der Ersatzinvestitionen an dem gesamten Investitionsvolumen. Allerdings standen hierfür keine Daten auf kleinräumiger Bezugsebene zur Verfügung. Für die Bundesrepublik Deutschland wird der Anteil jedoch mit ca. 30 bis 50 % beziffert, was auf eine starke Neigung zu räumlicher Immobilität hinweist.

die Investitionshöhe durch die Bevölkerungszahl dividiert. Hohe Werte deuten somit auf eine hohe relative Bedeutung hin.

- Gemeindliche Steuerkraft je Einwohner in DM (1994)

Die gemeindliche Steuerkraft ergibt sich aus der Addition von Realsteuerkraft und dem Gemeindeanteil an der Einkommenssteuer abzüglich der Gewerbesteuerumlage. Die Realsteuerkraft gibt das bereinigte[1] Realsteueraufkommen (Addition von Grundsteuer A, Grundsteuer B und Gewerbesteuer nach Kapital und Ertrag), bezogen auf die jeweilige Einwohnerzahl, an. Der Gemeindeanteil an der Einkommenssteuer beträgt 15 % des örtlichen Aufkommens der Lohn- und veranlagten Einkommenssteuer sowie 12 % vom Zinsabschlag. Die gemeindliche Steuerkraft gilt als Maß der regionalen Wirtschaftskraft, da sie einerseits den Gemeinden eines Kreises zufließt, damit also einen gewichtigen Teil ihrer finanziellen Leistungsfähigkeit bestimmt, und andererseits das Aufkommen in starkem Maße von der Gewinnsituation der Betriebe sowie dem Einkommen der natürlichen Personen abhängt, was eine enge Beziehung zu dem Inlandsprodukt nahelegt.

Relative Lage des Kreises

- Durchschnittliche Lkw-Fahrtzeit bis zur nächsten Autobahnauffahrt in Minuten (1994)
- Motorisierungsgrad: Bestand an Personenkraftwagen und Motorrädern je Einwohner (1995)

Die relative Lage kennzeichnet die Erreichbarkeit eines Gebietes in Abhängigkeit von seiner geographischen Position. Attraktive Gebiete liegen verkehrsgünstig, sind also durch eine kurze Fahrtzeit zur nächsten Autobahnauffahrt gekennzeichnet. Dagegen bezieht sich der Motorisierungsgrad auf die Verkehrsinfrastruktur sowie die Gründe für die Nutzung der Fahrzeuge. Es ist zu vermuten, dass der Bestand an Personenkraft-

---

[1] Die Realsteuerhebesätze werden in den Haushaltssatzungen der Gemeinden festgelegt, sie differieren zwischen den Gemeinden. Die Realsteuerhebesätze für die Kreise ergeben sich als Durchschnittswerte. Zu Zwecken der Vergleichbarkeit werden fiktive Hebesätze für das gesamte Bundesgebiet verwendet. Diese betragen gem. § 8 Abs. 2 des Gesetzes über den Finanzausgleich zwischen Bund und Ländern vom 28. August 1969 (BGBl. I S. 1432) 180 % für die Grundsteuer A, 210 % für die Grundsteuer B und 250 % für die Gewerbesteuer nach Kapital und Ertrag. Vgl.: Statistisches Jahrbuch Deutscher Gemeinden 1994, Deutscher Städtetag (Hrsg.), 81. Jg. 1994, S. 487 ff.; weiter: Statistik Regional – Daten und Informationen der statistischen Ämter der Länder und des Bundes, 1995.

wagen und Motorrädern im Umland der attraktiven Gebiete zunimmt: Einerseits besitzen diese in der Regel keine gut ausgebaute Nahverkehrsinfrastruktur, die alternative Fortbewegungsmöglichkeiten in guter Qualität zur Verfügung stellt. Zum anderen werden von dort aus vermehrt Versorgungsfahrten bzw. Fahrten zum Arbeitsplatz stattfinden, die in die attraktiven Gebiete führen.

Verdichtungserscheinungen und Siedlungsstruktur

- Besiedlungsdichte (Bevölkerung pro qkm Gebäudefläche) (1994)

Es ist davon auszugehen, dass die von der Bevölkerung als ökonomisch attraktiv empfundenen Räume auch vergleichsweise sehr bevölkerungsreich sind. Da jedoch bedacht werden muss, dass möglicherweise der zur Verfügung stehende Raum unterschiedlich intensiv für Wohnzwecke genutzt wird, wird anstelle der Bevölkerungsdichte auf die Besiedlungsdichte zurückgegriffen (Korrelationskoeffizient 0,86). Bei diesem Merkmal wird unterstellt, dass es indirekt einerseits Auskunft über die Reichhaltigkeit des Angebots an Einkaufs-, Vergnügungs- oder Sportmöglichkeiten sowie des kulturellen Angebots gibt. Andererseits beinhaltet es ebenfalls negative Verdichtungserscheinungen, wie z. B. einen höheren Grad an Anonymität, ein stärkeres Streben nach individueller Selbstverwirklichung oder eine höhere Umweltbelastung.

- Anteil der fertiggestellten oder genehmigten Wohngebäude mit 1 oder 2 Wohneinheiten an der Gesamtheit der fertiggestellten oder genehmigten Wohngebäude (1994)

Dieses Merkmal gibt Aufschluss über die spezifische gegenwärtige und zukünftige Bebauungsart und die damit verbundene bevorzugte Siedlungsweise. Ein hoher Anteil weist auf eine Siedlungsform mit höherer räumlicher Ausdehnung hin, niedrige Anteile dagegen auf eine platzsparende mehrgeschossige und damit in stärkerem Maße konzentrierte Bebauungsart.

Tourismus

- Durchschnittliche Verweildauer in Tagen (1994)
- Korrigierte Gästeübernachtungen pro Einwohner (1994)

Gesondert von den bisher diskutierten Merkmalen ist die Attraktivität der Gebiete als Ziel von Fernreisen zu betrachten. Hierbei wäre eine deutliche Trennung zwischen den Besichtigungs- und/oder Erholungsreisen einerseits sowie den Geschäftsreisen andererseits wünschenswert. Allerdings wird in dem zur Verfügung stehenden Datenmaterial das für den Antritt einer Reise ursächliche Motiv nicht ausgewiesen. Lediglich die Annahme, dass Geschäftsreisen im Gegensatz zu Besichtigungs- und Erholungsreisen grundsätzlich mit einer kürzeren Aufenthaltsdauer an einem Ort verbunden sind, erlaubt zumindest im Ansatz eine Unterscheidung, da eine längere durchschnittliche Verweildauer insbesondere für touristisch attraktive Orte anzunehmen sein wird. In der Zahl der Gästeübernachtungen sind die Besucher mit unterschiedlicher Verweildauer enthalten. Hieraus können zwei Merkmale abgeleitet werden: Einerseits die durchschnittliche Verweildauer, welche sich als Gästeübernachtungen geteilt durch die Zahl der Gästeankünfte ergibt, und zum anderen die Zahl der Gästeübernachtungen, vermindert um die Zahl der Gästeankünfte, pro Einwohner.

3.3.1.4 Die wirtschaftliche Attraktivität der Kreise

Die Faktorenanalyse[1] bietet sich an, um mit Hilfe der vorgestellten Merkmale komplexe Indikatoren zu formulieren.[2] Dazu werden aus den zwanzig Merkmalen durch die Varimaxmethode fünf Hauptkomponenten extrahiert, die insgesamt 77,4 % der Gesamtstreuung aller zwanzig Variablen erklären. In der folgenden Aufstellung sind die Indikatoren, deren Ladungsbetrag größer als 0,5 bzw. kleiner als - 0,4 ist, den einzelnen Faktoren zugeordnet. Die Anteile an der Gesamtstreuung sind in Klammern angegeben.

Faktor 1 (37,8 %)	**Ladung**
Aufkommen der Grundsteuer B pro ha Gebäude- und Freifläche in DM	0,89
Zahl der Beschäftigten in den Dienstleistungsbereichen auf 1.000 Einwohner	0,87
Besiedlungsdichte (Bevölkerung pro qkm Gebäudefläche)	0,84
Anteil der Siedlungs- und Verkehrsfläche an der gesamten Bodenfläche	0,84
Anteil der Bevölkerung in einem Alter von unter 20 Jahren an der erwerbsfähigen Bevölkerung (Abhängigkeitsverhältnis)	-0,80
Anteil der fertiggestellten oder genehmigten Wohngebäude mit 1 oder 2 Wohneinheiten an der Gesamtheit der fertiggestellten oder genehmigten Wohngebäude	-0,76
Anteil der Erwerbstätigen an der Wohnbevölkerung (Erwerbsquote)	0,72
Zahl der Beschäftigten in den Bereichen Staat, private Haushalte und private Organisationen ohne Erwerbszweck auf 1.000 Einwohner	0,66
Anteil der landwirtschaftlich genutzten Fläche an der gesamten Bodenfläche	-0,64

[1] Das Verfahren der Faktorenanalyse wird in Abschnitt 3.2.2.3 erläutert.
[2] Vgl.: Klemmer, Paul, Die Faktorenanalyse im Rahmen der Regionalforschung, a.a.O., S. 9.

Durchschnittliche Lkw-Fahrtzeit bis zur nächsten Autobahnauffahrt in Minuten	-0,42
Faktor 2 (16,3 %)	**Ladung**
Anteil der Arbeitslosen an der Gesamtheit der Arbeitnehmer (Arbeitslosenquote)	-0,86
Motorisierungsgrad: Bestand an Personenkraftwagen und Motorrädern je Einwohner	0,84
Gemeindliche Steuerkraft je Einwohner in DM	0,76
Monatliche Bruttolohn- und Gehaltssumme je Beschäftigtem in dem Bereich „Bergbau und verarbeitendes Gewerbe" in DM	0,72
Faktor 3 (9,8 %)	**Ladung**
Korrigierte Gästeübernachtungen pro Einwohner	0,87
Durchschnittliche Verweildauer in Tagen	0,78
Faktor 4 (7,9 %)	**Ladung**
Zahl der Beschäftigten im produzierenden Gewerbe auf 1.000 Einwohner	0,84
Investitionen in dem Bereich „Bergbau und verarbeitendes Gewerbe" je Einwohner in DM	0,77
Faktor 5 (5,6 %)	**Ladung**
Wanderungssaldo der 18–30-Jährigen auf 1.000 Einwohner	0,87
Wanderungssaldo insgesamt auf 1.000 Einwohner	0,72

Faktor 1 wird positiv von Merkmalen geladen, die einerseits auf eine verdichtete Siedlungsstruktur und entsprechende Flächennutzung hindeuten, und die andererseits auf eine hohe Bedeutung der im tertiären Sektor anzusiedelnden Wirtschaftsbereiche verweisen. Diese Merkmale bezeichnen also das Versorgungsniveau mit Dienstleistungen sowie mit politisch-administrativen Funktionen. Relevante negative Ladungen zeigen sich insbesondere für die Merkmale „Abhängigkeitsverhältnis" sowie „Anteil der Wohngebäude mit 1 oder 2 Wohneinheiten": Beide Merkmale beinhalten jeweils einen spezifischen Aspekt der Wohnverhältnisse und zeigen, dass diese Gebiete nur in geringem Umfang als Wohnort von Familien in Frage kommen. Schwach relevant für diesen Faktor sind ebenfalls Merkmale, die allerdings einen anderen Faktor stärker laden: Dies sind positiv die gemeindliche Steuerkraft je Einwohner und die Bruttolohn- und Gehaltssumme je Einwohner und negativ der Wanderungssaldo insgesamt je Einwohner. Dieser Faktor soll daher „Verdichtungsattraktivität" heißen.

In Faktor 2 besitzen die Arbeitslosenquote, der Motorisierungsgrad, die gemeindliche Steuerkraft je Einwohner sowie die Bruttolohn- und Gehaltssumme je Einwohner jeweils negative bzw. positive Ladungen. Während die ersten beiden Merkmale auf ein

Auseinanderfallen von Wohn- und Arbeitsort hindeuten, beeinflusst die Höhe der Bruttolohn- und Gehaltssumme die gemeindliche Steuerkraft, in der die zwei wesentlichen Einkommensquellen „Arbeitnehmer" und „Unternehmen" der Gemeinden zusammenfließen[1]. Da die beiden Merkmale ebenfalls den Faktor 1 positiv laden, ist davon auszugehen, dass der Faktor 2 in besonderer Weise die „Umlandattraktivität" der Gebiete kennzeichnet.

Der Faktor 3 wird positiv durch die Merkmale aus dem Bereich „Tourismus" geladen, er erfasst die „touristische Attraktivität" der Gebiete.

Faktor 4 kombiniert den Industriebesatz mit der Investitionshöhe je Einwohner. Dieser Faktor kennzeichnet die Gebiete, in denen die Abhängigkeit der Bevölkerung von einer Tätigkeit in den unter der Bezeichnung „Bergbau und verarbeitendes Gewerbe" erfassten Betrieben besonders hoch ist und die hauptsächliche Existenzquelle darstellt. Da der Anteil der Landwirtschaft als Einkommensquelle der Erwerbstätigen in der Regel zu vernachlässigen ist (Mittelwert von 4,7 %, Standardabweichung von 3,8), gibt dieser Faktor damit indirekt ebenfalls Aufschluss über die Bedeutung des Dienstleistungsbereichs in den Kreisen. In diese Richtung deuten auch die Werte für das Merkmal „Erwerbsquote", das Faktor 4 und Faktor 1 nahezu gleichermaßen lädt. Der Faktor 4 soll daher „relative Industriebedeutung" heißen.

Faktor 5 wird positiv durch beide Merkmale zum Wanderungsverhalten geladen. Dabei lädt der gesamte Wanderungssaldo auch Faktor 1 negativ, was infolge seiner Zusammensetzung als negative Verdichtungserscheinung aufgefasst werden kann. Jedoch können Wanderungen aus den verschiedensten Gründen vorgenommen werden. Deshalb bezeichnet dieser Faktor die Wanderungsattraktivität der Gebiete, ohne letztendlich Aufschluss über die zugrunde liegenden Motive zu geben.

3.3.1.5 Die Abgrenzung der strukturierten Wirtschaftsregionen

Für jeden Kreis werden die Faktorwerte durch multiple Regressionsrechnungen bestimmt. Da gerade die Faktoren 1 und 2 die wirtschaftliche Attraktivität und damit die

[1] Die Zerlegung der „gemeindlichen Steuerkraft" in ihre Bestandteile „Gemeindeanteil an der Einkommenssteuer abzüglich Gewerbesteuerumlage" und „Realsteuerkraft" sowie der Austausch der Variablen brachte keine Änderungen in der Zusammensetzung der Faktoren. Darauf deutet auch die enge Beziehung zwischen den beiden Variablen hin (Korrelationskoeffizient von 0,67).

Anziehungskraft eines Gebietes determinieren, werden diese zu einem gemeinsamen Gewicht addiert. Dieses wird als Interaktionsgröße im Potentialmodell verwendet. Um einen Vergleich durchzuführen zu können, werden zusätzlich einerseits die Bevölkerung, andererseits die Zahl der Erwerbstätigen im tertiären Sektor als Interaktionsgrößen verwendet. Während die Verwendung der Bevölkerung zur deutlichen Ausweisung von Agglomerationsräumen führen sollte, wird über die Zahl der Erwerbstätigen im Dienstleistungssektor auf die Reichhaltigkeit des Dienstleistungsangebotes geschlossen.

Alle Größen werden den jeweiligen Mittelpunkten der Kreise zugeordnet. Um die Potentialwerte zu ermitteln, wird über das Gebiet der Bundesrepublik Deutschland ein Gitternetz gelegt. Sodann werden die Potentialwerte für die Rasterpunkte errechnet. Die folgenden Abbildungen zeigen graphisch die Ergebnisse.

Abbildung 26: Attraktivitätspotential (Faktoren 1 und 2), 440 Stadt- und Landkreise

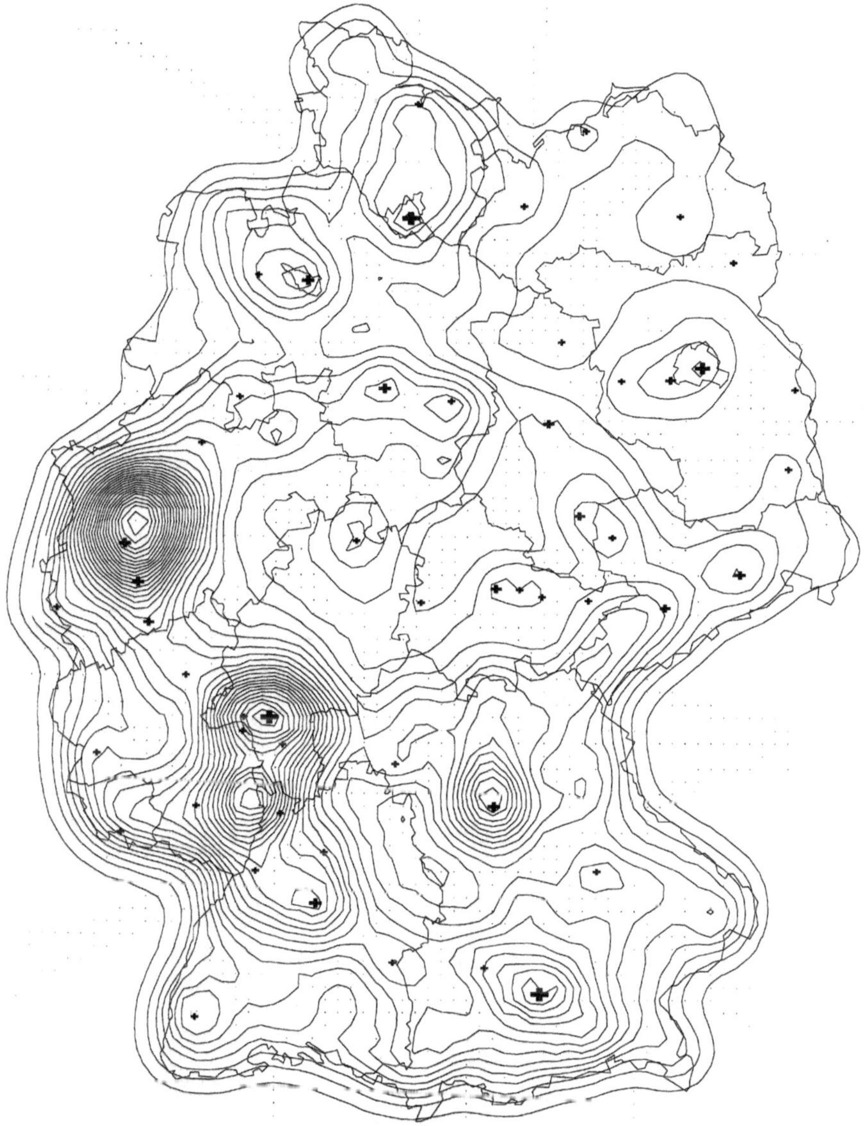

In der Abbildung sind zusätzlich die Orte der Zentralitätsstufen 1 bis 5 (vgl. Abschnitt 3.2.2.6) eingetragen. Verwendet wurde ein Gamma-Modell mit Dämpfungsfaktor c = 2, 30 Höhenlinien, arithmetische Verknüpfung.
Quelle: Eigene Darstellung.

Abbildung 27: Bevölkerungspotential, 440 Stadt- und Landkreise

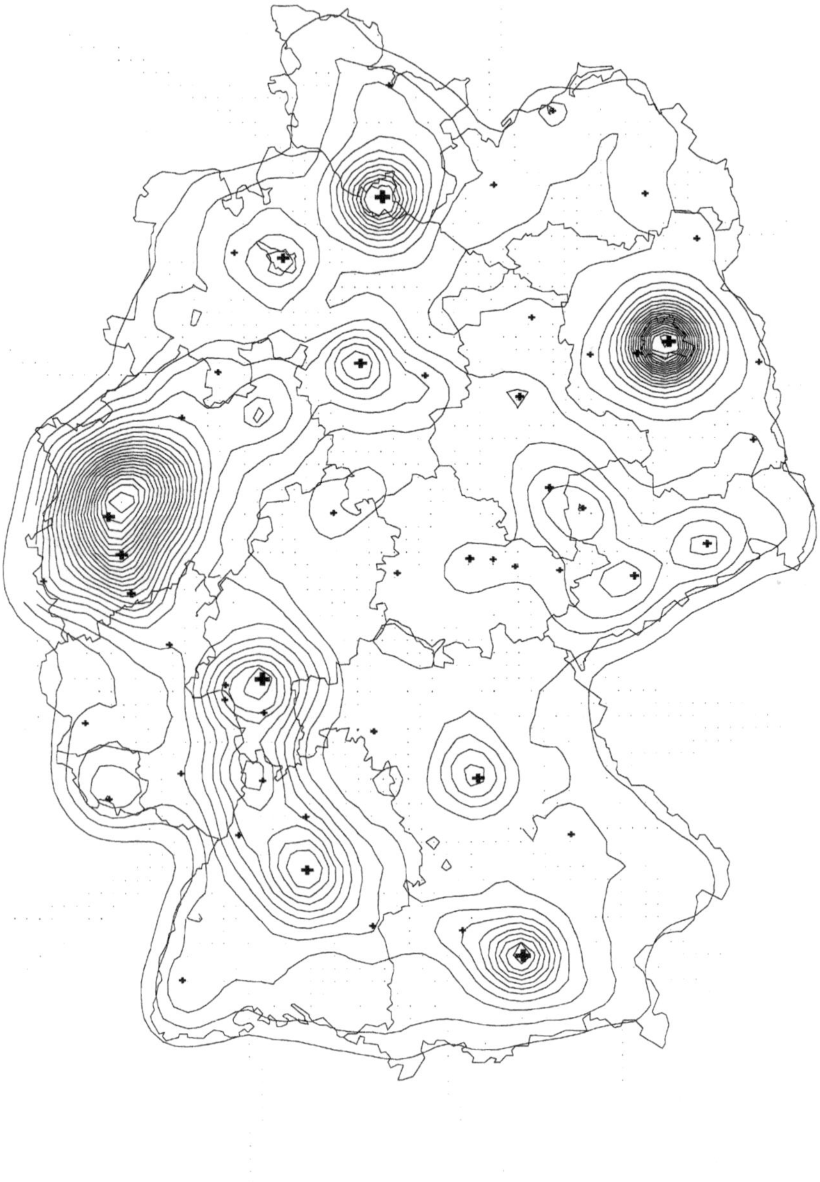

In der Abbildung sind zusätzlich die Orte der Zentralitätsstufen 1 bis 5 (vgl. Abschnitt 3.2.2.6) eingetragen. Verwendet wurde ein Gamma-Modell mit Dämpfungsfaktor c = 2, 30 Höhenlinien, arithmetische Verknüpfung.
Quelle: Eigene Darstellung.

Abbildung 28: Dienstleistungspotential, 440 Stadt- und Landkreise

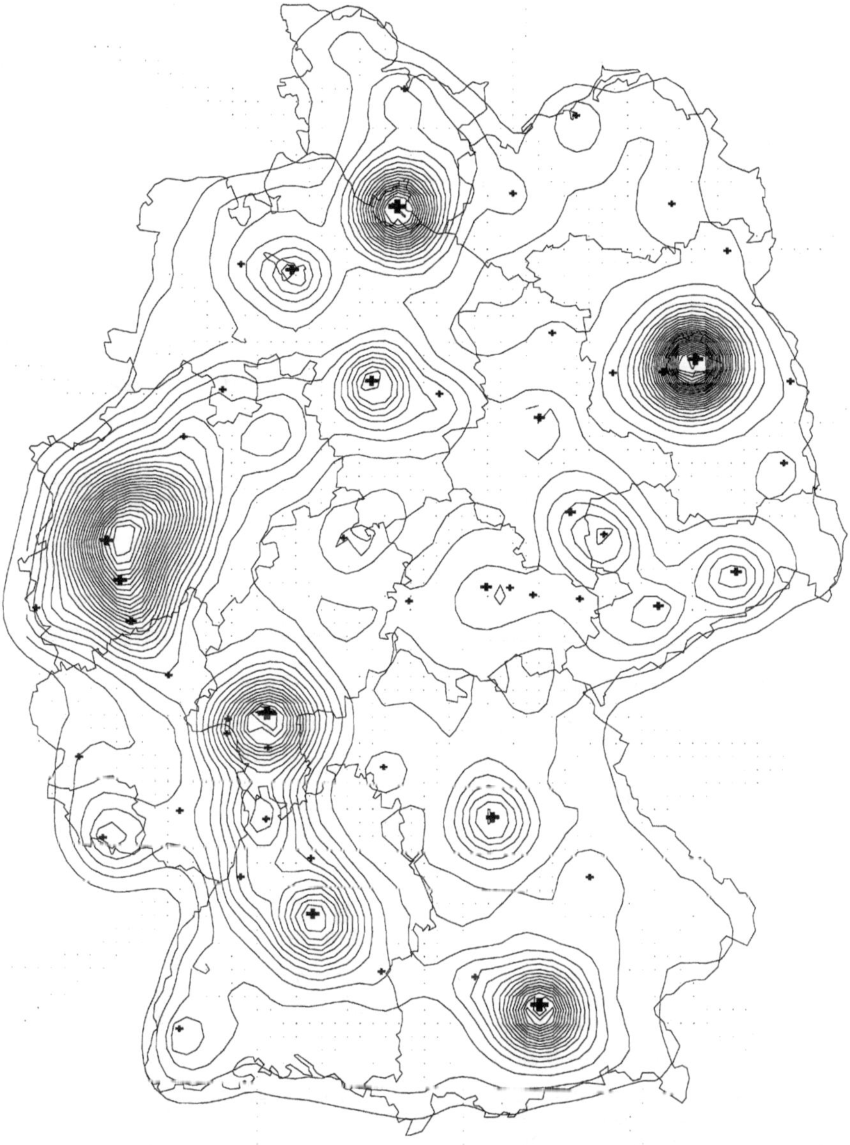

In der Abbildung sind zusätzlich die Orte der Zentralitätsstufen 1 bis 5 (vgl. Abschnitt 3.2.2.6) eingetragen. Verwendet wurde ein Gamma-Modell mit Dämpfungsfaktor c = 2, 30 Höhenlinien, arithmetische Verknüpfung.
Quelle: Eigene Darstellung.

In allen drei Abbildungen legt der Verlauf der Höhenlinien eine Unterscheidung in östliche und westliche Teile der Bundesrepublik Deutschlands nahe. In der Karte des Attraktivitätspotentials sind von der generell geringen Niveauhöhe im östlichen Teil Deutschlands lediglich das Gebiet um Berlin sowie Teile des sächsischen Raums ausgenommen. Dagegen befinden sich im westlichen Teil leicht zu identifizierende Gipfel über dem Ruhrgebiet sowie über Frankfurt am Main, Stuttgart, Nürnberg und München. Die in den Abbildungen des Bevölkerungs- und Dienstleistungspotentials jedoch besonders ausgeprägten Gipfel für Hamburg, Berlin und Hannover zeigen sich im Attraktivitätspotential (Abbildung 26) nicht in der gleichen Deutlichkeit. Im norddeutschen Raum teilen sich hier Hamburg und Bremen ihr Plateau ebenso wie Hannover, Braunschweig und Bielefeld. Ein kleinerer Gipfel findet sich in allen drei Potentialkarten in der Nähe von Kassel, ein höherer in der Gegend der Zwillingsstädte Mannheim und Ludwigshafen.

Gravierender sind die Unterschiede zwischen den verschiedenen Potentialdarstellungen für Freiburg i. Br., Saarbrücken, Regensburg und im sächsischen Raum. Im Attraktivitätspotential wird Saarbrücken kaum ausgewiesen, es bildet eher einen auf hohem Niveau liegenden Ausläufer des über dem Rhein-Main-Gebiet liegenden Potentialgebirges. Dagegen liegt über diesem Ort in der Darstellung des Dienstleistungspotentials ein sich deutlich abhebender Gipfel. Genau umgekehrt ist dies bei Regensburg und Freiburg i. Br., die im Attraktivitätspotential durch kleinere Gipfel ausgewiesen werden, jedoch im Bevölkerungs- und Dienstleistungspotential kaum in Erscheinung treten. Im sächsischen Raum heben sich Dresden, Chemnitz und Halle (Saale) ab, sie liegen auf einem gemeinsamen Plateau.

Strukturierte Wirtschaftsregionen können anhand der Verläufe der Tal- und Passlinien abgegrenzt werden. Als zusätzliche Maßgabe soll gelten, dass so wenig Kernräume wie möglich zertrennt werden. Gut erkennbar sind damit die Regionen Ruhrgebiet, Berlin und Nürnberg. Dagegen zeigt sich für die von Hamburg und Bremen, Frankfurt a. M. und Mannheim, von Stuttgart und Freiburg i. Br., von Hannover, Braunschweig, Bielefeld und Kassel, von München und Regensburg gebildeten Kombinationen sowie für den sächsischen Raum ein Abgrenzungsproblem. Dieses besteht darin, dass gleich mehrere Zentren miteinander konkurrieren. Wird zugelassen, dass eine Region mehrere Zentren enthalten kann, so entstehen insgesamt neun Regionen. Wird dagegen der Begriff „wirtschaftliche Attraktivität" auf das engere Umland beschränkt, so resultieren sechzehn Regionen von sehr verschiedener Größe (vgl. Abbildung 29 und Abbildung 30).

Da die ermittelten Grenzen nicht mit den politisch-administrativen Grenzen der Kreise übereinstimmen, wird – um die gebildeten Raumeinheiten miteinander vergleichen zu können – die Abgrenzung in einem weiteren Schritt an die Kreisgrenzen angepasst. Hierbei ist ein Kreis einem Gebiet zuzuschlagen, wenn sein Mittelpunkt innerhalb der Grenzen des Gebiets liegt. Die Ergebnisse sind in Tabelle 19 und in Tabelle 20 festgehalten. In beiden Abgrenzungen hebt sich die Region Rhein-Ruhr durch ihre Einwohnerzahl von den anderen deutlich ab. Jedoch sind bei neun Regionen die Unterschiede zwischen den anderen Regionen nicht sehr groß. Werden die Regionen nach ihren Einwohnerzahlen miteinander verglichen, so übertrifft die zweitgrößte Region (Rhein-Main-Neckar) die kleinste Region (Nürnberg) nur um das 2,5-fache. Dagegen werden bei sechzehn Regionen vermehrt kleinere Regionen gebildet, das Verhältnis zwischen der zweitgrößten (Stuttgart) und der kleinsten Region (Regensburg) beträgt hier 4,9.

Abbildung 29: Neun Einzugsbereiche, Attraktivitätspotential, Kernräume

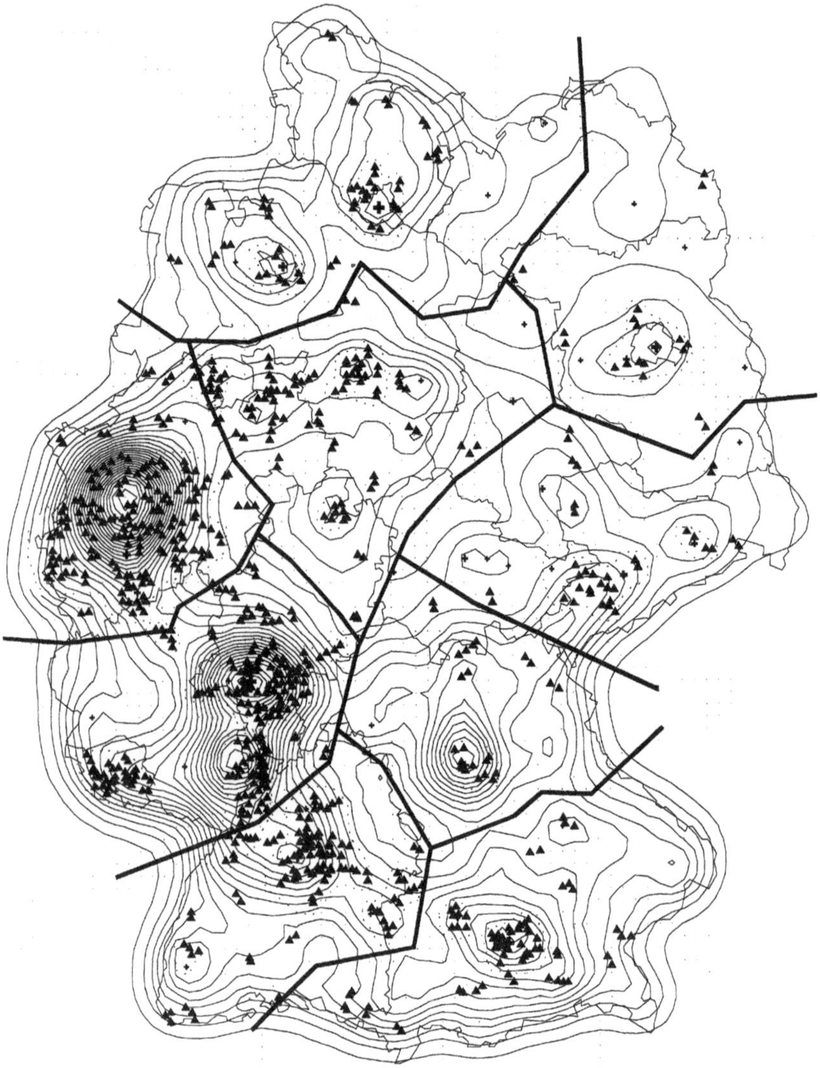

Kreise der
- ✚ Gruppe 1
- ✚ Gruppe 2
- ✚ Gruppe 3
- + Gruppe 4
- · Gruppe 5

▲ als konzentriert angeordnet eingeschätzte Standorte der Städte

···· Grenzen der Kernräume

▬ Grenzen der sechzehn Einzugsbereiche

— Attraktivitätspotentiallinien

Quelle: Eigene Darstellung.

Abbildung 30: Sechzehn Einzugsbereiche, Attraktivitätspotential, Kernräume

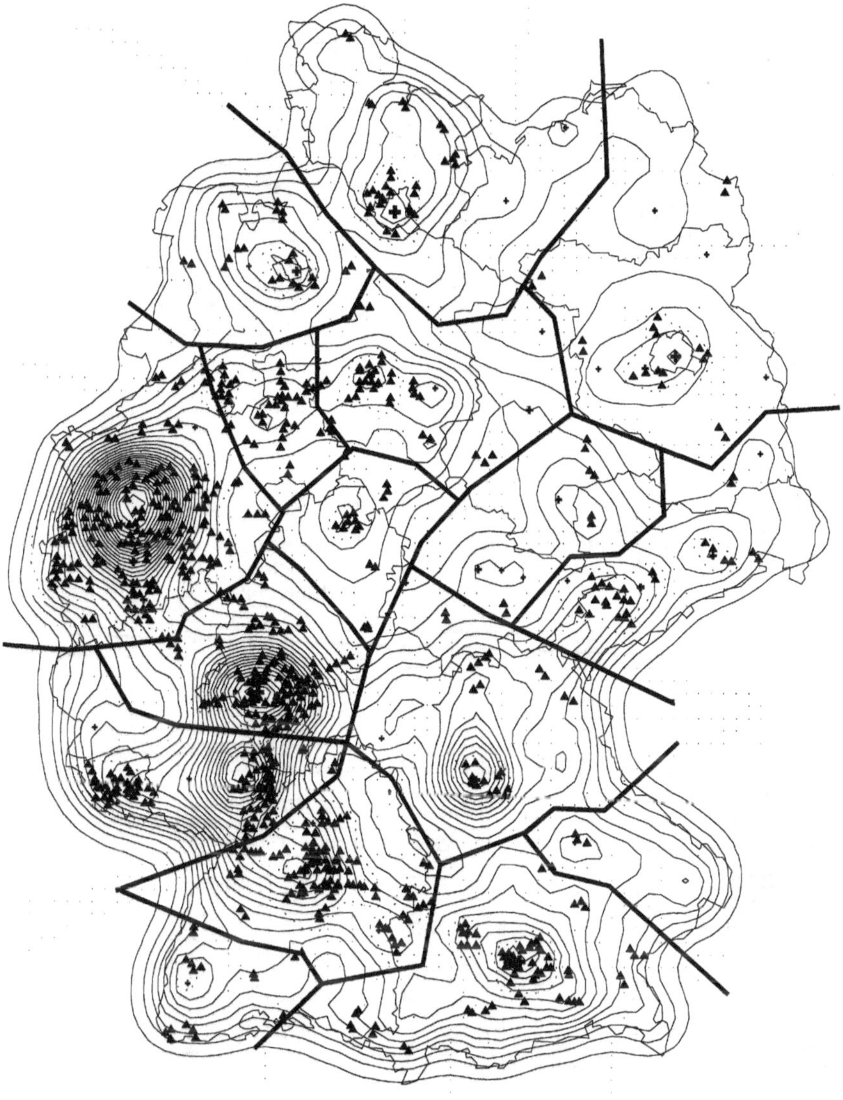

Kreise der
- ✚ Gruppe 1
- ✚ Gruppe 2
- ✚ Gruppe 3
- + Gruppe 4
- · Gruppe 5

▲ als konzentriert angeordnet eingeschätzte Standorte der Städte

····· Grenzen der Kernräume

▬ Grenzen der sechzehn Einzugsbereiche

— Attraktivitätspotentiallinien

Quelle: Eigene Darstellung.

Tabelle 19: Kenndaten für neun Einzugsgebiete

Region	**Fläche (in km²)**	**Bevölkerung (in 1.000 Einwohnern)**	**Bevölkerungsdichte (Einwohner pro km²)**	**Zahl der Kreise**
Hamburg	53.267	9.110	171,0	50
Hannover	50.391	9.266	183,9	50
Berlin	38.005	6.318	166,2	25
Dresden	42.438	8.513	200,6	66
Rhein-Ruhr	30.566	16.268	532,2	51
Rhein-Main-Neckar	38.326	11.361	296,4	67
Stuttgart	31.805	8.278	260,3	39
München	41.044	7.215	175,8	51
Nürnberg	30.896	4.644	150,3	45

Quelle: Eigene Berechnungen.

Tabelle 20: Kenndaten für sechzehn Einzugsgebiete

Region	**Fläche (in km²)**	**Bevölkerung (in 1.000 Einwohnern)**	**Bevölkerungsdichte (Einwohner pro km²)**	**Zahl der Kreise**
Hamburg	33.569	6.013	179,1	29
Bremen	19.698	3.097	157,2	21
Bielefeld	10.151	2.562	252,4	10
Hannover	25.879	4.537	175,3	27
Berlin	38.005	6.318	166,2	25
Dresden	22.062	4.660	211,2	37
Leipzig/Erfurt	20.376	3.853	189,1	29
Kassel	14.361	2.167	150,9	13
Rhein-Ruhr	30.566	16.268	532,2	51
Rhein-Main	20.386	6.158	302,1	31
Rhein-Neckar	17.940	5.203	290,0	36
Stuttgart	23.109	6.497	281,2	29
Freiburg i. Br.	8.696	1.781	204,8	10
München	29.146	5.881	201,8	38
Regensburg	11.898	1.334	112,1	13
Nürnberg	30.896	4.644	150,3	45

Quelle: Eigene Berechnungen.

3.3.2 Simultane Anordnung der Versorgungszentren und Abgrenzung ihrer Versorgungsgebiete zur Bestimmung strukturierter Wirtschaftsregionen nach Christaller

Nach der Christallerschen Theorie sind die Versorgungszentren des Dienstleistungsbereichs regelmäßig über den Gesamtraum verteilt, wobei sich die Bevölkerung zum jeweils nächstgelegenen Zentrum orientiert, welches eine gewünschte Dienstleistung anbietet. Der gesamte Raum wird über ein hierarchisches System von Versorgungszentren mit den Dienstleistungen versorgt; die im Einzugsbereich einzelner Zentren gleicher Hierarchiestufe von der Bevölkerung maximal zurückzulegenden Entfernungen unterscheiden sich nicht. Jedoch überlappen sich die Einzugsbereiche der Zentren verschiedener Hierarchiestufen.

Im Folgenden wird untersucht, welche strukturierten Wirtschaftsregionen die Bundesrepublik Deutschland aufweist, wenn auf ihr Gebiet der Christallersche Ansatz angewendet wird. Hierzu wird zunächst unter 3.3.2.1 der p-Median-Ansatz vorgestellt. In Abschnitt 3.3.2.2 wird diskutiert, wie die räumlich variierende Einwohnerzahl die Bestimmung von strukturierten Wirtschaftsregionen nach Christaller beeinflusst. Unter dem Gliederungspunkt 3.3.2.3 wird dann das Gebiet der Bundesrepublik Deutschland in Christallersche Versorgungsregionen untergliedert.

3.3.2.1 Der p-Median-Ansatz zur Bestimmung strukturierter Wirtschaftsregionen

Der p-Median-Ansatz (Location-Allocation-Ansatz[1]) geht auf ein Problem zurück, bei dem für eine gegebene Nachfrage- und Ressourcenverteilung der optimale Standort eines Produktionsbetriebes gesucht wird.[2] Wird sich ausschließlich auf Transport-

[1] Siehe zu weiteren Varianten des Location-Allocation-Ansatzes: Krarup, Jakob, und Pruzan, Peter M., Ingredients of locational analysis, und Mirchandani, Pitu B.: The p-Median problem and generalizations, beide in: Discrete Location Theory, Pitu B. Mirchandani und Richard L. Francis (Hrsg.), New York u.a. 1990, S. 1–54 und S. 55–117.

[2] Dabei handelt es sich um folgende Konstellation:
Für eine gegebene Nachfrage- und Ressourcenverteilung wird ein optimaler Produktionsstandort gesucht. Ausgehend von zwei verschiedenen Punkten A und B, von denen die Vorprodukte geliefert werden, und einem dritten Punkt C, der den Absatzort beschreibt, soll der transportkostenminimale Standort gefunden werden. Die optimale Lösung des Standortproblems wird innerhalb des Dreiecks der Punkte A, B und C liegen, und zwar unabhängig von dem anzusetzenden Transportkostensatz sowie von Höhe und Verteilung der zu liefernden Mengen auf die Punkte, die von und zu dem gesuchten Standort zu bewegen sind. Vgl.: Launhardt, Wilhelm, Die Bestimmung des zweckmäßigsten Standortes einer gewerblichen

kosten (als einzige relevante Kosten) beschränkt, so lautet das Fazit, dass im optimalen Standort die Summe der gewichteten Abstände von und zu diesem Standort minimiert ist.

Allerdings kann die Einrichtung mehrerer Standorte vorteilhaft sein,[1] wenn die Ersparnisse eines konzentrierten Angebots von Leistungen an lediglich einem Standort (z. B. vermiedene Einrichtungskosten) durch die Höhe der entfernungsabhängigen Versorgungskosten (z. B. Transport) überkompensiert werden. Die Errichtung mehrerer Leistungsstätten kann aber auch angestrebt werden, um im Sinne eines dezentralisierten Mindestangebots eine flächendeckende Versorgung bei gleichzeitig gering gehaltenen Kosten zu gewährleisten.[2] Werden also mehrere Standorte (p-Median-Ansatz) betrachtet, so ist nicht nur der Standort jedes Zentrums zu ermitteln, sondern die Standorte sind ebenfalls über den Gesamtraum bestmöglich zu verteilen. Übertragen auf das Problem der Abgrenzung strukturierter Wirtschaftsregionen bedeutet dies, dass die für die Bevölkerung am besten zu erreichenden Orte zu ermitteln sind. Mit der Regionierung werden dann die Standorte der Versorgungszentren des Dienstleistungsbereichs sowie ihre Verteilung über den Gesamtraum ermittelt.

Der Ansatz kann damit wie folgt formuliert werden: Im Raum der Bundesrepublik Deutschland, der als homogene Fläche aufgefasst wird und in dem jeder Ort als Standort zugelassen ist, sollen p Standorte von Versorgungszentren X_z (x_z,y_z), die insgesamt n Bezugsorte X_i (x_i,y_i) versorgen, so verteilt werden, dass die Transportkosten

---

Anlage, in: Zeitschrift des Vereines Deutscher Ingenieure, Bd. 26 1882, S. 107–116; und: Weber, Alfred, Über den Standort der Industrien, Erster Teil: Reine Theorie des Standortes, 2. Aufl. Tübingen 1929, hier: S. 49–74. Synonym werden die Bezeichnungen Launhardt-Weber-Problem bzw. Steiner-Weber-Problem verwandt. Einen historischen Überblick über das Problem, den Punkt zu ermitteln, für den die Summe der Abstände zu einer festen Anzahl gegebener Punkte minimal ist, gibt: Grundmann, Werner, u.a., Mathematische Methoden zur Standortbestimmung, Berlin 1968.

[1] Vgl.: Cooper, Leon, Solutions of generalized locational equilibrium models, in: Journal of Regional Science, Bd. 7 1967, S. 1–18; weiter: derselbe, An extension of the generalized Weber Problem, in: Journal of Regional Science, Bd. 8 1968, S. 181–197; weiter: Kuhn, Harold W., und Kuenne, Robert E., An efficient algorithm for the numerical solution of the generalized Weber Problem in spatial economics, in: Journal of Regional Science, Vol. 4 1962, S. 21–33.

[2] Dies könnte z. B. die bürgernahe Versorgung durch eine ausreichende Anzahl von Standorten als politische Zielsetzung sein. Vgl. zur Berücksichtigung von größenabhängigen Einrichtungskosten im mehrstufigen Location-Allocation-Ansatz: Dökmeci, Vedia F., An optimization model for a hierarchical spatial system, in: Journal of Regional Science, Bd. 13 1973, S. 439–451; weiter: Tung, Tze Hsiung, Optimal patterns of production and decision making, in: Papers of the Regional Science Association, Bd. 15 1965, S. 143–157.

zwischen den Versorgungszentren und den ihnen zuzuordnenden Bezugsorten (gemessen als euklidische Entfernung d_i) unter Einbezug der Bevölkerung der Bezugsorte w_i, minimiert werden. Damit resultiert als Minimierungsaufgabe für die gewichtete Gesamtentfernung GE:

$$GE_p(x_z, y_z) = \sum_{z=1}^{p} \sum_{i=1}^{n_z} w_i d_i \rightarrow \min_{(x_z, y_z)} ; \qquad d_i = \sqrt{(x_i - x_z)^2 + (y_i - y_z)^2}$$

mit:
p = Anzahl der gesuchten Standorte der Versorgungszentren
z = Index der Versorgungszentren, z = 1,..., p
n_z = Menge der dem Versorgungszentrum z zugeordneten Bezugsorte
i = Index der Bezugsorte, i = 1,..., n_z
w_i = Bevölkerung des Bezugsortes i
d_i = euklidische Distanz zwischen Bezugsort i und Zentrum z

Als Bezugsorte werden einerseits die 444 Stadt- und Landkreise, andererseits die 1456 Städte mit einer Bevölkerung von mehr als 10.0000 Einwohnern verwendet.

Eine Lösungsmethode für dieses Optimierungsproblem besteht in der Anwendung eines Algorithmus in den einzelnen Teilräumen.[1] Ausgehend von einer ersten Zuordnung der Bezugsorte zu einer vorzugebenden Zahl von Zentren wird die Iterationsbedingung für ein beliebiges Teilgebiet durch partielles Differenzieren der Zielfunktion hergeleitet:

$$\frac{\partial GE}{\partial x_z} = \sum_i \frac{w_i (x_i - x_z)}{d_i} = 0$$

$$\frac{\partial GE}{\partial y_z} = \sum_i \frac{w_i (y_i - y_z)}{d_i} = 0$$

Läge das Optimum in einem der Bezugsorte, so wäre der Nenner der Ausdrücke gleich Null, und der Ausdruck somit nicht definiert. Für alle anderen Fälle ist der Nenner posi-

[1] Vgl.: Cooper, Leon, Solutions of generalized locational equilibrium models, a.a.O., S. 1–18; weiter: derselbe, An extension of the generalized Weber Problem, a.a.O., S. 181–197; weiter: Kuhn, Harold W., und Kuenne, Robert E., An efficient algorithm for the numerical solution of the generalized Weber Problem in spatial economics, a.a.O., S. 21–33.

tiv. Damit gilt die Differenzierung für alle $X_z \notin \{X_1, \ldots X_n\}$. Nach einigen Umformungen folgt:

$$x_z^{k+1} = \sum_i \frac{\frac{w_i}{d_i}}{\sum_i \frac{w_i}{d_i}} x_i$$

; mit k = Iterationsstufe

$$y_z^{k+1} = \sum_i \frac{\frac{w_i}{d_i}}{\sum_i \frac{w_i}{d_i}} y_i$$

Durch diese Gleichungen wird ein Iterationsprozess beschrieben, da die rechte Seite der Gleichung nicht unabhängig von x_z und y_z ist. Ausgehend von den Koordinaten einer ersten Anfangsschätzung X^0 werden die Bezugsorte den Zentren zugeordnet und die Koordinaten für die Versorgungszentren der ersten Iterationsstufe X_z^1 berechnet. Nachfolgend werden dann die Bezugsorte den Versorgungszentren der ersten Iterationsstufe neu zugeordnet und die Berechnungen wiederholt, um die Koordinaten der folgenden Iterationsstufe zu erhalten. Auf jeder Iterationsstufe nähern sich die Standorte der Versorgungszentren, deren Einzugsgebiete durch die ihnen zugeordneten Bezugsorte bestimmt wird, ihren optimalen Positionen. Da dies nur langsam geschieht, werden Zuordnung und Neuberechnung so lange wiederholt, bis ein Abbruchkriterium in der Iterationsstufe X_z^{k+1} erfüllt ist, der optimale Standort also genügend gut getroffen wurde.

Werden die Lösungen für die einzelnen Teilgebiete zu einer Gesamtlösung kombiniert, so besteht trotzdem die Gefahr, dass nicht das absolute Optimum getroffen wird: Denn üblicherweise ist $GE_p(x_z,y_z)$ nicht konvex, und somit existieren häufig lokale Minima, die lediglich ein relatives Optimum festlegen. Von besonderer Bedeutung ist daher die Anfangsverteilung der Standorte für die Versorgungszentren. Denn je näher diese an der unbekannten optimalen Verteilung der Versorgungszentren liegt, desto wahrscheinlicher ist es einerseits, dass das absolute Optimum erreicht wird, und desto eher wird andererseits das Abbruchkriterium erreicht sein, da die Schnelligkeit des Konvergenzprozesses ansteigt. Liegen alle Versorgungszentren in ihren optimalen Standorten, so führt eine Veränderung ihrer Positionen zu höheren Kosten. Somit werden für eine zuvor determinierte Anzahl von Versorgungszentren ihre optimale Anordnung und zugleich die Grenzen ihrer Versorgungsgebiete durch Minimierung der entfernungsabhängigen Transportkosten bestimmt.

3.3.2.2 Der Einfluss einer räumlich variierenden Einwohnerzahl auf die Bestimmung strukturierter Wirtschaftsregionen nach Christaller

Nach Christaller ist die Einwohnerzahl eines Ortes kein Maß für seine Bedeutung und damit seinen Rang. Denn zentrale Orte weisen einen Bedeutungsüberschuss auf, da sie auch für ihr Einzugsgebiet zentrale Funktionen übernehmen. Höherrangige Zentren bieten, verglichen mit niederrangigen Zentren, zusätzliche Dienstleistungen mit höheren Reichweiten an. Für den Rang eines Ortes ist damit seine Zentralität maßgeblich.[1] Das hieraus abgeleitete Zentrensystem weist unter der Annahme einer gleichmäßigen Bevölkerungsverteilung eine strikt stufenhierarchische Gliederung auf, die eine Bestimmung von einander über- und untergeordneten Versorgungsregionen ermöglicht. Der durch den p-Median-Ansatz im Zentralwert aller Bezugsorte lokalisierte Standort kennzeichnet den optimalen Standort des höchstrangigen Versorgungszentrums. Wären zudem Zahl und Lage der nächstrangigen Versorgungszentren bekannt, so ließe sich ebenfalls deren Verteilung ermitteln. Allerdings wird im p-Median-Ansatz die Bevölkerung als Gewichtsgröße verwendet, zudem ist die Bevölkerung nicht gleichmäßig über das Untersuchungsgebiet verteilt.

Daher ist im Folgenden zu untersuchen,

1. ob die Rangordnung, die sich ergibt, wenn die Kreise nach ihrer Zentralität geordnet werden, mit der Stufenhierarchie nach Christaller vereinbar ist, und
2. welchen Einfluss die Verwendung der Bevölkerung als Gewichtsgröße im p-Median-Ansatz auf die Bestimmung strukturierter Wirtschaftsregionen nach Christaller ausübt. Anzunehmen ist, dass – eine geeignete räumliche Verteilung der Kreise vorausgesetzt – gerade die bevölkerungsreichen Kreise als Standorte der Versorgungszentren in Frage kommen. Infolgedessen ist hier zu überprüfen, ob von der Zentralität eines Ortes auf seine Einwohnerzahl geschlossen werden kann, und ob die nach den Merkmalen Zentralität und Einwohnerzahl erstellten Rangfolgen der Kreise in etwa übereinstimmen.

[1] Vgl.: Christaller, Walter, Die zentralen Orte in Süddeutschland, a.a.O., S. 26.

Zu 1.

Die zur Klassifikation der Kreise in Abschnitt 3.2.2 berechneten Zentralitätswerte in den sechs Wirtschaftsbereichen können verwendet werden, um zu einer Rangskalierung zu gelangen, die Aufschluss über die im Gebiet der Bundesrepublik Deutschland vorhandenen Hierarchiestufen gibt. Hierzu werden sie zu einem Indikator Z_k verdichtet, der die Bedeutung eines Kreises über alle Wirtschaftsbereiche wiedergibt:

$$Z_k = \frac{1}{6}\left(\sum_{w=1}^{6} Z_k^w\right); \text{mit } Z_k^w = SvB_k^w - E_k \frac{SvB_g^w}{E_g}$$

Dabei bezeichnen SvB_k^w die Zahl der sozialversicherungspflichtig Beschäftigten in einem Wirtschaftsbereich w in einem Kreis k, SvB_g^w die Gesamtzahl der in einem Wirtschaftsbereich w sozialversicherungspflichtig Beschäftigten, E_k die Einwohnerzahl des Kreises und E_g die Einwohnerzahl des Untersuchungsraumes. Dieser Zentralitätsindex gibt Auskunft über die Bedeutung jedes einzelnen Kreises, ohne dass jedoch die zwischen den einzelnen Merkmalsausprägungen bestehenden Differenzen im Sinne einer kardinalen Größe zu interpretieren wären. Abbildung 31 zeigt die Verteilung der positiven Zentralitätswerte (in absteigend geordneter Reihenfolge).

Abbildung 31: Rangordnung der Kreise, nach dem Merkmal Zentralität absteigend geordnet

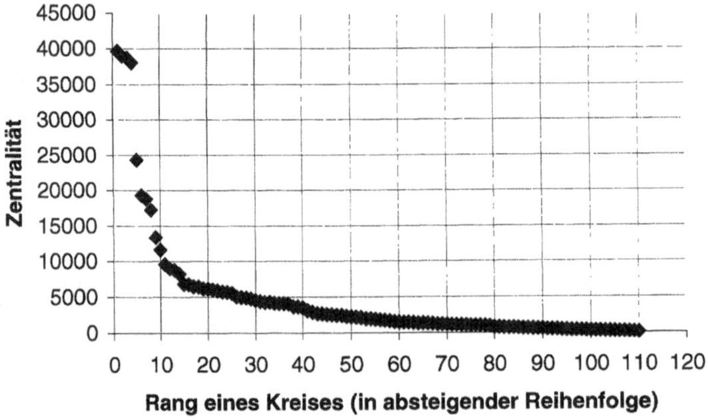

Quelle: Eigene Berechnungen, basierend auf den Daten aus Abschnitt 3.2.2.

Deutlich ist zu erkennen, dass die resultierende Verteilung keine strenge Stufenhierarchie beschreibt. Weder existiert ein allen anderen Orten übergeordnetes Hauptzentrum, noch sind Stufenfolgen erkennbar. Lediglich die auf den ersten vier Rängen platzierten Kreise Hamburg, Berlin, München und Frankfurt a. M. heben sich von den anderen Kreisen ab. Die nachfolgenden Kreise sind jedoch nur schwerlich Stufen zuzuordnen. Bereits ab Rang 15 sind die Unterschiede in der Zentralität gering. Insgesamt besitzt die Verteilung einen kontinuierlichen Verlauf.

Allerdings ist auch eine kontinuierliche Rangfolge der Zentren mit der Bestimmung strukturierter Wirtschaftsregionen nach Christaller vereinbar. Denn die räumlich variierende Bevölkerungsverteilung im Untersuchungsraum bedingt, dass lokale Absatzgebiete mit einem für das Angebot eines niedrigeren zentralen Dienstes ausreichendem Absatzvolumen auch zwischen Zentren der höchsten Hierarchiestufe bestehen können.[1] Schon die Nutzung einiger dieser Zwischenräume führt aber zu einer von der Stufenhierarchie abweichenden Verteilung der Dienste auf die Zentren. Somit kann im Extrem die unregelmäßige Bevölkerungsverteilung die Hierarchie der Versorgungszentren beeinflussen, indem sie zu einer kontinuierlichen Rangfolge der Zentren oder Zwischenformen führt.[2] Für die Bestimmung der Versorgungsregionen hat dies zur Konsequenz, dass die Anordnung der Versorgungszentren im p-Median-Ansatz sukzessive bis zu einer vorzugebenden Obergrenze zu ermitteln ist, da weder über die Zahl der Hierarchiestufen noch über die Zahl der in den Hierarchiestufen vorhandenen Zentren Klarheit besteht.

Zu 2.

Christaller gibt über die Bevölkerung der zentralen Orte sowie der Einzugsgebiete kaum Auskunft.[3] Eine seiner Theorie folgende Größenbestimmung der zentralen Orte stammt jedoch von Beckmann.[4] Er nimmt an, dass die Einwohnerzahl einer Stadt

[1] Vgl.: Rushton, Gerard, Postulates of central-place theory and properties of central-place systems, in: Geographical Analysis, Bd. 3 1971, S. 140–156, hier S. 146.

[2] Vgl.: Berry, B.J., Barnum, H.G. und Tennant, R.J., Retail location and consumer behaviour, in: Papers of the Regional Science Association, Bd. 9 1962, S. 65–106, hier S. 103.

[3] Indem Christaller bestimmte Flächengrößen und Bevölkerungszahlen angenommen hat, gelang es ihm gleichwohl, typische Einwohnerzahlen von Orten und Gebieten zu schätzen. Vgl.: Christaller, Walter, Die zentralen Orte in Süddeutschland, a.a.O., S. 34 und S. 72; derselbe, Das Grundgerüst der räumlichen Ordnung in Europa, a.a.O., S. 12; derselbe, Subkontinente, a.a.O., S. 603–608.

[4] Vgl.: Beckmann, Martin, City Hierarchies and the Distribution of City Size, in: Economic Development and Cultural Change, 6. Jg. 1958, S. 243–248; derselbe, Location Theory, New

proportional zu der von dieser versorgten Gesamtbevölkerung in der Region ist. Auf der untersten Stufe setzt sich die Einwohnerzahl einer Region aus der Bevölkerung im Zentrum (Marktflecken) und des zugehörigen ländlichen Einzugsgebietes zusammen, die Bevölkerung jeder übergeordneten Region wiederum aus der Bevölkerung der untergeordneten Subregionen, die jeweils ein eigenes Zentrum aufweisen, und der einer größeren Regionshauptstadt. Die Größenverteilung der Städte nach ihrer Einwohnerzahl hängt dann von der Einwohnerzahl des ländlichen Einzugsgebietes, dem Proportionalitätsfaktor zwischen Stadt- und Gesamtbevölkerung einer Region sowie der Zahl der einer übergeordneten Region zugehörigen Subregionen ab. Bei geeigneter Wahl der beiden letzten Parameter lassen sich gestufte Verteilungen im Sinne von Christaller erzeugen. Dagegen resultieren kontinuierliche Größenverteilungen der Zentren mit unterschiedlichen Rangfolgen, wenn die Einflussgrößen zufällig variiert werden.

Um die Übereinstimmung zwischen Zentralität und Einwohnerzahl anhand der Rangfolgen zu überprüfen, werden die Kreise nach ihrer Zentralität bzw. nach ihrer Einwohnerzahl in absteigender Reihenfolge geordnet. Hierbei wird sich allerdings auf die Stadtkreise beschränkt, da diese einerseits eine höhere Zentralität besitzen, andererseits regelmäßig große Städte auch als Stadtkreise geführt werden. Sodann wird der Rangkorrelationskoeffizient nach Spearman, der ein Maß für die Stärke des Zusammenhanges zwischen den Rangreihen bildet, für verschieden zusammengesetzte Gruppen von Stadtkreisen berechnet.

Die Werte in der Tabelle 21 verdeutlichen, dass die Bevölkerung nur ein ungenaues Maß für die Bedeutung eines Ortes ist. Erst bei einer geringen Fallzahl, in der lediglich die in der Hierarchie sehr weit oben angesiedelten Stadtkreise berücksichtigt werden (Gruppen 7 - 9), steigt der Rangkorrelationskoeffizient deutlich an. Grundsätzlich hat dies zur Konsequenz, dass sich im p-Median-Ansatz auf eine niedrigere Zahl von zu ermittelnden Standorten von Versorgungszentren zu beschränken ist.

York 1968, S. 85 ff.; derselbe und McPhearson, J.C., City-Size Distribution in a Central-Place Hierarchy, in: Journal of Regional Science, 10. Jg. 1970, S. 25 ff.

Tabelle 21: Spearman-Rangkorrelationskoeffizienten zwischen den Merkmalen Einwohnerzahl und Zentralität, jeweils in absteigender Reihenfolge geordnet, für die Stadtkreise, Bildung von Gruppen

Gruppen	Rangkorrelationskoeffizient zwischen den Merkmalen Einwohnerzahl und Zentralität
Gruppe 1 (113 Fälle)	0,50
Gruppe 2 (Ränge 1 – 75)	0,50
Gruppe 3 (Ränge 1 – 50)	0,57
Gruppe 4 (Ränge 1 – 40)	0,54
Gruppe 5 (Ränge 1 – 30)	0,56
Gruppe 6 (Ränge 1 – 25)	0,58
Gruppe 7 (Ränge 1 – 20)	0,74
Gruppe 8 (Ränge 1 – 15)	0,63
Gruppe 9 (Ränge 1 – 10)	0,72

Quelle Eigene Berechnungen.

Um auch Anhaltspunkte über die räumliche Verteilung der Versorgungszentren im Gebiet der Bundesrepublik Deutschland zu gewinnen, werden die sechzig bevölkerungsreichsten und die dreißig nach dem Zentralitätskriterium ranghöchsten Kreise in einer Karte eingezeichnet (vergleiche Abbildung 32). Mit Ausnahme des Saarlands, in dem kein Kreis mit höherer Zentralität beherbergt ist,[1] sind in allen anderen Gebieten ein oder mehrere Kreise mit hoher Zentralität und größerer Einwohnerzahl vorhanden. Zu erkennen ist weiter, dass im Ruhrgebiet gleich mehrere bevölkerungsreiche Stadtkreise dicht beieinander liegen. In der Ordnung nach der Bevölkerungszahl sind diese auf den oberen Rängen eingeordnet, ohne dass dies auch bei der Reihung nach dem Zentralitätsindikator der Fall ist, da sie überwiegend negative Zentralitätswerte besitzen. Eine Zusammenfassung dieser Kreise würde sich in der Rangfolge nach der Einwohnerzahl auswirken, jedoch keine Verschiebung in der Zentralitätshierarchie nach sich ziehen. Im Gegensatz dazu stehen die kleineren Ballungsräume um Mannheim und Frankfurt am Main. In diesen Gebieten existiert mindestens ein Zentrum mit hoher Zentralität, die in der Nähe befindlichen Stadtkreise weisen ebenfalls positive Zentralitätswerte auf, so dass eine Zusammenfassung sowohl in der Bevölkerungshierarchie als auch in der Zentralitätsordnung eine Verschiebung auf einen vorderen Rangplatz bedeuten würde. Damit ist die Übereinstimmung der Rangfolgen ausreichend.

[1] Der bevölkerungsreiche Landkreis Stadtverband Saarbrücken belegt in der Rangfolge der Kreise nach ihrer Zentralität Platz 43.

Abbildung 32: Räumliche Verteilung der Standorte der sechzig bevölkerungsreichsten Stadtkreise sowie der dreißig nach dem Zentralitätsindikator ranghöchsten Stadtkreise

× Bevölkerungsreiche Stadtkreise
(Stadtkreise der Ränge 1 - 60 nach dem Merkmal Einwohnerzahl)

• Zentren (Stadtkreise der Ränge 1 - 30 nach dem Merkmal Zentralität)

Quelle: Eigene Darstellung.

3.3.2.3 *Die Abgrenzung der strukturierten Wirtschaftsregionen*

Im Folgenden sollen mit Hilfe des p-Median-Ansatzes die Standorte der Versorgungszentren im Gebiet der Bundesrepublik Deutschland bestimmt und die dazugehörigen Versorgungsregionen abgegrenzt werden. Als Bezugsorte werden einerseits die 1456 Städte mit einer Bevölkerung von mehr als 10.000 Einwohnern (Stand: 1993) und andererseits die 444 Stadt- und Landkreise (Stand: 1995) verwendet. Sukzessive wird, beginnend mit einem Versorgungszentrum, die Zahl der Versorgungszentren, deren Standorte ermittelt werden sollen, erhöht. Dabei gilt, dass – ausgehend von einer bestimmten Startkonfiguration – je höher die Zahl der Versorgungszentren ist, deren Standorte bestimmt werden sollen, desto größer auch die Gefahr wird, lediglich die Koordinaten eines lokalen Optimums zu ermitteln. Zudem sprechen auch die Ergebnisse des vorhergehenden Abschnitts dafür, die Zahl der maximal zu bestimmenden Standorte von Versorgungszentren nicht zu hoch anzusetzen. Daher werden die Koordinaten der Standorte der Versorgungszentren, mit der Suche nach lediglich einem Standort beginnend und bei der Obergrenze von vierzig Standorten endend, insgesamt 1.000-mal bestimmt, wobei immer unterschiedliche Startkoordinaten verwendet werden.[1] Aus diesen werden dann die Standortkonfigurationen ausgewählt, für die die gesamten gewichteten Entfernungskosten am geringsten sind.

Um aus den vierzig Untergliederungen der Bundesrepublik Deutschland besonders geeignete Standortkonfigurationen auszuwählen, können mehrere Teilaspekte betrachtet werden. Zum einen empfiehlt sich der Blick auf die Entfernungsverminderung, die mit der sukzessiven Erhöhung der Zahl der Versorgungszentren einhergeht. Markante Sprünge würden hier auf besonders geeignete Untergliederungen hinweisen. Zum anderen kann für jedes Versorgungszentrum der Abstand zum nächstgelegenen ranghohen Kreis ermittelt werden. Geeignete Untergliederungen besäßen dann besonders niedrige Entfernungen. Schließlich können auch die Standortkonfigurationen für die Städte mit denen für die Kreise verglichen werden, indem die Entfernungen zwischen den Versorgungszentren bei gleicher Anzahl an Versorgungszentren berechnet wordon. „Guto" Lösungen sollten durch geringe Entfernungen gekennzeichnet sein, sie würden also sowohl für die Städte als auch für die Kreise „passen".

[1] Hierfür wurden gleichverteilte Zufallszahlen ermittelt.

3.3.2.3.1 Analyse der gefundenen Standortkonfigurationen

Bis zu einer Zahl von achtzehn Versorgungszentren ähneln sich die jeweils für die Städte bzw. für die Kreise ermittelten Standortkonfigurationen. Bei der Suche nach mehr als achtzehn Standorten von Versorgungszentren (mit den Städten als Bezugsorte) werden diese vermehrt im bevölkerungsreichen westlichen Verdichtungsband entlang des Rheins platziert; sie liegen recht dicht beieinander. Dagegen werden mit den Kreisen als Bezugsorte die Standorte der zusätzlichen Versorgungszentren über den gesamten Raum verteilt. Somit unterscheiden sich die für die Kreise bzw. für die Städte gefundenen Standortkonfigurationen bei mehr als achtzehn Versorgungszentren deutlich voneinander, so dass diese Standortkonfigurationen im Folgenden nicht näher betrachtet werden.

Anhand der relativen Entwicklung der gesamten bevölkerungsgewichteten Entfernungen bei schrittweiser Erhöhung der Zahl der Versorgungszentren kann die Ähnlichkeit in den Abnahmeraten bei den gefundenen Standortkonfigurationen überprüft werden. Als Basis wird die gesamte gewichtete Entfernung gewählt, die bei der Einrichtung lediglich eines Versorgungszentrums entsteht (siehe Tabelle 22).

In der Verminderung der gesamten bevölkerungsgewichteten Entfernung zeigen sich keine gravierenden Unterschiede zwischen den Datenreihen. In der Regel sind die Anteile für die Kreise etwas höher. Dies ist darauf zurückzuführen, dass die Verteilung der Städte eine wesentlich höhere Konzentrationstendenz aufweist und nur die Stadtbevölkerung umfasst. Deshalb liegen Versorgungszentren in stärkerem Maße inmitten von Städteballungen, die bevölkerungsreichen Orte werden also genauer getroffen. Jedoch ist die Differenz zwischen den Anteilswerten, gemessen in Prozentpunkten, sehr gering: Ihr höchster Wert beträgt 3 Prozentpunkte für 13 Versorgungsregionen. Der Vergleich der Abnahmeraten liefert damit keinen Hinweis auf besonders geeignete Standortkonfigurationen.

Tabelle 22: Anteile der gesamten bevölkerungsgewichteten Entfernung bei ... Versorgungszentren an der Summe der gesamten bevölkerungsgewichteten Entfernung bei einem Versorgungszentrum, Bezugsorte: 1456 Städte bzw. 444 Kreise

Zahl der Versorgungs-zentren	Anteil der gesamten gewichteten Entfernung bei ... Versorgungszentren an der Summe der gesamten gewichteten Entfernung bei einem Versorgungszentrum in % Bezugsorte: Städte	Anteil der gesamten gewichteten Entfernung bei ... Versorgungszentren an der Summe der gesamten gewichteten Entfernung bei einem Versorgungszentrum in % Bezugsorte: Kreise	Differenz zwischen Spalte 2 und Spalte 3 in Prozent-punkten
1	100	100	0
2	74,85	74,36	0,49
3	52,56	54,99	2,43
4	43,49	46,26	2,76
5	37,70	40,02	2,32
6	33,55	35,64	2,09
7	29,98	32,43	2,46
8	26,80	29,42	2,63
9	25,16	27,54	2,39
10	23,67	26,12	2,45
11	22,33	25,05	2,72
12	21,16	24,03	2,87
13	20,02	23,00	2,98
14	19,14	22,11	2,97
15	18,34	21,26	2,92
16	17,61	20,45	2,83
17	16,95	19,69	2,74
18	16,26	19,03	2,78

Quelle: Eigene Berechnungen.

Um einen Überblick über die Verteilung der Standorte der Versorgungszentren zu gewinnen, werden diese zusammen mit den nach dem Merkmal Zentralität dreißig ranghöchsten Kreise auf mehreren Karten eingezeichnet (vgl. die folgenden Abbildungen).

Abbildung 33: Standorte für 1 bis 9 Versorgungszentren, Bezugsorte: 444 Kreise

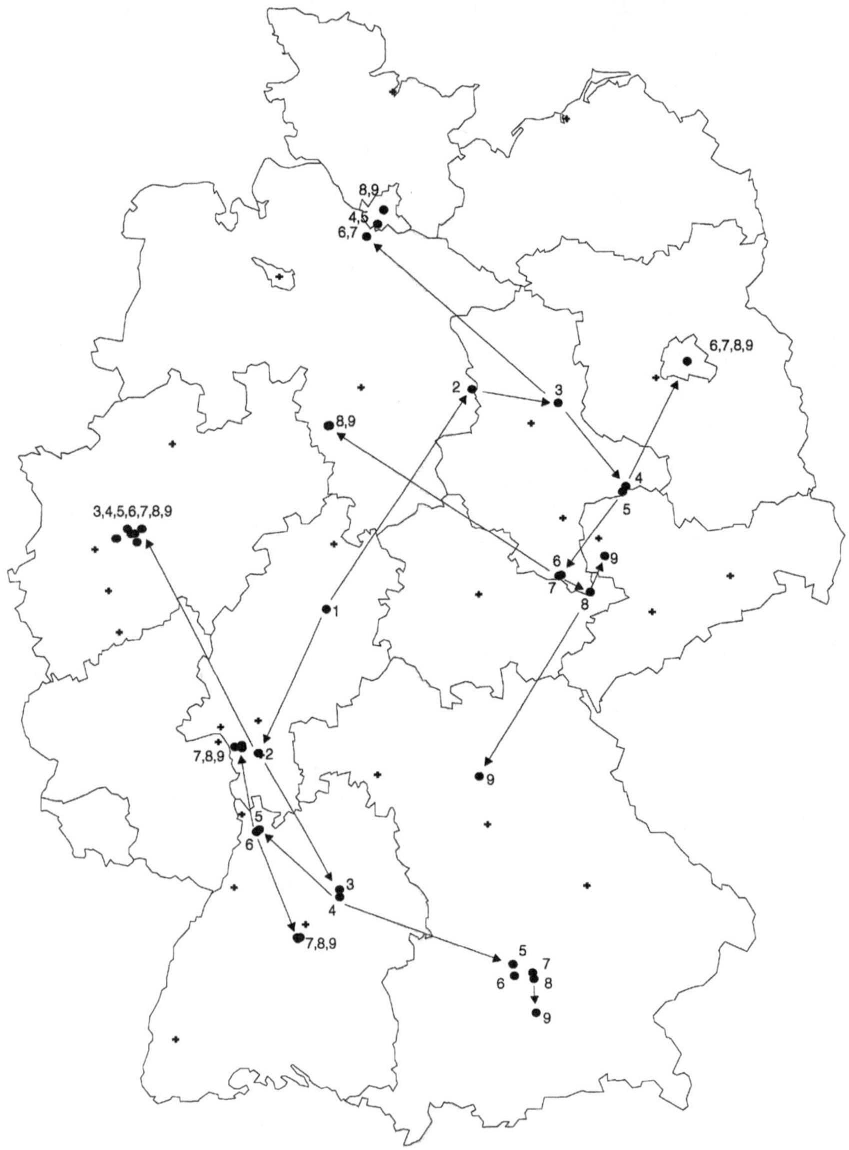

+ Standorte der Zentren (Stadtkreise der Ränge 1 - 30 nach dem Merkmal Zentralität)
• Standorte der Versorgungszentren. Die Zahlen an den Standorten geben an, nach wie vielen Standorten von Versorgungszentren gesucht wurde.

Zur Erleichterung der Orientierung wurden besonders gravierende Standortwechsel, verursacht durch das Einfügen eines neuen Versorgungszentrums, durch Pfeile gekennzeichnet.

Quelle: Eigene Darstellung.

Abbildung 34: Standorte für 1 bis 9 Versorgungszentren, Bezugsorte: 1456 Städte

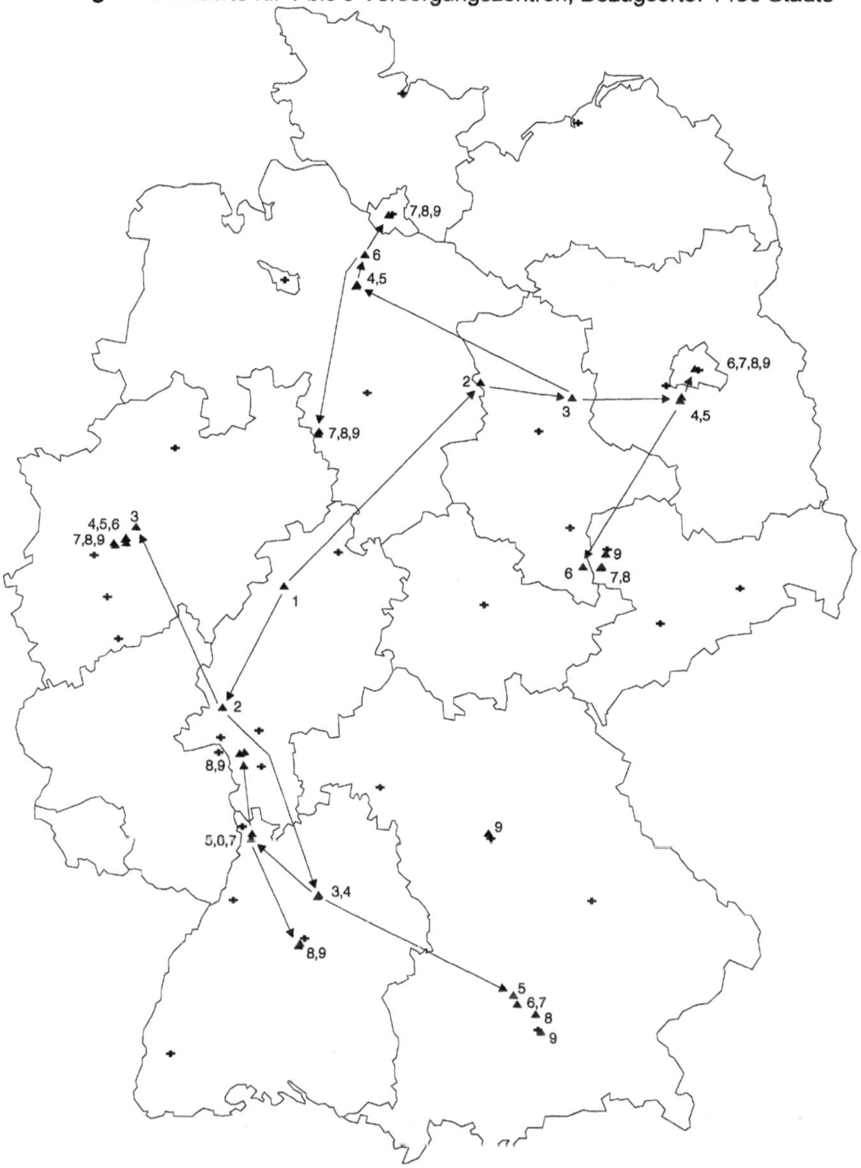

- Standorte der Zentren (Stadtkreise der Ränge 1 - 30 nach dem Merkmal Zentralität)
- ▲ Standorte der Versorgungszentren. Die Zahlen an den Standorten geben an, nach wie vielen Standorten von Versorgungszentren gesucht wurde.

Zur Erleichterung der Orientierung wurden besonders gravierende Standortwechsel, verursacht durch das Einfügen eines neuen Versorgungszentrums, durch Pfeile gekennzeichnet.

Quelle: Eigene Darstellung.

Abbildung 35: Standorte für 9 bis 15 Versorgungszentren, Bezugsorte: 444 Kreise

+ Standorte der Zentren (Stadtkreise der Ränge 1 - 30 nach dem Merkmal Zentralität)
● Standorte der Versorgungszentren. Die Zahlen an den Standorten geben an, nach wie vielen Standorten von Versorgungszentren gesucht wurde.

Zur Erleichterung der Orientierung wurden besonders gravierende Standortwechsel, verursacht durch das Einfügen eines neuen Versorgungszentrums, durch Pfeile gekennzeichnet.

Quelle: Eigene Darstellung.

Abbildung 36: Standorte für 9 bis 15 Versorgungszentren, Bezugsorte: 1456 Städte

+ Standorte der Zentren (Stadtkreise der Ränge 1 - 30 nach dem Merkmal Zentralität)
▲ Standorte der Versorgungszentren. Die Zahlen an den Standorten geben an, nach wie vielen Standorten von Versorgungszentren gesucht wurde.

Zur Erleichterung der Orientierung wurden besonders gravierende Standortwechsel, verursacht durch das Einfügen eines neuen Versorgungszentrums, durch Pfeile gekennzeichnet.

Quelle: Eigene Darstellung.

Abbildung 37: Standorte für 15 bis 19 Versorgungszentren, Bezugsorte: 444 Kreise

+ Standorte der Zentren (Stadtkreise der Ränge 1 - 30 nach dem Merkmal Zentralität)
• Standorte der Versorgungszentren. Die Zahlen an den Standorten geben an, nach wie vielen Standorten von Versorgungszentren gesucht wurde.

Zur Erleichterung der Orientierung wurden besonders gravierende Standortwechsel, verursacht durch das Einfügen eines neuen Versorgungszentrums, durch Pfeile gekennzeichnet.

Quelle: Eigene Darstellung.

Abbildung 38: Standorte für 15 bis 19 Versorgungszentren, Bezugsorte: 1456 Städte

+ Standorte der Zentren (Stadtkreise der Ränge 1 - 30 nach dem Merkmal Zentralität)

▲ Standorte der Versorgungszentren. Die Zahlen an den Standorten geben an, nach wie vielen Standorten von Versorgungszentren gesucht wurde.

Quelle: Eigene Darstellung.

Augenscheinlich besteht zwischen den für die 444 Stadt- und Landkreise bzw. für die 1456 Städte mit einer Bevölkerung von mehr als 10.000 Einwohnern gefundenen Standortkonfigurationen große Ähnlichkeit. Nacheinander werden im Ruhrgebiet in der Nähe von Düsseldorf sowie im Hamburger, Berliner und Münchener Umland, also recht bevölkerungsreichen Gebieten, Standorte von Versorgungszentren platziert. Bei Erhöhung der Zahl der zu ermittelnden Standorte folgen weitere Versorgungszentren in der Nähe von Stuttgart, Leipzig, Mannheim, Frankfurt a.M., Nürnberg, Hannover, Köln, Bremen, schließlich auch um Kassel, Rostock, Freiburg i. Br. und Dresden. Je ein zusätzliches Versorgungszentrum wird in der Nähe von Saarbrücken bzw. von Bielefeld/Gütersloh platziert. Diese Orte gehören nicht zu den dreißig ranghöchsten Kreisen.

Unterschiede zwischen den für die Stadt- und Landkreise bzw. für die Städte gefundenen Standortkonfigurationen bestehen jedoch hinsichtlich der Positionsveränderungen der Versorgungszentren, die mit der sukzessiven Erhöhung der Zahl der Versorgungszentren einhergehen, weiter in den Abständen, die zwischen den Standorten der Versorgungszentren und den jeweils nächstgelegenen Standorten der ranghöchsten Kreise liegen, sowie in der Reihenfolge, mit der Versorgungszentren in den zuvor genannten Gebieten eingefügt werden. Hierbei gilt, dass die Positionsänderungen um so geringer ausfallen, je höher die Zahl der Versorgungszentren ist, deren Standorte gefunden werden sollen. Wird beispielsweise nach den Standorten für fünf Versorgungszentren gesucht, so wird ein Standort in der Nähe von München platziert. Bei Erhöhung der Zahl der zu findenden Standorte rückt dieser näher an die Koordinaten Münchens heran, bis schließlich seine Position bei neun Versorgungszentren mit der von München nahezu identisch ist. Eine weitere Erhöhung der Zahl der zu bestimmenden Standorte führt kaum noch zu Veränderungen. Im Vergleich der Standortkonfigurationen für die Kreise und die Städte zeigt sich jedoch, dass die Standorte der Versorgungszentren für die Städte tendenziell weniger stark verschoben werden.

Um zu untersuchen, wie hoch die Übereinstimmung zwischen den Positionen der Versorgungszentren und den Standorten der dreißig ranghöchsten Kreise ist, wird für jedes Versorgungszentrum der Abstand zum nächstgelegenen ranghöchsten Kreis ermittelt und die Entfernung einer Entfernungsklasse zugeordnet (siehe Tabelle 23 und Tabelle 24.)[1].

Deutlich wird, dass nur eine geringe Zahl der Versorgungszentren weiter als 30 km von einem der dreißig ranghöheren Kreise entfernt ist. Zudem liegen die Versorgungszentren für die Städte dichter an den jeweiligen ranghöheren Kreisen. Sowohl die geringeren Positionsveränderungen als auch die dichtere Lage lassen sich auf die Verteilung der Städte, die, wie in Abschnitt 3.2.1 gezeigt wird, deutliche Konzentrationstendenzen aufweist, zurückführen. Insgesamt werden die Standorte der Versorgungszentren genügend genau platziert, so dass sich auch hieraus kein Aufschluss über besonders geeignete Standortkonfigurationen ergibt.

Tabelle 23: Anzahl der Versorgungszentren, nach ihrer Entfernung zum nächstgelegenen ranghöheren Kreis einer Entfernungsklasse zugeordnet (Bezugsorte: 1456 Städte)

Zahl der Versorgungszentren (Bezugsorte: Städte)	**Anzahl der Versorgungszentren, nach ihrer Entfernung zum nächstgelegenen ranghöheren Kreis einer Entfernungsklasse zugeordnet**					
	Klasse 1: Entfernung ≥ 0 km und ≤ 10 km	**Klasse 2: Entfernung > 10 km und ≤ 20 km**	**Klasse 3: Entfernung > 20 km und ≤ 30 km**	**Klasse 4: Entfernung > 30 km und ≤ 40 km**	**Klasse 5: Entfernung > 40 km und ≤ 50 km**	**Klasse 6: Entfernung > 50 km**
1	--	--	--	--	1	--
2	--	--	--	1	--	1
3	--	--	--	2	1	--
4	--	--	2	1	--	1
5	--	1	2	1	--	1
6	1	2	2	1	--	--
7	2	3	1	--	1	--
8	3	4	--	--	1	--
9	6	1	1	--	1	--
10	7	1	--	1	1	--
11	7	--	2	1	1	--
12	8	1	1	1	1	--
13	9	1	1	2	--	--
14	9	1	2	2	--	--
15	8	5	1	1	--	--
16	8	5	2	--	--	1
17	8	5	2	1	--	1
18	8	5	3	1	--	1

Quelle: Eigene Berechnungen.

[1] Bei ähnlichen Entfernungen zu mehreren Versorgungszentren wird das höherrangige ausgewählt. Für die in Ostwestfalen bzw. im Saarland platzierten Versorgungszentren wurde die Entfernung zu Bielefeld bzw. Saarbrücken berechnet.

Tabelle 24: Anzahl der Versorgungszentren, nach ihrer Entfernung zum nächstgelegenen ranghöheren Kreis einer Entfernungsklasse zugeordnet (Bezugsorte: 444 Kreise)

Zahl der Versorgungszentren (Bezugsorte: Kreise)	Anzahl der Versorgungszentren, nach ihrer Entfernung zum nächstgelegenen ranghöheren Kreis einer Entfernungsklasse zugeordnet					
	Klasse 1: Entfernung ≥ 0 km und ≤ 10 km	Klasse 2: Entfernung > 10 km und ≤ 20 km	Klasse 3: Entfernung > 20 km und ≤ 30 km	Klasse 4: Entfernung > 30 km und ≤ 40 km	Klasse 5: Entfernung > 40 km und ≤ 50 km	Klasse 6: Entfernung > 50 km
1	--	--	1	--	--	--
2	--	--	1	--	--	1
3	--	--	1	2	--	--
4	--	1	--	3	--	--
5	--	2	--	3	--	--
6	1	1	1	2	1	--
7	1	1	3	1	1	--
8	2	2	2	2	--	--
9	3	3	1	2	--	--
10	3	2	3	1	--	1
11	4	2	1	3	--	1
12	5	3	1	3	--	--
13	5	3	3	1	1	--
14	5	4	3	2	--	--
15	6	4	3	2	--	--
16	7	3	4	1	--	1
17	6	4	4	2	1	--
18	8	2	5	2	--	1

Quelle: Eigene Berechnungen.

Ein weiterer Unterschied zwischen den Standortkonfigurationen besteht in der Reihenfolge, in der die Versorgungszentren in der Nähe eines der dreißig ranghöheren Kreise platziert werden. Beispielsweise wird mit den Stadt- und Landkreisen als Bezugsorte ein Versorgungszentrum im Hannoveraner Raum lokalisiert, wenn insgesamt acht Standorte zu verteilen sind, bei den Städten dagegen bereits bei sieben Standorten. Die Ähnlichkeit der Standortkonfigurationen kann untersucht werden, indem die Versorgungszentren durchnummeriert und die Entfernungen zwischen benachbarten Standorten der Versorgungszentren berechnet werden. Höhere Entfernungen deuten auf unterschiedliche Lösungen hin. Die folgende Tabelle 25 enthält die Entfernungen:

Tabelle 25: Entfernungen zwischen Standorten der Versorgungszentren für die Kreise und für die Städte, Zuordnung zu Entfernungsklassen

Zahl der Versorgungs-zentren	Zahl der Versorgungs-zentren, deren Abstand weniger als oder genau 5 km beträgt	Zahl der Versorgungs-zentren, deren Abstand mehr als 5 bis maximal 10 km beträgt	Zahl der Versorgungs-zentren, deren Abstand mehr als 10 bis maximal 25 km beträgt	Zahl der Versorgungs-zentren, deren Abstand mehr als 25 bis maximal 50 km beträgt	Zahl der Versorgungs-zentren, deren Abstand mehr als 50 bis maximal 100 km beträgt	Zahl der Versorgungs-zentren, deren Abstand mehr als 100 km beträgt
1	--	--	--	1	--	--
2	--	--	1	1	--	--
3	--	1	2	--	--	--
4	--	1	1	1	1	--
5	--	3	--	1	1	--
6	2	2	2	--	--	--
7	1	--	3	1	1	1
8	3	2	2	1	--	--
9	4	2	2	1	--	--
10	3	2	--	3	1	1
11	3	--	2	3	1	2
12	3	2	1	3	1	2
13	3	2	4	2	1	1
14	4	2	7	1	--	--
15	5	--	8	1	--	1
16	8	5	2	--	--	1
17	6	6	4	--	--	1
18	6	4	6	2	--	--

Quelle: Eigene Berechnungen

Zur näheren Untersuchung eignen sich vor allem diejenigen Standortkonfigurationen, bei denen sich nur geringe Unterschiede zeigen, bei denen also die Entfernung zwischen den korrespondierenden Versorgungszentren sehr gering ist. Für 6, 8, 9, 14 und 18 Versorgungszentren wird eine Entfernungsobergrenze von maximal 50 km nicht überschritten, zudem liegen die Versorgungszentren in akzeptabler Entfernung zu einem der ranghöheren Kreise. Diese Standortkonfigurationen sollen daher näher betrachtet werden.

3.3.2.3.2 Analyse der Versorgungsregionen

Um die sich aus den Standortkonfigurationen ergebenden Versorgungsregionen für die Städte bzw. für die Kreise näher betrachten zu können, sind zunächst die Versorgungsgebiete der Versorgungszentren zu ermitteln. Diese werden ausgehend von den Standorten der Versorgungszentren als Thiessen-Polygone bestimmt. Sodann kann einerseits untersucht werden, welche der in Abschnitt 3.2 gefundenen Kernräume von den Regionsgrenzen durchschnitten werden. Andererseits könnten die Versorgungsregionen mit den Verwaltungseinheiten ähnlicher Größe, den Bundesländern, verglichen werden. Da die Grenzen der Versorgungsregionen nicht mit den Kreisgrenzen übereinstimmen, wird jeder Kreis dem nächstgelegenen Versorgungszentrum zugeordnet, was einen Vergleich der typischen Daten, wie z. B. Flächenausmaße oder Einwohnerzahlen, erlaubt. Jedoch bestehen keine Vorstellungen über die „richtige" Größe eines sozio-ökonomischen Raumes. Allerdings hat Wagener[1] die optimale Funktionsgröße von politisch-adminstrativen Raumeinheiten untersucht, die diese für eine bestmögliche Aufgabenerfüllung besitzen müssen. Obwohl die Größenvorgaben in Abhängigkeit von den regionalen Gegebenheiten sowie nach einzelnen Verwaltungsaufgaben zum Teil erheblich variieren, schließt er zusammenfassend, dass bei unterdurchschnittlicher Bevölkerungsdichte ein Land 6 bis 10 Millionen Einwohner, bei durchschnittlicher Bevölkerungsdichte 8 bis 14 Millionen Einwohner und bei überdurchschnittlicher Bevölkerungsdichte 10 bis 17 Millionen Einwohner umfassen sollte. In dem Vorschlag der Ernst-Kommission zur Neugliederung des Bundesgebiets wurde dagegen eine Mindestbevölkerung von 5 Millionen Einwohnern, eine Höchstbevölkerung von 17 Millionen

[1] Vgl.: Wagener, Frido, Neubau der Verwaltung, 2. Aufl. Berlin 1974.

Einwohnern und eine Flächenobergrenze von nicht mehr als 70.000 km² verwendet.[1] Alle Angaben können als Orientierungsrahmen dienen, ohne dass sie als strenge Richtwerte zu interpretieren sind.

a) Sechs Versorgungsregionen

Das Ergebnis dieser Regionierung ist besonders interessant, da hier bezüglich ihrer Fläche und Bevölkerungszahl sehr große Regionen gebildet werden. Zwischen den für die Kreise bzw. für die Städte gefundenen Regionierungsergebnissen besteht kein gravierender Unterschied. Jedoch werden viele Bundesländer von den Grenzen der Versorgungsregionen durchschnitten. Die Versorgungsregion mit dem Zentrum Düsseldorf umfasst beinahe das gesamte Gebiet Nordrhein-Westfalens, hinzu kommen nördlich der Mosel bzw. nördlich der Lahn gelegene Gebiete von Rheinland-Pfalz bzw. Hessen sowie das Emsland und der Raum um Osnabrück. Die Versorgungsregion um Mannheim beinhaltet das Saarland, weiter die übrigen Gebiete von Rheinland-Pfalz, den südlichen Teil Hessens mit dem Rhein-Main-Gebiet, die zu Bayern gehörenden Gebiete um Schweinfurt bzw. Würzburg sowie schließlich das Gebiet Baden-Württembergs mit Ausnahme der östlich der Schwäbischen Alp gelegenen Gebiete. Diese gehören zu der Versorgungsregion mit dem Zentrum München, die im Norden bis hinter Nürnberg reicht. Die Versorgungsregion mit dem Zentrum Leipzig reicht von Bayreuth im Süden bis hinauf zu Magdeburg im Norden sowie von Kassel im Westen bis zu Dresden im Osten und umfasst damit ganz Thüringen, große Teile von Sachsen und Sachsen-Anhalt sowie geringe Teile von Niedersachsen, Hessen und Brandenburg. Die Berliner Versorgungsregion enthält neben Berlin und der Oberlausitz fast das gesamte Brandenburg sowie nördliche Teile von Sachsen-Anhalt, hinzu kommt noch Vorpommern. Die Versorgungsregion um Hamburg beinhaltet zusätzlich Bremen, Mecklenburg, Schleswig-Holstein sowie weite Teile von Niedersachsen.

Aus der Abbildung 39 (S. 177), in der die Grenzverläufe der Versorgungsregionen, die Standorte der Versorgungszentren sowie die Kernräume und die Standorte der in den Gruppen 1 bis 5 klassifizierten Kreise (siehe auch Abschnitt 3.2) eingezeichnet sind, geht hervor, dass nur in wenigen Ausnahmen einer der Kernräume genau auf der

[1] Die Untergrenze ergab sich als abgerundeter Durchschnittswert aus einer weiteren Untersuchung Wageners, für die Obergrenzen wurden die Werte von den Bundesländern Nordrhein-Westfalen und Bayern übernommen. Vgl.: Bundesministerium des Inneren, Gutachten zur Neugliederung 1973, a.a.O., S. 82 ff.

Grenzlinie zwischen zwei Regionen liegt. Lediglich die kleineren Kernräume Kassel und Koblenz sowie der Ausläufer des Kernraums um Stuttgart werden von den Grenzen tangiert. Allerdings verläuft die Grenze zwischen den Regionen Hamburg und Düsseldorf mitten durch Ostwestfalen, ein Gebiet, welches zwar durchaus einige als konzentriert angeordnet eingeschätzte Städte enthält, in dem aber keines der Zentren, die einer der Gruppen 1 bis 5 zugeordnet wurden, platziert ist. Insgesamt kann die Grenzziehung damit als gut bezeichnet werden.

Werden nunmehr die wichtigsten Kenndaten für die Versorgungsregionen berechnet (vgl. Tabelle 26), so zeigt sich einerseits, dass die Regionen in etwa eine gleiche Ausdehnung besitzen. Die Variationsbreite reicht von 51.000 bis 66.000 km^2, der Richtwert von 70.000 km^2 wird damit nicht erreicht. Andererseits vereinigen die Versorgungsregionen um Düsseldorf und Mannheim annähernd 50 % der Gesamtbevölkerung der Bundesrepublik Deutschland auf sich. Sie erreichen damit Einwohnerzahlen, die über der aktuellen des Bundeslandes Nordrhein-Westfalen liegen. Die weiteren Versorgungsregionen besitzen eine annähernd gleich hohe Einwohnerzahl, wobei die Region Berlin die geringste Einwohnerzahl, die wenigsten Kreise und die geringste durchschnittliche Entfernung pro Einwohner aufweist.

Tabelle 26: Kenndaten für sechs Versorgungsregionen, kreisscharfe Abgrenzung

Versorgungsregion (Bezugsorte: Kreise)	**Fläche (in km^2)**	**Bevölkerung in Kreisen (in 1.000 Einwohnern)**	**Bevölkerungsdichte (Einwohner pro km^2)**	**Zahl der Kreise**	**Gesamte gewichtete Entfernung pro Einwohner**
Berlin	57.326	8.286	144,5	41	61,9
Düsseldorf	53.324	20.685	387,9	72	66,1
Leipzig	56.819	10.887	191,6	90	89,0
Hamburg	65.635	12.223	186,2	65	91,6
Mannheim	63.269	18.229	288,1	99	89,2
München	60.365	10.666	176,7	77	85,3
Versorgungsregion (Bezugsorte: Städte)	**Fläche (in km^2)**	**Bevölkerung in Kreisen (in 1.000 Einwohnern)**	**Bevölkerungsdichte (Einwohner pro km^2)**	**Zahl der Kreise**	**Gesamte gewichtete Entfernung pro Einwohner**
Berlin	50.757	7.547	148,7	35	39,2
Düsseldorf	52.605	20.620	392,0	71	60,4
Leipzig	61.411	11.457	186,6	94	86,3
Hamburg	65.635	12.223	186,2	65	90,0
Mannheim	65.965	18.463	279,9	102	84,7
München	60.365	10.666	176,7	77	80,7

Quelle: Eigene Berechnungen.

Abbildung 39: Grenzverläufe, Standorte der Versorgungszentren, Kernräume und Standorte der in den Gruppen 1 bis 5 klassifizierten Kreise für die Untergliederung der Bundesrepublik Deutschland in sechs Versorgungsregionen

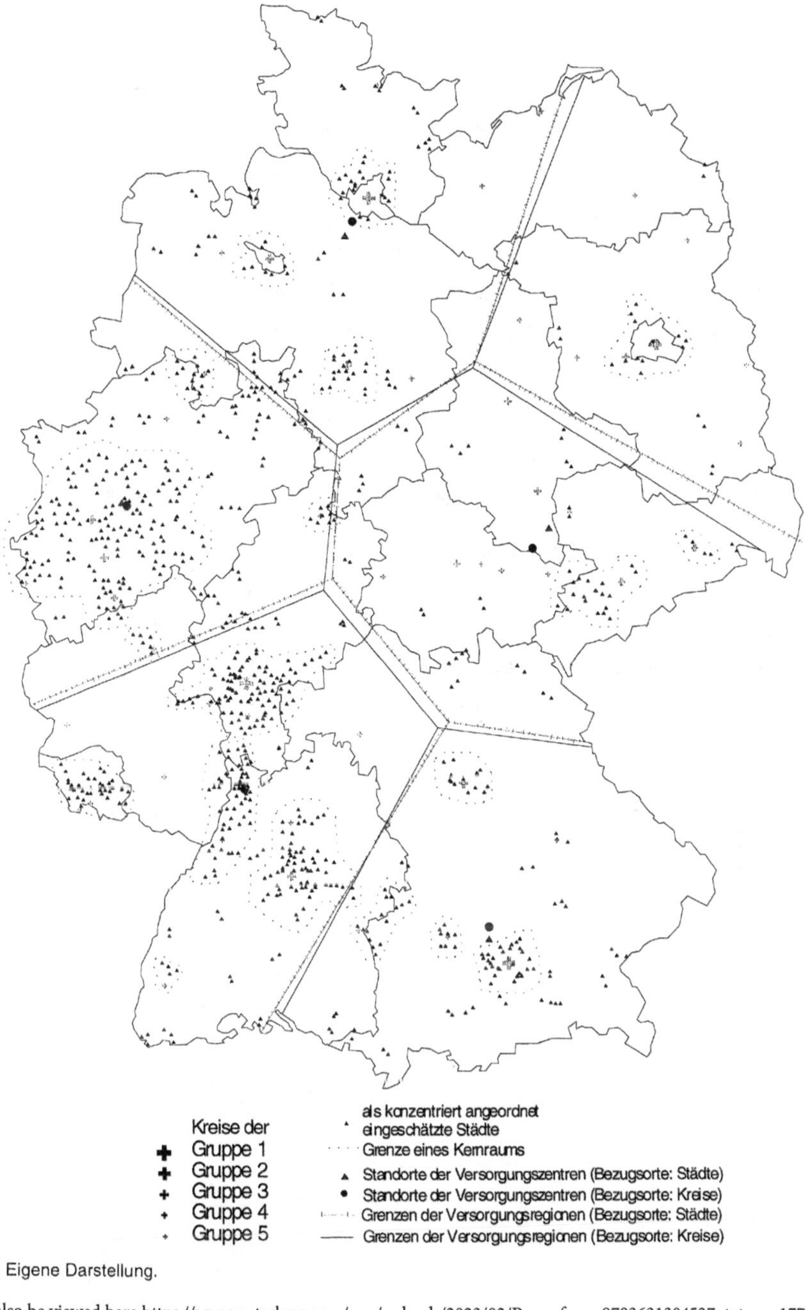

Quelle: Eigene Darstellung.

This figure can also be viewed here:https://www.peterlang.com/app/uploads/2023/02/Pages-from-9783631384527_txt_pg_177.pdf

b) Acht bzw. Neun Versorgungsregionen

Gegenüber der Untergliederung der Bundesrepublik Deutschland in sechs Versorgungsregionen kommen bei acht Regionen die Zentren Hannover und Stuttgart hinzu. Die Versorgungsregion Hannover umfasst dabei neben dem Kernraum Hannover ebenfalls die Kernräume um Osnabrück und Kassel, die vormals noch zu der Versorgungsregion Düsseldorf zählten, sowie Ostwestfalen; sie dehnt sich bis zur niederländischen Grenze aus. Die bei der Untergliederung in sechs Versorgungsregionen vorhandene Region Mannheim wird nun zweigeteilt, die neuen Versorgungszentren sind Frankfurt a. M. und Stuttgart. Zu der Region Frankfurt a. M. gehört nunmehr auch der Kernraum Koblenz, der vorher zur Region Düsseldorf gehörte. Die Versorgungsregion Stuttgart umfasst zusätzlich den Kernraum um Ulm, der vorher zur Region München zählte. Bei neun Versorgungsregionen tritt im bayrischen Raum Nürnberg als zusätzliches Versorgungszentrum auf. Die Grenzverläufe zwischen den anderen acht Regionen werden davon jedoch nicht wesentlich beeinflusst, sie bleiben – mit Ausnahme der neuen Grenzverläufe um die Region Nürnberg – nahezu unverändert.

Markantes Kennzeichen dieser Untergliederungen ist, dass von allen ausgewählten Regionierungen nur bei diesen beiden die oben aufgeführten Bevölkerungsrichtwerte weder über- noch unterschritten werden. Die bevölkerungsreichste Versorgungsregion mit dem Zentrum Düsseldorf weist etwas mehr als 16 Mio. Einwohner, die bevölkerungsärmste immerhin noch mehr als 7 (bei acht Versorgungsregionen) bzw. mehr als 5 Mio. Einwohner (bei neun Versorgungsregionen) auf. Die weiteren Versorgungsregionen besitzen eine Bevölkerung zwischen 8 und 12 Millionen Einwohnern (bei acht Versorgungsregionen) bzw. zwischen 7 und 11 Millionen Einwohnern (bei neun Versorgungsregionen) und erreichen damit eine mittlere Größe.

Tabelle 27: Kenndaten für acht Versorgungsregionen, kreisscharfe Abgrenzung

Versorgungsregion (Bezugsorte: Kreise)	Fläche (in km²)	Bevölkerung in Kreisen (in 1.000 Einwohnern)	Bevölkerungsdichte (Einwohner pro km²)	Zahl der Kreise	Gesamte gewichtete Entfernung pro Einwohner
Berlin	49.458	7.804	157,8	36	53,8
Düsseldorf	33.101	16.423	496,1	53	49,1
Frankfurt a. M.	43.805	11.688	266,8	73	68,6
Leipzig	47.678	9.472	198,7	80	81,8
Hamburg	51.441	8.645	168,0	48	74,4
Hannover	45.990	8.646	188,0	45	74,3
München	48.670	8.739	179,6	64	76,5
Stuttgart	36.595	9.559	261,2	45	64,1
Versorgungsregion (Bezugsorte: Städte)	**Fläche (in km²)**	**Bevölkerung in Kreisen (in 1.000 Einwohnern)**	**Bevölkerungsdichte (Einwohner pro km²)**	**Zahl der Kreise**	**Gesamte gewichtete Entfernung pro Einwohner**
Berlin	48.260	7.325	151,8	33	35,4
Düsseldorf	33.101	16.423	496,1	53	45,1
Frankfurt a. M.	45.485	11.917	262,0	75	63,6
Leipzig	49.997	9.819	196,4	82	76,5
Hamburg	49.275	8.527	173,0	47	66,0
Hannover	43.218	8.419	194,8	42	68,8
München	50.139	8.882	177,1	66	70,3
Stuttgart	37.263	9.661	259,3	46	59,8

Quelle: Eigene Berechnungen.

Tabelle 28: Kenndaten für neun Versorgungsregionen, kreisscharfe Abgrenzung

Versorgungsregion (Bezugsorte: Kreise)	Fläche (in km^2)	Bevölkerung in Kreisen (in 1.000 Einwohnern)	Bevölkerungsdichte (Einwohner pro km^2)	Zahl der Kreise	Gesamte gewichtete Entfernung pro Einwohner
Berlin	43.938	7.000	159,3	30	46,3
Düsseldorf	31.476	16.329	518,8	52	48,6
Frankfurt a. M.	38.398	10.844	282,4	65	64,7
Hamburg	51.441	8.645	168,1	48	74,4
Hannover	46.085	8.687	188,5	45	74,5
Leipzig	37.965	8.207	216,2	64	72,6
München	38.470	6.768	175,9	49	59,1
Nürnberg	35.679	5.239	146,8	49	66,2
Stuttgart	33.286	9.256	278,1	42	62,0
Versorgungsregion (Bezugsorte: Städte)	**Fläche (in km^2)**	**Bevölkerung in Kreisen (in 1.000 Einwohnern)**	**Bevölkerungsdichte (Einwohner pro km^2)**	**Zahl der Kreise**	**Gesamte gewichtete Entfernung pro Einwohner**
Berlin	46.104	7.118	154,4	31	32,9
Düsseldorf	33.101	16.423	496,1	53	45,1
Frankfurt a. M.	38.367	10.885	283,7	65	60,5
Hamburg	49.275	8.527	173,0	47	66,0
Hannover	43.218	8.419	194,8	42	69,0
Leipzig	43.027	8.808	204,7	69	72,5
München	34.507	6.250	181,1	45	41,5
Nürnberg	35.214	5.185	147,2	49	53,5
Stuttgart	33.925	9.359	275,9	43	58,1

Quelle: Eigene Berechnungen.

Abbildung 40: Grenzverläufe, Standorte der Versorgungszentren, Kernräume und Standorte der in den Gruppen 1 bis 5 klassifizierten Kreise für die Untergliederung der Bundesrepublik Deutschland in acht Versorgungsregionen

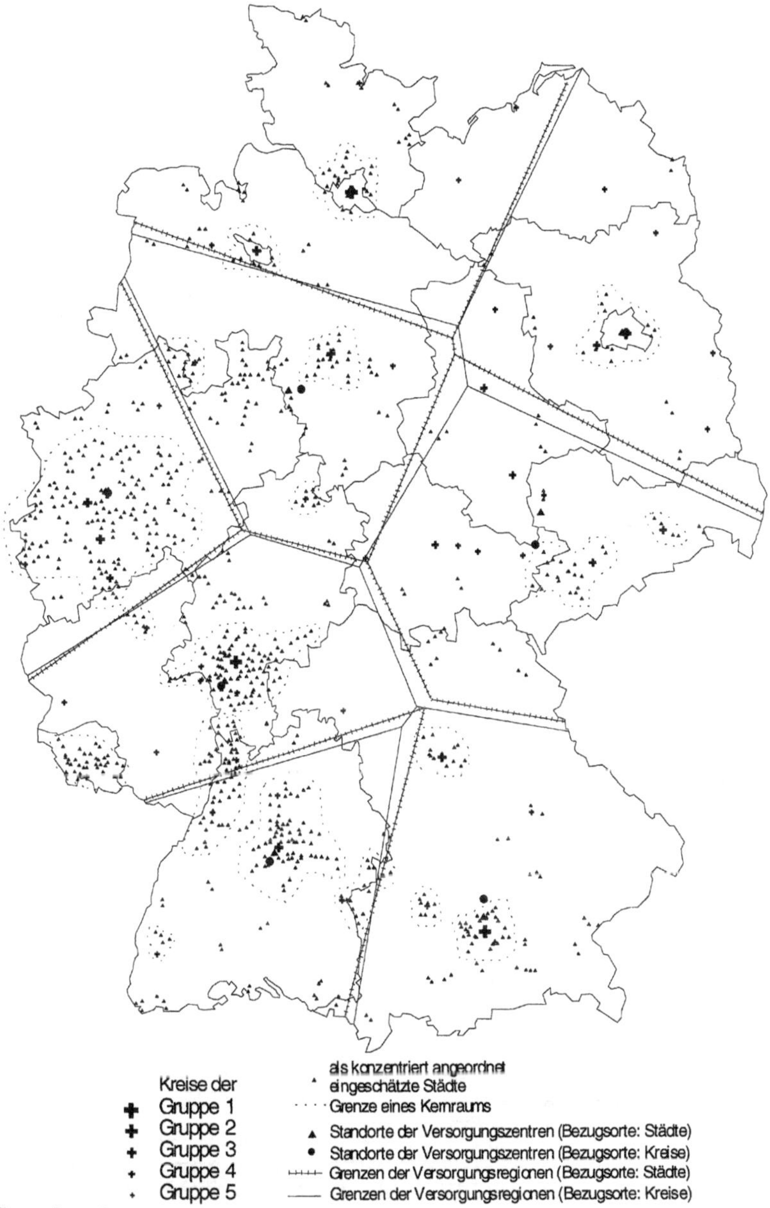

Quelle: Eigene Darstellung.

This figure can also be viewed here:https://www.peterlang.com/app/uploads/2023/02/Pages-from-9783631384527_txt_pg_181.pdf

Abbildung 41: Grenzverläufe, Standorte der Versorgungszentren, Kernräume und Standorte der in den Gruppen 1 bis 5 klassifizierten Kreise für die Untergliederung der Bundesrepublik Deutschland in neun Versorgungsregionen

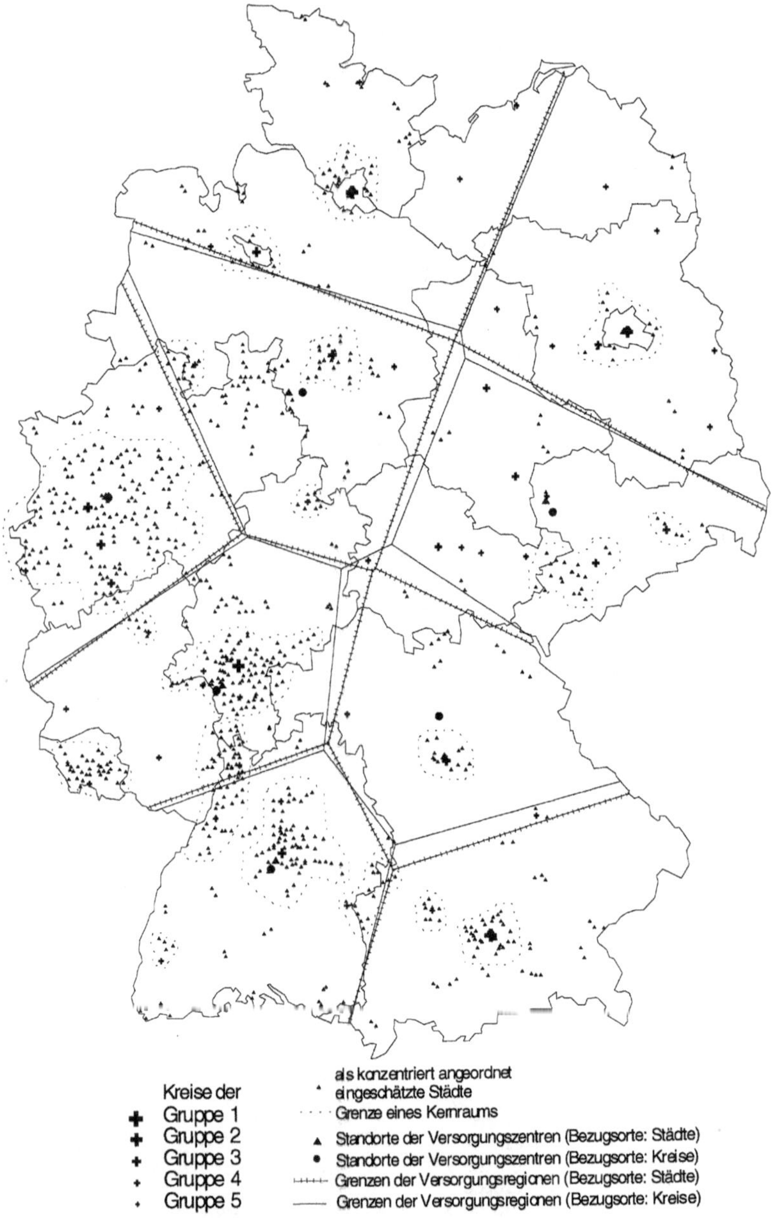

Quelle: Eigene Darstellung.

This figure can also be viewed here:https://www.peterlang.com/app/uploads/2023/02/Pages-from-9783631384527_txt_pg_182.pdf

c) Vierzehn Versorgungsregionen

Die Untergliederung der Bundesrepublik Deutschland in vierzehn Versorgungsregionen bietet gleich mehrere Besonderheiten. Erstens weisen viele Regionen lediglich einen Kernraum auf, der häufig auch das Zentrum der Region beherbergt. Im nordwestlichen Teil der Bundesrepublik Deutschland sind nunmehr Hamburg, Bremen, Hannover und Ostwestfalen eigenständige Versorgungsregionen, im östlichen Teil werden die Versorgungsregionen Leipzig und Dresden gebildet. Die Bildung kleinerer Regionen bringt mit sich, dass einige Grenzen zwischen Versorgungsregionen Kernräume durchschneiden, so z. B. den Kernraum um Kassel oder im südlichen Sachsen den Kernraum um Chemnitz-Zwickau.

Zweitens werden in dem bevölkerungsreichen rheinisch-westfälischen Industriegebiet nun zwei Versorgungsregionen gebildet, deren Zentren Düsseldorf und Köln sind. Dabei ist zu beachten, dass, wenn als Bezugsorte die Städte verwendet werden, der Standort des Versorgungszentrums von der Position Düsseldorfs derart abweicht, dass Düsseldorf schon fast außerhalb der Grenzen der Versorgungsregion liegt.

Drittens unterscheiden sich die Ergebnisse für die Kreise und für die Städte im von Rheinland-Pfalz, Hessen und Baden-Württemberg gebildeten Dreiländereck voneinander. Während mit den Kreisen als Bezugsorte die Kernräume um Saarbrücken und Mannheim zu einer Region zusammengefügt werden, bildet mit den Städten als Bezugsorte der Kernraum um Saarbrücken eine eigene Region, während der Kernraum um Mannheim geteilt und den Regionen um Frankfurt a. M. bzw. Stuttgart zugeordnet wird. Dies bedingt, dass sich die dort gelegenen Versorgungsgebiete in ihren Grenzverläufen deutlich voneinander unterschieden. Unter diesem Einfluss stehen vorrangig die benachbarten Regionen Köln, Frankfurt a. M. sowie Stuttgart, deren Fläche und Bevölkerungszahl in den beiden Abgrenzungen deutlich auseinanderfallen.

Aufgrund der Zweiteilung im Rhein-Ruhr-Raum besitzt keine Versorgungsregion eine Bevölkerung von mehr als 10 Mio. Einwohnern. Jedoch unterschreiten gleich mehrere Versorgungsregionen die verwaltungsgünstige Mindestgröße von ca. 5 Millionen Einwohnern. Im einzelnen handelt es sich um die Regionen Bremen, Dresden, Nürnberg und Bielefeld, hinzu kommt, wenn die Bezugsorte von den Städten gebildet werden, noch die Region Saarbrücken.

Tabelle 29: Kenndaten für vierzehn Versorgungsregionen, kreisscharfe Abgrenzung

Versorgungsregion (Bezugsorte: Kreise)	Fläche (in km²)	Bevölkerung in Kreisen (in 1.000 Einwohnern)	Bevölkerungsdichte (Einwohner pro km²)	Zahl der Kreise	Gesamte gewichtete Entfernung pro Einwohner
Berlin	39.598	6.449	162,9	26	40,4
Bremen	21.096	3.217	152,5	22	47,6
Dresden	17.598	3.430	194,9	24	48,2
Düsseldorf	11.416	9.503	832,4	27	30,0
Frankfurt a. M.	22.492	6.129	272,5	30	43,3
Leipzig	28.094	5.835	207,7	47	61,4
Hamburg	37.608	6.260	166,5	31	59,1
Hannover	25.491	4.888	191,8	28	54,4
Mannheim	16.704	5.377	321,9	36	53,2
Köln	17.594	5.790	329,1	24	41,4
München	38.400	6.727	175,2	48	58,8
Nürnberg	31.251	4.667	149,3	45	59,8
Bielefeld	18.498	4.407	238,2	17	45,6
Stuttgart	30.898	8.296	268,5	39	61,5
Versorgungsregion (Bezugsorte: Städte)	**Fläche (in km²)**	**Bevölkerung in Kreisen (in 1.000 Einwohnern)**	**Bevölkerungsdichte (Einwohner pro km²)**	**Zahl der Kreise**	**Gesamte gewichtete Entfernung pro Einwohner**
Berlin	41.764	6.566	157,2	27	27,5
Bremen	21.096	3.217	152,5	22	42,6
Dresden	17.312	3.330	192,4	23	41,5
Düsseldorf	11.237	8.230	732,4	24	31,4
Frankfurt a. M.	29.698	8.527	287,1	44	43,6
Leipzig	29.909	5.944	198,7	50	56,4
Hamburg	35.442	6.142	173,3	30	45,3
Hannover	23.351	4.489	192,2	26	49,4
Stadtverband Saarbrücken	12.853	2.566	199,6	23	28,2
Köln	14.772	7.179	486,0	26	33,7
München	34.507	6.250	181,1	45	41,5
Nürnberg	31.649	4.684	148,0	44	45,4
Bielefeld	19.862	4.593	231,2	18	46,4
Stuttgart	33.286	9.255	278,0	42	58,5

Quelle: Eigene Berechnungen.

Abbildung 42: Grenzverläufe, Standorte der Versorgungszentren, Kernräume und Standorte der in den Gruppen 1 bis 5 klassifizierten Kreise für die Untergliederung der Bundesrepublik Deutschland in vierzehn Versorgungsregionen

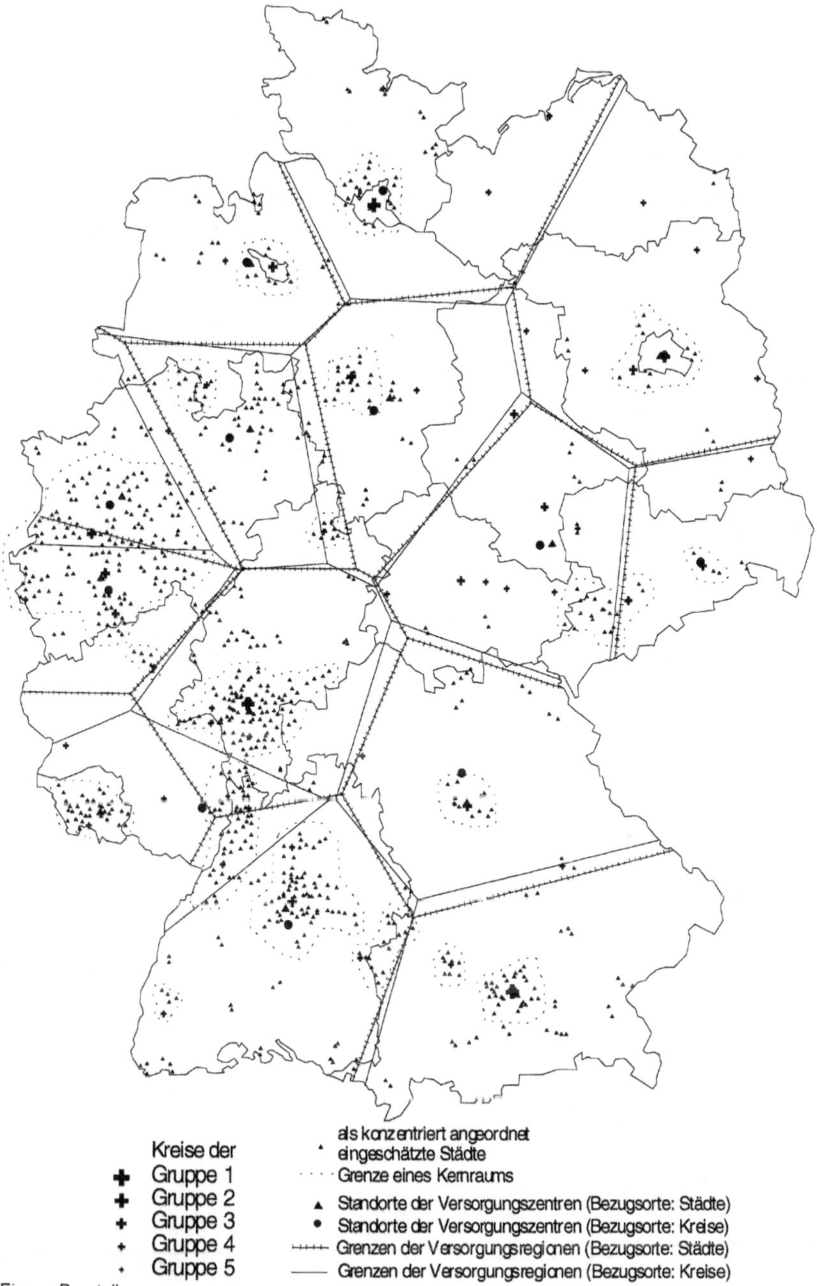

Quelle: Eigene Darstellung.

This figure can also be viewed here:https://www.peterlang.com/app/uploads/2023/02/Pages-from-9783631384527_txt_pg_185.pdf

d) Achtzehn Versorgungsregionen

Verglichen mit der vorhergehenden Untergliederung werden zusätzliche Versorgungsregionen um Rostock und Freiburg i. Br. gebildet. Eine weitere Versorgungsregion liegt ungefähr in der geographischen Mitte der Bundesrepublik Deutschland, sie setzt sich zum größten Teil aus östlichen Gebieten Hessens und westlichen Gebieten Thüringens zusammen. Die Orte Mannheim und Saarbrücken sind nun Zentren eigener Versorgungsgebiete. Somit werden bei achtzehn Versorgungsregionen die Kernräume sehr deutlich getroffen. Lediglich die Versorgungsregionen um Rostock und Leipzig enthalten keinen Kernraum.

Deutlich wird, dass Vor- und Nachteile der Untergliederung der Bundesrepublik Deutschland in achtzehn Versorgungsregionen aus dem starken regionalen Bezug, den diese Untergliederung aufweist, entstehen. Denn es werden relativ kleine Raumeinheiten gebildet. Von diesen weisen elf Regionen eine Bevölkerung von weniger als 5 Millionen Einwohnern auf und liegen damit außerhalb des Orientierungsrahmens; weitere sechs Regionen besitzen eine Bevölkerung von weniger als 6,25 Millionen Einwohnern. Zudem unterscheiden sich zwei Versorgungsregionen deutlich von den anderen Raumeinheiten: Die Versorgungsregion Düsseldorf ist mit einer Einwohnerzahl von mehr als acht Millionen verhältnismäßig groß und weist auch eine sehr hohe Bevölkerungsdichte auf. Ihr Gegenpol bildet die Versorgungsregion um Rostock, die nur eine Bevölkerung von 1,7 Mio. Einwohnern und eine Bevölkerungsdichte von 84 Einwohnern pro km^2 besitzt und damit deutlich kleiner als die anderen Regionen ist. Damit entstehen hier sehr heterogene Versorgungsregionen.

Tabelle 30: Kenndaten für achtzehn Versorgungsregionen, kreisscharfe Abgrenzung

Versorgungsregion (Bezugsorte: Kreise)	Fläche (in km²)	Bevölkerung in Kreisen (in 1.000 Einwohnern)	Bevölkerungsdichte (Einwohner pro km²)	Zahl der Kreise	Gesamte gewichtete Entfernung pro Einwohner
Berlin	27.550	5.755	208,90	17	26,3
Bremen	19.698	3.097	157,24	21	46,6
Dresden	19.183	4.084	212,90	32	54,6
Düsseldorf	11.416	9.503	832,40	27	30,1
Frankfurt a. M.	16.344	5.416	331,37	25	35,5
Freiburg i. Br.	10.886	2.346	215,47	12	42,4
Leipzig	19.604	3.941	201,01	31	48,7
Hamburg	27.568	5.276	191,40	23	45,7
Hannover	22.694	4.015	176,93	23	44,0
Mannheim	12.333	4.250	344,64	26	35,9
Köln	14.073	5.522	392,35	21	38,7
München	32.884	6.009	182,72	42	54,6
Nürnberg	30.207	4.615	152,77	43	57,8
Bielefeld	18.498	4.407	238,24	17	45,6
Rostock	20.690	1.737	83,65	17	58,4
Stadtverband Saarbrücken	12.977	2.469	190,26	21	39,3
Stuttgart	18.781	5.294	281,88	23	43,1
Erfurt / Kassel	21.352	3.246	152,01	23	55,3
Versorgungsregion (Bezugsorte: Städte)	**Fläche (in km²)**	**Bevölkerung in Kreisen (in 1.000 Einwohnern)**	**Bevölkerungsdichte (Einwohner pro km²)**	**Zahl der Kreise**	**Gesamte gewichtete Entfernung pro Einwohner**
Berlin	27.075	5.572	205,80	16	13,8
Bremen	19.698	3.097	157,24	21	41,8
Dresden	16.961	3.478	205,08	24	43,2
Düsseldorf	10.581	8.640	816,58	24	28,6
Frankfurt a. M.	18.842	5.698	302,38	27	31,3
Freiburg i. Br.	14.961	2.991	199,93	16	56,0
Leipzig	23.266	4.872	209,40	41	52,3
Hamburg	25.493	5.168	202,73	22	31,5
Hannover	21.672	3.854	177,84	22	36,1
Mannheim	10.044	3.366	335,12	21	26,5
Köln	13.920	6.197	445,23	23	33,3
München	34.507	6.250	181,14	45	41,2
Nürnberg	30.640	4.687	152,98	44	45,7
Bielefeld	16.650	4.242	254,80	16	42,5
Rostock	22.765	1.839	80,77	18	58,7
Stadtverband Saarbrücken	11.370	2.297	201,99	19	24,8
Stuttgart	16.605	5.475	329,72	23	32,8
Erfurt / Kassel	21.688	3.249	149,82	22	53,6

Quelle: Eigene Berechnungen.

Abbildung 43: Grenzverläufe, Standorte der Versorgungszentren, Kernräume und Standorte der in den Gruppen 1 bis 5 klassifizierten Kreise für die Untergliederung der Bundesrepublik Deutschland in achtzehn Versorgungsregionen

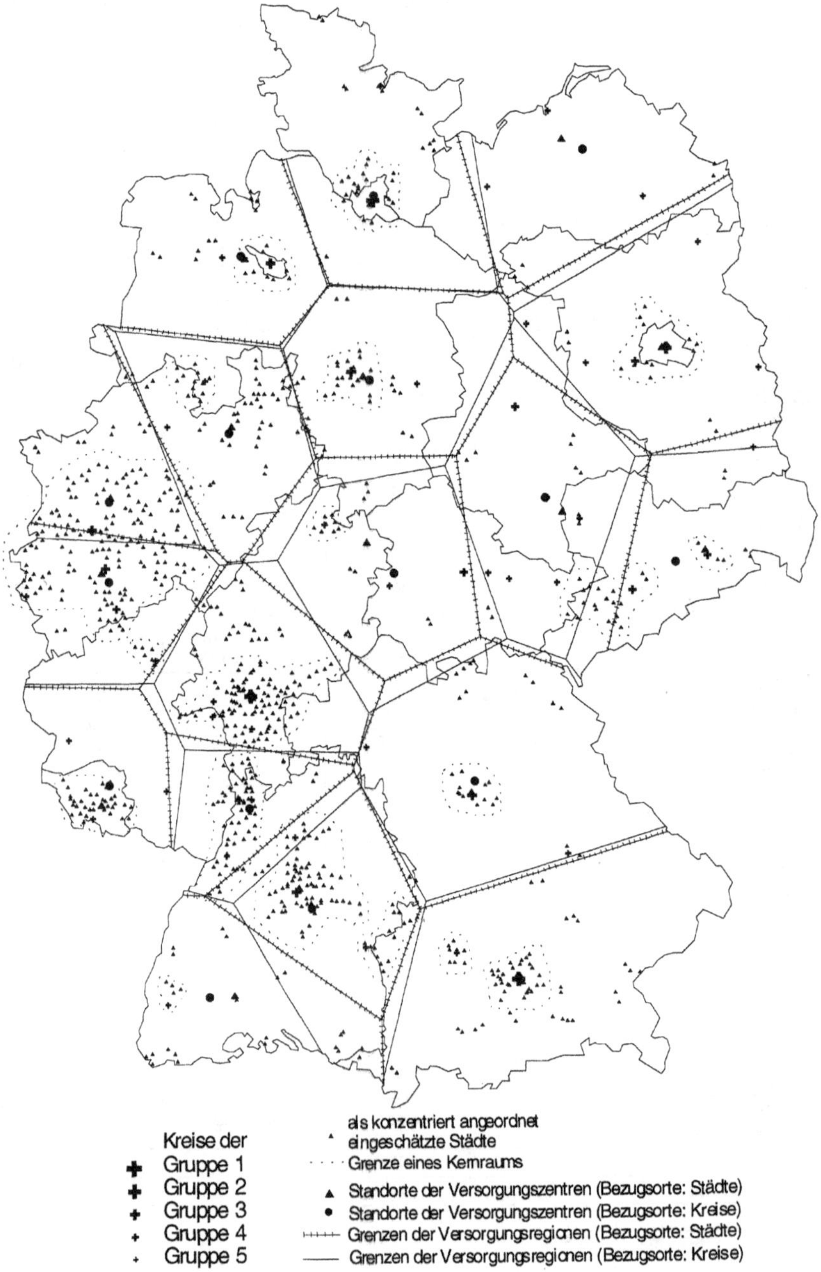

Quelle: Eigene Darstellung.

This figure can also be viewed here:https://www.peterlang.com/app/uploads/2023/02/Pages-from-9783631384527_txt_pg_188.pdf

3.3.3 Vergleich der Ergebnisse

Aus den unter den Kriterien „kostengünstige Versorgung der Bevölkerung" und „wirtschaftliche Attraktivität der Orte" erstellten Untergliederungen der Bundesrepublik Deutschland sollen nunmehr vergleichbare Unterteilungen ausgewählt und einander gegenübergestellt werden. Aufgrund der weitgehenden Übereinstimmung in den Abgrenzungen der Versorgungsgebiete, wenn entweder die 444 Stadt- und Landkreise oder die 1456 Städte mit einer Bevölkerung von mehr als 10.000 Einwohnern als Bezugsorte verwendet werden, wird im Folgenden nur auf die Untergliederungen, in denen die Kreise als Bezugsorte verwendet wurden, eingegangen.

Von den zur Verfügung stehenden Ergebnissen eignen sich für einen Vergleich einerseits die Untergliederungen der Bundesrepublik Deutschland in neun strukturierte Wirtschaftsregionen, andererseits die Untergliederungen in sechzehn Einzugsbereiche bzw. vierzehn Versorgungsgebiete. In Abbildung 44 (S. 192) und in Abbildung 45 (S. 193) sind jeweils das Attraktivitätspotentialgebirge sowie die Grenzen der Einzugsbereiche bzw. der Versorgungsregionen eingezeichnet.

Werden zunächst die Untergliederungen in neun strukturierte Wirtschaftsregionen miteinander verglichen, so zeigt sich eine recht hohe Ähnlichkeit der beiden Regionierungen. So liegen die Standorte der Versorgungszentren in der Regel direkt in oder zumindest dicht an einem Gipfel des Potentialgebirges. Die Zentren Hamburg, Berlin und München werden sehr gut getroffen, auch in den Regionen Stuttgart, Rhein-Main-Neckar und Nürnberg weicht die Position des Zentrums nur geringfügig von der Lage des Gipfels ab. Dagegen weisen die Regionen Hannover und Leipzig im Attraktivitätspotential keinen eindeutigen Gipfel auf. Das Zentrum der Versorgungsregion des sächsischen Raumes wird in der Nähe von Leipzig platziert. Dieser Ort ist auch im Attraktivitätspotential durch einen kleineren Gipfel gekennzeichnet. Dagegen liegt der Standort des Versorgungszentrums für die Region Hannover nicht unterhalb eines Gipfels. Auch im Verlauf der Grenzen der Wirtschaftsregionen zeigt sich eine große Ähnlichkeit. Unterschiede ergeben sich lediglich im Bremer Raum, in der Gegend um Regensburg, in der Nähe des Bodensees um Ravensburg, im Cottbusser sowie im Magdeburger Umland. Gerade für Bremen und Regensburg ist festzustellen, dass die nach dem Verlauf der Tal- und Passlinien des Attraktivitätspotentials festgelegten

Grenzen durchweg die Einzugsbereiche besser erfassen. Mit Ausnahme dieser kleineren Abweichungen stimmen die Untergliederungen nahezu überein.

Dagegen liefert ein Vergleich der sechzehn Einzugsbereiche mit den vierzehn Versorgungsregionen (s. S. 193) auf den ersten Blick kein derart gutes Ergebnis. Während bei der Untergliederung in vierzehn Versorgungsregionen im Rhein-Ruhr-Raum gleich zwei Regionen mit den Zentren Düsseldorf und Köln errichtet werden, wird für das Attraktivitätspotential dort lediglich ein Gipfel und folglich auch nur ein Einzugsbereich ausgewiesen. Verantwortlich dafür sind zwei Faktoren: Zum einen handelt es sich bei diesem Gebiet um den am höchsten verdichteten Raum, dessen relative Bedeutung, gekennzeichnet durch die Linien gleichen Attraktivitätspotentials, im Vergleich aller Gipfel am höchsten ist. Zum anderen weisen bei Anwendung des Prinzips der minimalen Potentialdichte die zwischen benachbarten Orten mit hohem Gewicht gelegenen Gebiete ebenfalls hohe Potentialwerte auf. Beides führt dazu, dass sich bei der Abgrenzung der Einzugsgebiete im Rhein-Ruhr-Raum erst dann zwei Gipfel zeigen werden, wenn eine hohe Entfernungsempfindlichkeit unterstellt wird. Damit unterscheiden sich die Regionierungen nicht fundamental voneinander, vielmehr besteht hier eine Wahlmöglichkeit.

Die Untergliederung nach dem Attraktivitätspotential weist drei zusätzliche Regionen um Kassel, Freiburg i. Br. und Regensburg auf. Bei der Unterscheidung von Versorgungsgebieten werden erst bei der Lokalisation von 15 bzw. 16 Versorgungszentren in der Nähe von Kassel bzw. Freiburg. i. Br. Versorgungszentren platziert (vgl. Abbildung 38). Dagegen beherbergt Regensburg in keiner der erstellten Untergliederungen der Bundesrepublik Deutschland in Versorgungsregionen den Standort eines Versorgungszentrums. Allerdings können die Regionen um Freiburg i. Br. und um Regensburg jedoch auch als Teilregionen der Einzugsgebiete von München und Stuttgart interpretiert werden (vergleiche Abschnitt 3.3.1.5), da sie aufgrund einer Entscheidung zugunsten kleinräumiger Abgrenzungen gebildet wurden. Auch hier besteht also eine recht große Übereinstimmung.

Werden nun die Positionen der Gipfel mit den Lagen der Standorte der Versorgungszentren verglichen, so zeigen sich keine oder nur geringe Abweichungen für die Regionen Hamburg, Bremen, Berlin, Dresden, Bielefeld, Düsseldorf, Frankfurt a. M., Mannheim, Stuttgart, Nürnberg und München. Stärkere Abweichungen treten dagegen für Hannover und Leipzig auf. Zu vermuten ist, dass bei der Abgrenzung der Versorgungsregionen einerseits Kassel, welches hier der Region Hannover zugehört, und andererseits der südsächsische Raum, der bei der Abgrenzung der Einzugsgebiete der Region Dresden zugeordnet wurde, die jeweilige Lage des Versorgungszentrums beeinflussen und damit die Unterschiede bedingen.

Auf den ersten Blick weisen auch die Grenzen einen recht ähnlichen Verlauf auf. Mit Ausnahme der schon diskutierten „Problemregionen" Rhein-Ruhr und Kassel beträgt die Entfernung selten mehr als den Durchmesser eines Landkreises. Eine Ausnahme bildet hier der südsächsische Raum, der bei der Untergliederung in Einzugsbereiche der Region Dresden, bei den Versorgungsregionen dagegen der Region Leipzig zugeordnet wird.

Aus dem Vergleich der Regionierungsalternativen geht hervor, dass die unter den Kriterien „kostengünstige Versorgung der Bevölkerung" und „wirtschaftliche Attraktivität der Orte" erstellten Untergliederungen der Bundesrepublik Deutschland größtenteils übereinstimmen. Dies kann dahingehend interpretiert werden, dass Siedlungsweise und Verteilung der Aktivitäten der Bevölkerung dazu tendieren, die Entfernung zum jeweils nächstgelegenen Zentrum so klein wie möglich zu halten. Dadurch wird das Gebiet der Bundesrepublik Deutschland in strukturierte Wirtschaftsregionen unterteilt. Ob eine großräumige oder eine kleinräumige Untergliederung zu bevorzugen ist, kann hier nicht entschieden werden. Jedoch entsprechen die sich ergebenden Grenzen selbst bei kreisscharfer Abgrenzung nicht den Bundesländergrenzen, was zu Folge hat, das administrativ-politischer und sozio-ökonomischer Raum divergieren.

Abbildung 44: Attraktivitätspotential, Grenzen der neun Einzugsbereiche und der neun Versorgungsregionen

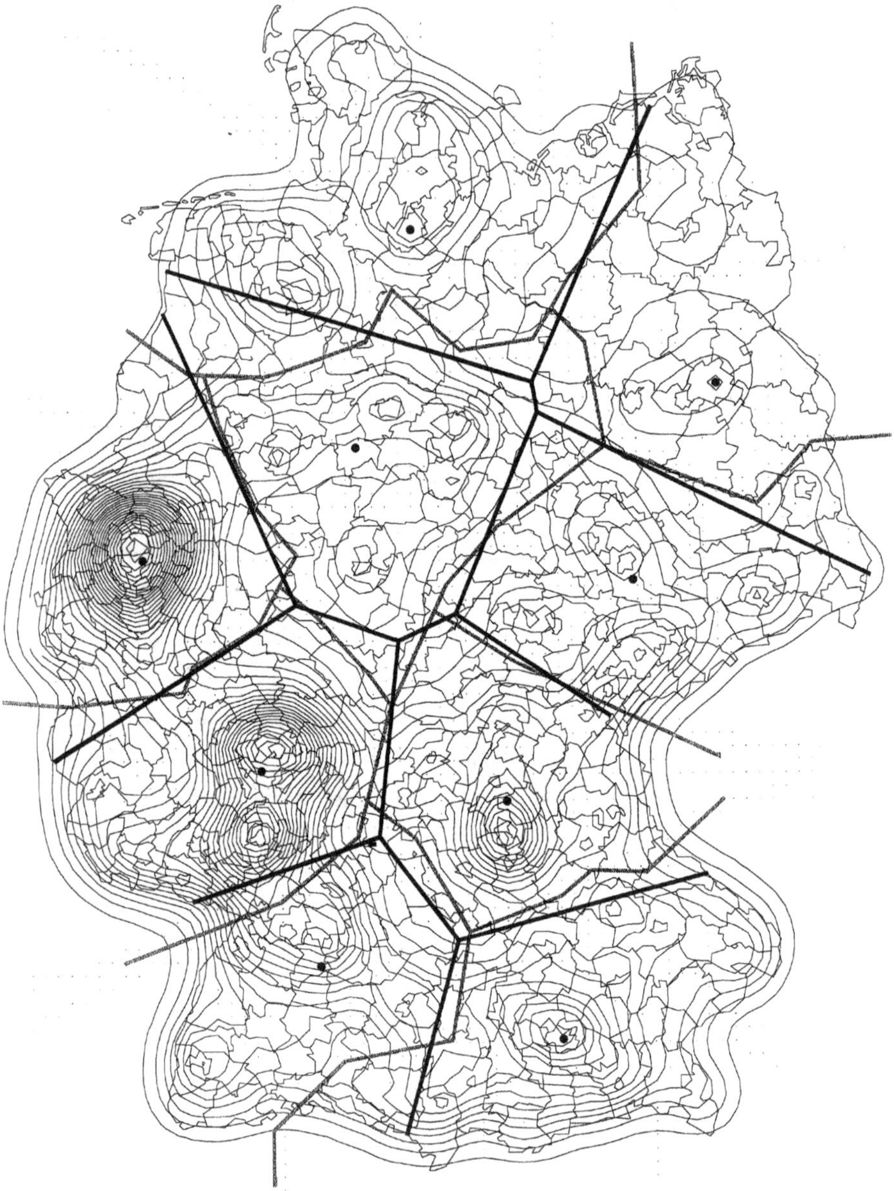

Grenzen der neun Versorgungsregionen
Grenzen der neun Einzugsbereiche
Attraktivitätspotentiallinien

Quelle: Eigene Darstellung.

This figure can also be viewed here:https://www.peterlang.com/app/uploads/2023/02/Pages-from-9783631384527_txt_pg_192.pdf

Abbildung 45: Attraktivitätspotential, Grenzen der sechzehn Einzugsbereiche und der vierzehn Versorgungsregionen

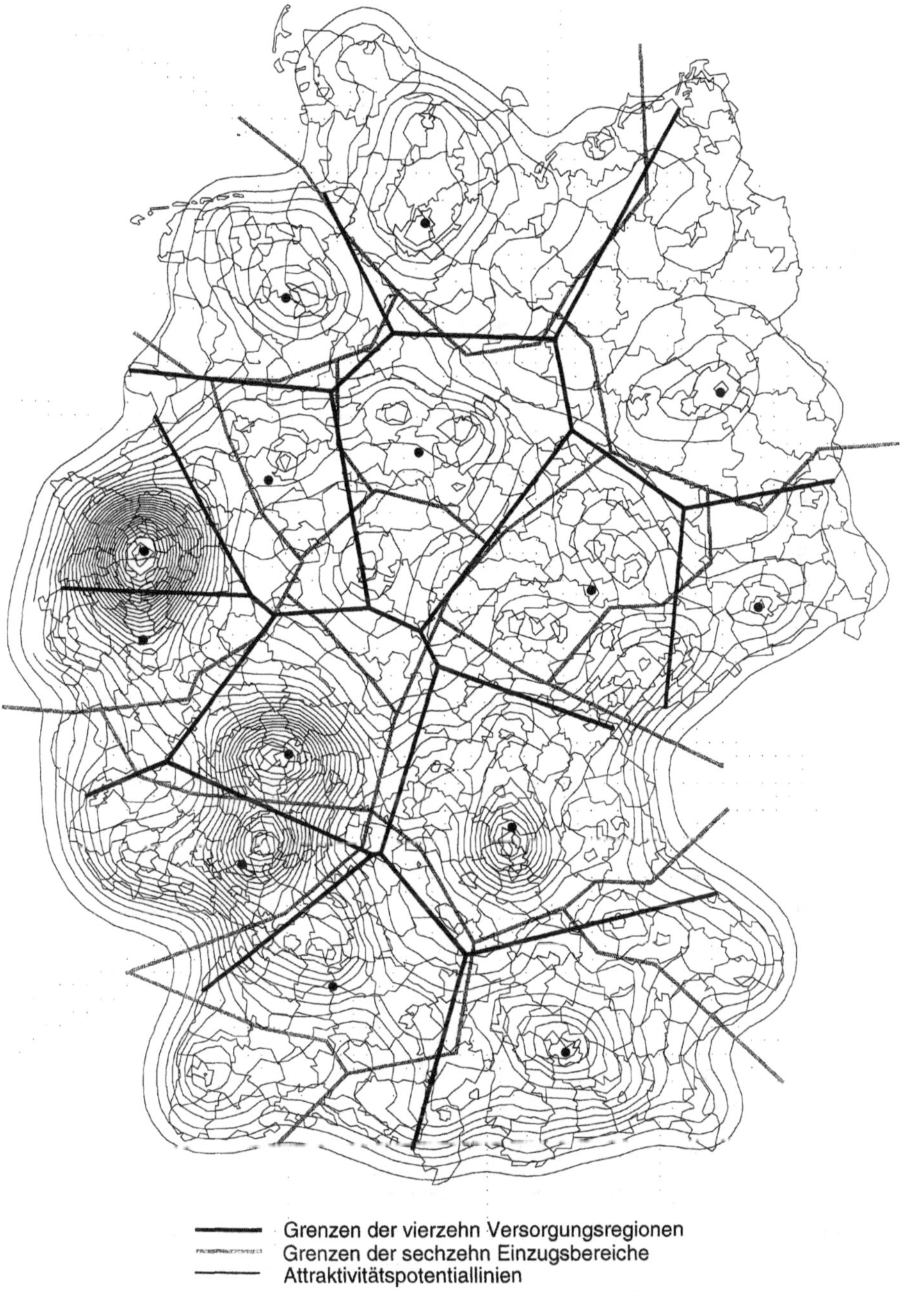

Quelle: Eigene Darstellung.

This figure can also be viewed here:https://www.peterlang.com/app/uploads/2023/02/Pages-from-9783631384527_txt_pg_193.pdf

4 Schlussbemerkungen

4.1 Zusammenfassung der Ergebnisse

In der vorliegenden Untersuchung wurden verschiedene alternative Untergliederungen der Bundesrepublik Deutschland erarbeitet. Ausgangspunkt hierfür war die in der öffentlichen Diskussion immer wieder auflebende Debatte über eine Neugliederung des Bundesgebietes. Analysiert wurde, welche strukturierten Wirtschaftsregionen sich ergeben, wenn den Ideen ausgewählter regionalwissenschaftlicher Theorien, insbesondere den Raumstrukturtheorien von von Thünen, Christaller und Lösch sowie ihren Erweiterungen, gefolgt und diese auf das Gebiet der Bundesrepublik Deutschland angewendet werden.

Dazu wurde zunächst im ersten Hauptabschnitt das Bild der strukturierten Wirtschaftsregion entwickelt. Danach ist die strukturierte Wirtschaftsregion von den räumlich und zeitlich relativ konstanten historisch-geographischen Bindungen zwischen dem Zentrum als Kernraum der strukturierten Wirtschaftsregion und dem zum Zentrum orientierten Umland geprägt. Diese Vorstellung unterliegt allen in der Arbeit diskutierten Ansätzen zur Erklärung der Raumstruktur. Bei näherer Betrachtung zeigen sich jedoch einige Unterschiede. Diese richten sich danach, mit welchen Faktoren die Dominanz des Hauptzentrums begründet wird, wie die Städte in der Region verteilt sind und auf welche Weise sich das zu dem Zentrum gehörende Gebiet bemisst. Stellvertretend auch für nachfolgende Ansätze kann grundlegend zwischen strukturierten Wirtschaftsregionen nach von Thünen und nach Christaller unterschieden werden. Bei strukturierten Wirtschaftsregionen nach von Thünen besitzt das Hauptzentrum eine hohe wirtschaftliche Attraktivität. Diese resultiert aus der Konzentration der wirtschaftlichen Aktivitäten auf dieses Zentrum als Hauptmarktplatz der strukturierten Wirtschaftsregion. Friedmann erweitert diese Perspektive. Er führt aus, dass eine Autoritäts-Abhängigkeits-Beziehung zwischen Stadt und Land besteht, die sich nicht nur auf ökonomische, sondern auch auf kulturelle, politische oder soziale Erscheinungen erstreckt. Zusätzlich existieren in der Wirtschaftsregion mit einer geringeren Attraktivität ausgestattete Nebenzentren, die ein eigenes, jedoch kleineres Einzugsgebiet besitzen. Weder von Thünen noch Friedmann geben über ihre Anordnung Auskunft. Das Einzugsgebiet, also die Grenzen zwischen Wirtschaftsregionen, folgt der Anziehungskraft, die ein Zentrum aufgrund seiner Attraktivität besitzt bzw. der Reichweite der Autoritäts-Abhängigkeits-

Beziehung. Dagegen steht bei den strukturierten Wirtschaftsregionen nach Christaller der Versorgungsaspekt im Vordergrund. Unter seinen restriktiven Annahmen folgt als Ergebnis ein strikt hierarchisches und stufenförmiges Zentrensystem, in dem der Rang eines Zentrums dem Rang der in ihr angebotenen Güter und Dienstleistungen folgt. Das Hauptzentrum einer strukturierten Wirtschaftsregion liegt demnach in der Mitte seines Versorgungsgebietes, in der Region liegen weitere – regelmäßig angeordnete – Subzentren niedrigerer Hierarchiestufen. Zu einer ähnlichen Sichtweise gelangt auch Lösch, wobei allerdings keine strikte Hierarchie mehr existiert. In beiden Ansätzen wird das Versorgungsgebiet eines Zentrums durch das Prinzip der Wegeminimierung der nachfragenden Bevölkerung begrenzt.

Im zweiten Hauptabschnitt wurde untersucht, welche strukturierten Wirtschaftsregionen in der Bundesrepublik Deutschland existieren. Um die Kernräume, die als Hauptzentren von strukturierten Wirtschaftsregionen in Frage kommen, zu identifizieren, wurden zunächst die räumlichen Anordnungen der Standorte der 1456 Städte (Stand: 1993) mit einer Bevölkerung von mehr als 10.000 Einwohnern bzw. der 444 Mittelpunkte der Stadt- und Landkreise (Stand: 1995) in verschiedenen Untersuchungsregionen auf das Vorliegen räumlicher Konzentrationen, die von besonders dicht beieinander liegenden benachbarten Städten bzw. Kreisen gebildet werden, untersucht. Die Anordnungen der Kreismittelpunkte wurden überwiegend als regelmäßig angeordnet eingeschätzt; hier waren kaum regionale Siedlungscluster auszumachen. Dagegen zeigt sich für die Anordnungen der Standorte der Städte ein anderes Bild: Zum einen konnten verschiedene regionale Siedlungscluster identifiziert werden. Zum anderen wurde allerdings auch hier die Masse der Städte in den Untersuchungsregionen als regelmäßig angeordnet eingeschätzt. Dies ist als ein Indiz dafür anzusehen, dass – obwohl das von den Städten repräsentierte Siedlungsgefüge in stärkerem Maße als das von den Kreisen gebildete eine gewachsene Ordnung darstellt – grundsätzlich eine gleichmäßige Anordnung der Städte existiert, wobei eine strenge hexagonale Anordnung im Sinne von Christaller jedoch nicht erreicht wird. Diese Untersuchung wurde ergänzt durch eine Klassifikation der Stadt- und Landkreise auf der Basis von Daten zur sozialversicherungspflichtigen Beschäftigung im Dienstleistungssektor, getrennt nach Wirtschaftsbereichen, um auch die Bedeutung der Zentren zu erfassen. Das Ergebnis der Klassifikation ist eine Zuordnung der Kreise zu insgesamt sieben Gruppen.

Bei der Betrachtung der Gruppenzusammensetzung fällt auf, dass

- es in der Bundesrepublik Deutschland an einem dominierenden Hauptzentrum fehlt, was als Widerspruch zu den Theorien von von Thünen und Christaller aufgefasst werden kann,
- der Rhein-Ruhr-Raum keine mit Hamburg, München, Frankfurt a. M. oder Berlin vergleichbare Metropole besitzt,
- der Stadtkreis Berlin eine eigene Klasse bildet, was auf seine langjährige isolierte Lage, die bis zur Wiedervereinigung andauerte, zurückzuführen ist,
- in die ersten drei Gruppen durchweg nur Stadtkreise der alten Bundesländer eingruppiert werden; es handelt sich bei diesen um die großen Metropolen und Großstädte mit überregionaler Bedeutung,
- in der Gruppe 4 neben Bonn ausschließlich Stadtkreise der neuen Bundesländer enthalten sind, wobei vier der sechs Stadtkreise Hauptstadt ihres Bundeslandes sind, so dass sie eine geringere überregionale, aber große regionale Bedeutung besitzen, und
- in den unteren beiden Gruppen eine deutliche Ost-West-Trennung zutage tritt, was auf die insgesamt schwächere Bedeutung des privatwirtschaftlichen Dienstleistungssektors in den neuen Bundesländern zurückzuführen ist.

Die beiden Teilergebnisse wurden miteinander kombiniert, um Kernräume bestimmen und abgrenzen zu können. Hierbei zeigte sich, dass alle zehn Zentren der Gruppen 1 bis 3 innerhalb eines regionalen Siedlungsclusters liegen. Hinzu kommen im Gebiet der alten Bundesländer acht weitere Agglomerationen mit Zentren, die alle in der Gruppe 5 eingestuft wurden, sowie zwei Agglomerationen mit korrespondierenden Zentren auf dem Gebiet der neuen Bundesländer. In zwei weiteren regionalen Siedlungsclustern (um Bielefeld und Gießen/Wetzlar) wurde kein Zentrum, welches in einer der Gruppen 1 bis 5 eingeordnet wurde, gefunden. Ein Vergleich der auf diese Weise gewonnenen Kernräume mit den aus der Unterscheidung siedlungsstruktureller Gebietstypen der Bundesforschungsanstalt für Landeskunde und Raumordnung resultierenden 47 Kernstädten ergab nur geringe Unterschiede.

Um die Grenzen der strukturierten Wirtschaftsregionen zu bestimmen, wurde auf die beiden unterschiedlichen Hypothesen über den Zusammenhang zwischen Zentrum und Umland eingegangen: Während bei strukturierten Wirtschaftsregionen nach Christaller der Aspekt der flächendeckenden Versorgung der Bevölkerung und das

Prinzip der Wegeminimierung im Vordergrund stehen, variiert andererseits entsprechend der Diskussion der von Thünenschen und der Friedmannschen Theorie die Attraktivität der Zentren und damit die auf sie ausgerichteten Aktivitäten. Für die Abgrenzung der Einzugsgebiete nach dem Kriterium der wirtschaftlichen Attraktivität wurde folgende Vorgehensweise gewählt: Aufbauend auf ausgewählten Merkmalen, die zur Analyse der wirtschaftlichen Attraktivität eines Ortes dienen, wurden komplexe Indikatoren formuliert. Von diesen wurden diejenigen ausgewählt, die die wirtschaftliche Attraktivität und damit die Anziehungskraft eines Gebiets determinieren. Sie wurden als Interaktionsgröße in einem Potentialmodell verwendet, um die Bundesrepublik anhand der Methode der minimalen Potentialdichte in strukturierte Wirtschaftsregionen nach von Thünen zu untergliedern. Die Kernräume, die Zentrum ihrer Region sind, liegen dabei unterhalb eines Gipfels des Potentialgebirges. Zwei alternative Untergliederungsmöglichkeiten konnten erarbeitet werden: Wird zugelassen, dass eine strukturierte Wirtschaftsregion mehrere Kernräume enthalten kann, so entstehen insgesamt neun Regionen. Wird dagegen der Begriff der „wirtschaftlichen Attraktivität" auf das engere Umland eines Zentrums beschränkt, so resultieren sechzehn Regionen von sehr verschiedener Größe.

Für die Bestimmung der strukturierten Wirtschaftsregionen nach Christaller sollten die Standorte der Versorgungszentren mit Hilfe des p-Median-Ansatzes bestimmt und ihr Versorgungsgebiet sodann nach dem Prinzip der Wegeminimierung abgegrenzt werden. Um die Zahl der zu ermittelnden Standorte von Versorgungszentren festzulegen, war zunächst zu klären, ob die von Christaller postulierte Stufenhierarchie der zentralen Orte mit der empirischen Ordnung der Kreise nach ihrer Zentralität übereinstimmt. Die empirische Ordnung zeigt jedoch einen eher kontinuierlichen Verlauf, so dass weder über die Zahl der Hierarchiestufen noch über die Zahl der in den Hierarchiestufen vorhandenen Zentren Klarheit besteht. Zudem war zu überprüfen, welchen Einfluss es hat, wenn die Einwohnerzahl als Gewichtsgröße im p-Medianansatz verwendet wird. Hier war zu erkennen, dass die Unterschiede in den Rangfolgen zwischen den nach ihrer Zentralität bzw. nach ihrer Einwohnerzahl in absteigender Reihenfolge geordneten Stadtkreisen bei geringer Fallzahl gering sind. Hieraus wurde geschlossen, dass die Standorte der Versorgungszentren sukzessive bis zu einer vorzugebenden Obergrenze zu ermitteln waren, diese liegt bei ca. 20 Standorten von Versorgungszentren. Sodann wurden verschiedene Untergliederungen einerseits für die 444 Stadt- und

Landkreise als auch für die 1465 Städte mit einer Bevölkerung von mehr als 10.000 Einwohnern erarbeitet. Als besonders geeignet wurden Untergliederungen ausgewählt, bei denen zum einen die Entfernungen zwischen den ermittelten Standorten von Versorgungszentren, wenn einerseits die Kreise und andererseits die Städte als Bezugsorte verwendet werden, möglichst gering sind (bei gleicher Anzahl an zu bestimmenden Standorten), und bei denen zum anderen der Abstand zwischen den Standorten der Versorgungszentren zu den jeweils nächstgelegenen Standorten der ranghöchsten Kreise besonders niedrig ist. Hierüber konnten die Lösungen für sechs, acht bzw. neun, vierzehn und achtzehn Versorgungsregionen als geeignet für eine Untergliederung der Bundesrepublik Deutschland identifiziert werden. Während die Untergliederungen in achtzehn und vierzehn Regionen den Vorteil besitzen, dass sie einen starken regionalen Bezug besitzen, da jeweils recht kleine Regionen gebildet werden, sind die Lösungen für sechs, acht und neun Regionen dadurch gekennzeichnet, dass die Regionen eine für administrative Zwecke geeignete Mindestgröße nicht unterschreiten. Der Vergleich der Ergebnisse der Regionierungen zeigt, dass die sich nach von Thünen bzw. nach Christaller ergebenden Alternativen zur Untergliederung der Bundesrepublik Deutschland in strukturierte Wirtschaftsregionen weitgehend übereinstimmen; das betrifft die Lage der Zentren genauso wie die Grenzverläufe. Dies kann als ein Indiz dafür gewertet werden, dass Siedlungsweise und Verteilung der Aktivitäten der Bevölkerung dazu tendieren, die Entfernung zum nächstgelegenen Zentrum möglichst klein zu halten. Zudem zeigt sich, dass selbst bei kreisscharfer Abgrenzung die sich ergebenden Grenzen nicht den Bundesländergrenzen entsprechen, so dass administrativ-politischer und sozio-ökonomischer Raum auseinanderfallen.

4.2 Weiterführende Fragen

Mit den in dieser Untersuchung erarbeiteten Untergliederungen der Bundesrepublik Deutschland in strukturierte Wirtschaftsregionen wurde der Blickwinkel der Regionalökonomie, insbesondere der Raumstrukturtheorien, aufgenommen. Grundsätzlich kann davon ausgegangen werden, dass diese Lösungen auch zukünftig Geltung besitzen, da nicht mit gravierenden Umbildungen im Zentrengefüge der Bundesrepublik Deutschland zu rechnen ist. Zwar wird Berlin von der Hauptstadtfunktion profitieren und zu den anderen Metropolen Hamburg, München und Frankfurt a. M. aufschließen, jedoch ohne eine dominante Position zu erreichen. Die größten Veränderungen sind auf dem Gebiet der neuen Bundesländer denkbar, wenn dort einzelne Städte in wirtschaftlicher Hinsicht zu den Metropolen und Großstädten der alten Bundesländer aufschließen und einen stärkeren überregionalen Charakter entfalten.

Sofern es sich hierbei um in der Arbeit als Städte mit nur geringem überregionalen Bezug gekennzeichnete Zentren handelt, hat dies kaum Auswirkungen auf die gefundenen strukturierten Wirtschaftsregionen. Lediglich die Bemessung des Einzugs- bzw. des Versorgungsgebiets kann im Laufe der Zeit Veränderungen erfahren. Jedoch wird diese ebenfalls nicht allzu gravierend ausfallen, wenn von einer gleichmäßigen Entwicklung der Zentren ausgegangen wird.

Nicht in der Arbeit wurde die Frage behandelt, welche Vorteile eine Neugliederung des Bundesgebiets nach den erstellten Untergliederungen in strukturierte Wirtschaftsregionen gegenüber dem Ist-Zustand besitzt. Aufschluss kann hier nur ein Vergleich der beiden Alternativen unter wirtschaftlichen bzw. finanzwissenschaftlichen Kriterien geben. Diesen durchzuführen, sprengt jedoch den gesetzten Rahmen. In diesem Zusammenhang ist auch die bislang noch ungeklärte Frage zu diskutieren, ob Untergliederungen in wenige große oder mehrere kleine Regionen vorzuziehen sind. Während kleine Regionen den Vorteil haben, einen stärkeren Bezug zu der in ihr lebenden Bevölkerung herzustellen und zudem eine erleichterte - weil zielgenauere - Planung ermöglichen, ist ihr Nachteil darin zu sehen, dass gerade sehr kleine Regionen u. U. in einem wettbewerblich orientierten Regionensystem nicht überlebensfähig sind. Hinzu kommt der größere Koordinations- und Entscheidungsaufwand, wenn grenzüberschreitende Projekte (z. B. der Bau von Autobahnen oder Flughäfen etc.) die Zusammenarbeit mehrerer Regionen bedingt. Auch sind die Kosten für die politische Führung und die zentrale Verwaltung, gemessen an den Pro-Kopf-Ausgaben, in kleinen Regionen höher. Daneben wird vermutet, dass die Unterschiede in der finanziellen Ausstattung der Regionen, die heute heftig diskutiert werden, weiter bestehen würden.

Schließlich ist darauf hinzuweisen, dass das Feld der Regionierung keine alleinige Domäne der Regionalökonomie ist. Vielmehr treffen hier vielfältige Meinungen aufeinander, so z. B. neben den Ansichten der Ökonomen auch die Auffassungen der Politiker oder der Soziologen. Gerade wenn, was häufig der Fall ist, unter dem Begriff „Region“ direkt ein Fundament der menschlichen Bezugsgrößen verstanden wird, sich somit also an der kulturellen Zusammengehörigkeit der zukünftigen Bewohner orientiert wird und deshalb Inhalte wie Identität, Heimat, Tradition, Kultur oder Zuhause dominieren, geraten wirtschaftliche Aspekte ins Hintertreffen. Dies dürfte um so mehr für die Möglichkeit zur Neugliederung des Bundesgebietes gelten. Schon deshalb verwundert es nicht, dass sowohl die Vorschläge der beiden Kommissionen zur Neugliederung des Bundesgebiets von 1955 und 1973 als auch neuere Vorschläge, wie sie z. B. von Ottnad und Linnartz[1] erarbeitet wurden, überwiegend auf eine Verbesserung des Status quo durch die Zusammenlegung von Bundesländern abzielen. Dies wird damit begründet, dass dadurch die entstehenden Kosten geringer gehalten werden können, da die Neugliederung möglichst einfach gestaltet wird. Zudem wird angeführt, dass auf diese Weise landsmannschaftliche, geschichtliche und kulturelle Zusammenhänge, d.h. historisch gewachsene Grenzen, am leichtesten zu berücksichtigen sind. Jedoch wendet Rutz dagegen ein, dass Regionalbewusstsein einerseits erzeugt, andererseits auch in neu geordneten Ländern und Landesteilen rasch wachsen kann, wenn der Neuzuschnitt anderen wirtschafts-, sozial- und kulturräumlichen Zusammenhängen gut entspricht.[2] Seine Vorschläge, bei denen diese Faktoren berücksichtigt wurden, sind den in dieser Arbeit erstellten Untergliederungen – zumindest was die Lage der Kernräume angeht – sehr ähnlich.

Für die Realisierung einer Neugliederung ist nicht nur die Überzeugung der politischen Entscheidungsträger, sondern auch die der Bevölkerung notwendig. Der Verlauf der Diskussion um die Neugliederung hat jedoch gezeigt, dass jedem Befürworter mindestens genauso viele Ablehnende gegenüberstehen. Insofern ist mit einer Neugliederung in den nächsten Jahren kaum zu rechnen. Allerdings wird die Neugliederungsdebatte aufgrund der föderalen Struktur der Bundesrepublik Deutschland immer wieder aufleben. Die hier erarbeiteten Untergliederungen stellen dann einen zusätzlichen Ausgangspunkt bei der Fortführung der Diskussion dar.

---

[1] Vgl.: Ottnad, Adrian, und Linnartz, Edith, Sieben sind mehr als sechzehn. Ein Vorschlag zur Neugliederung der Bundesländer, in: Bundesamt für Bauwesen und Raumordnung, Neugliederung der Bundesrepublik Deutschland, Informationen zur Raumentwicklung, Heft 10. 1998, S. 647–659.

[2] Vgl.: Rutz, Werner, Die Gliederung der Bundesrepublik Deutschland in Länder, a.a.O., S. 12.

Literatur- und Quellenverzeichnis

Albert, Mathias, Brock, Lothar, Hessler, Stephan, Menzel, Ulrich, und Neyer, Jürgen: Die Neue Weltwirtschaft, Frankfurt a.M. 1999

Albrecht, Günter: Soziologie der geographischen Mobilität, Stuttgart 1972

Alden, John R.: A Reconstruction of Toltec Period Political Units in the Valley of Mexico, in: Transformations: Mathematical Approaches to Cultural Change, Colin Renfrew und Kenneth L. Cooke (Hrsg.), New York u.a. 1979, S. 169 – 200

Allen, P.M,. und Sanglier, M.: A Dynamic Model of Growth in a Central Place System, in: Geographical Analysis, Bd. 11 Nr. 3 1979, S. 256 – 272

Allen, P.M,. und Sanglier, M.: Urban evolution, self-organization, and decision-making, in: Environment and Planning A, Bd. 13 1981, S. 167 – 183

Alonso, William: Equity and its relation to efficiency in urbanization, in: Essays in regional economics, John F. Kain und John R. Meyer (Hrsg.), Cambridge (Mass.) 1971, S. 40 – 57

Arnhold, Helmut: Das System der zentralen Orte in Mitteldeutschland, in: Berichte zur deutschen Landeskunde, Bd. 9 1951, S. 353 – 362

Backhaus, Klaus, Erichson, Bernd, Plinke, Wulff, und Weiber, Rolf: Multivariate Analysemethoden, 8. Aufl. Berlin u. a. 1996

Bähr, Dieter: Regionalisierung mit Hilfe von Distanzmessungen, in: Raumforschung und Raumordnung, 29. Jg. 1971, S. 11 – 19

Barker, D.: Hierarchic and non-hierarchic grouping methods: An empirical comparison of two techniques, in: Geografiska Annaler, 58. Jg. 1976, S. 42 – 58

Barr, Brenton M., Lindsay, Ian J., und Reinelt, Erhard R.: Patterns of urban spacing in the USSR: Analysis of order neighbor statistics in two-dimensional space, in: Journal of Regional Science, Vol.11, Nr. 2, 1971, S. 211 – 224

Bartels, Dietrich: Theorien nationaler Siedlungssysteme und Raumordnungspolitik, in: Geographische Zeitschrift, 67. Jg., Heft 2, 1979, S. 110 – 146

Becker-Marx, Kurt: Überörtliche Planung - Raumordnung, in: Die Stadt in der Bundesrepublik Deutschland, Wolfgang Pehnt (Hrsg.), Stuttgart 1974, S. 409 – 427

Beckmann, Martin: City Hierarchies and the Distribution of City Size, in: Economic Development and Cultural Change, 6. Jg. 1958, S. 243 – 248

Beckmann, Martin: Location Theory, New York 1968

Beckmann, Martin, und McPhearson, J.C.: City-Size Distribution in a Central-Place Hierarchy, in: Journal of Regional Science, 10. Jg. 1970, S. 25 ff.

Berry, B.J., Barnum, H.G., und Tennant, R.J.: Retail location and consumer behaviour, in: Papers and proceedings of the regional Science Association, Bd. 9 1962, S. 65 – 106

BIK Aschpurwis und Behrens GmbH: Die Abgrenzung von Stadtregionen in der Bundesrepublik Deutschland (Boustedt-Revision), unveröffentlichter Bericht, Hamburg 1993

Bobek, Hans: Die Theorie der zentralen Orte im Industriezeitalter, Wiesbaden 1969, S. 199 – 213

Bock, Hans Hermann: Automatische Klassifikation, Göttingen 1974

Bökemann, Dieter: Theorie der Raumplanung, München, Wien 1982

Böventer, Edwin von: Die Struktur der Landschaft, Versuch einer Synthese und Weiterentwicklung der Modelle J. H. von Thünens, W. Christallers und A. Löschs, in: Optimales Wachstum und optimale Standortverteilung, Schriften des Vereins für Socialpolitik, E. von Böventer, R. Henn und G. Bombach (Hrsg.), Bd. 27, Berlin 1962, S. 77 – 133

Boulding, Kenneth: Regions of time, in: Papers of the regional Science Association, Bd. 57 1985, S. 19 – 32

Boustedt, Olaf: Die Stadtregion, in: Allgemeines statistisches Archiv, Bd. 37 1953, S. 13 – 26

Boustedt, Olaf: Grundriß der empirischen Raumforschung, Teil I: Raumstrukturen, Hannover 1975

Boustedt, Olaf: Grundriß der empirischen Regionalforschung, Teil III: Siedlungsstrukturen, Hannover 1975

Boustedt, Olaf: Wesen und Bedeutung der Stadtregion, in: Stadtregionen in der Bundesrepublik Deutschland, Forschungs- und Sitzungsberichte der Akademie für Raumforschung und Landesplanung, Bd. 14, Bremen 1960

Brown, Laurence A., und Holmes, John: The deliminiation of functional regions, nodal regions, and hierarchies by functional distance approaches, in: Journal of Regional Science, Bd. 11 1971, S. 57 – 72

Bundesamt für Bauwesen und Raumordnung: Neugliederung der Bundesrepublik Deutschland, Informationen zur Raumentwicklung, Heft 10.1998

Bundesforschungsanstalt für Landeskunde und Raumordnung: Laufende Raumbeobachtung: Aktuelle Daten zur Entwicklung der Städte, Kreise und Gemeinden 1992/93, Heft 67 der Materialien zur Raumentwicklung, Bonn 1995

Bundesministerium des Inneren (Hrsg.): Bericht der Sachverständigenkommission für die Neugliederung des Bundesgebietes – Vorschläge zur Neugliederung des Bundesgebietes gemäß Art. 29 des Grundgesetzes, Bonn 1973

Bundesministerium des Inneren (Hrsg.): Die Neugliederung des Bundesgebietes, Gutachten des von der Bundesregierung eingesetzten Sachverständigenausschusses, Bonn 1955

Carrothers, Gerald A. P.: An Historical Review of the Gravity and Potential Concepts of Human Interaction, in: Journal of the American Institute of Planners, Bd. 22, 1956, S. 94 – 102

Christaller, Walter: Das geographische Problem der Wahlkreiseinteilung, in: Deutsche Wählergemeinschaft, Mitteilungen 1948, S. 13 – 15

Christaller, Walter: Das Grundgerüst der räumlichen Ordnung Europas, in: Frankfurter Geographische Hefte, 24. Jg. Heft 1 1950

Christaller, Walter: Die Parallelität der Systeme des Verkehrs und der zentralen Orte dargestellt am Beispiel der Schweiz, in: Herbert Lehmann (Hrsg.), Tagungsberichte und wissenschaftliche Abhandlungen des Deutschen Geographentages Bd. 28, Remagen 1952, S. 159 – 163

Christaller, Walter: Die zentralen Orte in Süddeutschland, 2. unveränderte Aufl. Darmstadt 1968

Christaller, Walter: Raumtheorie und Raumordnung, in: Archiv für Wirtschaftsplanung, Bd. 1, Heft 1, 1941, S. 116 – 135

Christaller, Walter: Subkontinente, in: Zeitschrift für Geopolitik, 26. Jg. 1955, S. 603 – 608

Clark, P.J., und Evans, F.C.: Distance to nearest neighbor as a measure of spatial relationships in populations, in: Ecology, Bd. 35 1954, S. 445 – 453

Cooper, Leon: Solutions of generalized locational equilibrium models, in: Journal of Regional Science, Bd. 7, 1967, S. 1 – 18

Cooper, Leon: An extension of the generalized Weber Problem, in: Journal of Regional Science, Bd. 8, 1968, S. 181 – 197

Dacey, Michael F., und Tung, Tze-hsiung: The identification of randomness in point patterns, in: Journal of Regional Science, Vol. 4, Nr. 1, 1962, S. 83 – 96

Dacey, Michael F.: A note on the derivation of nearest neighbor distances, in: Journal of Regional Science, Vol. 2, Nr. 2, 1960, S. 81 – 97

Dacey, Michael F.: A Probability Model for Central Place Locations, wiederabgedruckt in: Geographic perspectives on urban systems, Brian J.L. Berry und Frank E. Horton (eds.), New Jersey 1970, S. 228 – 249

Deutsches Institut für Wirtschaftsforschung Berlin, Institut für Weltwirtschaft an der Universität Kiel, Institut für Wirtschaftsforschung Halle: Gesamtwirtschaftliche und unternehmerische Anpassungsfortschritte in Ostdeutschland, Siebzehnter Bericht, in: Wochenberichte des Deutschen Instituts für Wirtschaftsforschung Nr. 3/98

Dökmeci, Vedia F.: An optimization model for a hierarchical spatial system, in: Journal of Regional Science, Bd. 13, 1973, S. 439 – 451

Egner, Erich: Beitrag zur Generaldiskussion zu dem Vortrag von Wassily Leontief, Interregionale Beziehungen wirtschaftlicher Aktivitäten, in: Probleme des räumlichen Gleichgewichts in der Wirtschaftswissenschaft, Schriften des Vereins für Socialpolitik, N. F. Bd. 14, W. G. Hoffmann (Hrsg.), Berlin 1959, S. 58 – 61

Eickelpasch, Alexander, und Pfeiffer, Ingo: Perspektiven der wirtschaftlichen Entwicklung in Berlin, in: Wochenberichte des Deutschen Instituts für Wirtschaftsforschung Nr. 37/96

Entschließung des Bundesrates zur „Gemeinschaftscharta der Regionalisierung" des Europäischen Parlaments vom 16. Februar 1990 (BR-Drs. 279/89)

Entschließung des Europäischen Parlaments zur Regionalpolitik der Gemeinschaft und zur Rolle der Regionen; Gemeinschaftscharta der Regionalisierung, AB1. EG Nr. C 326 vom 19. Dezember 1988

Ernst, Werner: Die Neugliederung des Bundesgebietes, in: Informationen des Institutes für Raumordnung, 23. Jg. 1973, S. 91 – 101

Feichtinger, Gustav: Bevölkerungsstatistik, Berlin, New York 1973

Fischer, Georges: Praxisorientierte Theorie der Regionalforschung, Tübingen 1973

Fischer, Manfred M.: Zur Lösung funktionaler regionaltaxonomischer Probleme auf der Basis von Interaktionsmatrizen: Ein neuer graphentheoretischer Ansatz, in: Mitteilungen des Arbeitskreis für neue Methoden in der Regionalforschung, 8. Jg. 1978, S. 24 – 65

Först, Walter (Hrsg.): Die Länder und der Bund: Beiträge zur Entstehung der Bundesrepublik Deutschland, Essen 1990

Friedmann, John: A general theory of polarized development, in: Niles M. Hansen (Hrsg.), Growth Centers in regional economic development, New York 1972, S. 82 – 107

Friedmann, John: Cities in social transformation, in: Comparative Studies in society and history, Bd. 4, 1961, S. 86 - 103, wiederabgedruckt in: J. Friedmann und W. Alonso, Regional development and planning, Cambridge, Mass. 1964, S. 343 – 360

Gaebe, Wolf: Verdichtungsräume, Stuttgart 1987

Garner, B.J.: Models of Urban Geography and Settlement Location, in: Models in Geography, Richard J. Chorley und Peter Hagget (eds.), London 1971, S. 303 – 360

Gatzweiler, Hans-Peter: Ziele und Wege der Regionalstatistik in den neunziger Jahren, in: Neue Wege raumbezogener Statistik, Statistisches Bundesamt (Hrsg.), Schriftenreihe Forum der Bundesstatistik, Bd. 20, Stuttgart 1992, S. 127 – 136

Gaulke, Klaus-Peter: Arbeitsplatzstruktur im Westteil Berlins seit der Vereinigung, in: Wochenberichte des Deutschen Instituts für Wirtschaftsforschung Nr. 6/96

Gee, Colin, und Treuner, Peter: Zur Datenlage für eine europäische Raumordnungspolitik, in: Raumforschung und Raumordnung, 34. Jg. 1976, S. 115 – 124

Geisenberger, Siegfried, Mälich, Wolfgang, Müller, J. Heinz, und Strassert, Günter: Zur Bestimmung wirtschaftlichen Notstands und wirtschaftlicher Entwicklungsfähigkeit von Regionen, Hannover 1970

Geppert, Kurt: Ballungsräume Ostdeutschlands als Wachstumspole?, in: Wochenberichte des Deutschen Instituts für Wirtschaftsforschung Nr. 29/97

Gildemeister, Reinhard: Landesplanung, Braunschweig 1973

Grigg, David: Regions, Models and Classes, in: Models in Geography, Richard J. Chorley and Peter Hagget (Hrsg.), London 1967, S. 461 – 509

Grigg, David: Die Logik von Regionssystemen, in: Wirtschafts- und Sozialgeographie, Dietrich Bartels (Hrsg.), Köln, Berlin 1970, S. 183 – 211

Grigg, David: The agriculture regions of the world: Review and reflections, in: Economic Geography, Vol. 45, No. 2 April 1969, S. 95 – 132

Grundmann, Werner, u.a.: Mathematische Methoden zur Standortbestimmung, Berlin 1968

*Gü*ß*efeldt, Jörg:* Regionalanalyse, München, Wien 1996

Guttenberg, Albert Z.: Classifying Regions: A Conceptual Approach, in: International Regional Science Review, Fall 1977, Vol. 2, No. 1, S. 1 – 13

Guttenberg, Albert Z.: Towards a Behavioral Theory of Regionalization, in: Theories and Methods of Spatio-Temporal Reasoning in Geographic Space, A. U. Frank, I. Campari, und U. Formentini (eds.), Berlin, Heidelberg 1992, S. 110 – 121

Häußermann, Hartmut, und Siebel, Walter, Die Polarisierung der Großstadtentwicklung im Süd-Nord-Gefälle, in: Süd-Nord-Gefälle in der Bundesrepublik?, J. Friedrichs, H. Häußermann und W. Siebel (Hrsg.), Opladen 1986, S. 70 – 96

Heiland, Ingolf: Der Begriff Region, in: Informationen des Instituts für Raumordnung, Bd. 18, 1968, S. 657 – 676

Heinritz, Günter: Zentralität und zentrale Orte, Stuttgart 1979

Hesse, Wolf-Ekkehard: Wirtschaftliche Entwicklungsperspektiven der Region Berlin/Brandenburg, in: Der Aufbau einer Region, Arthur Benz und Klaus König (Hrsg.), S. 105 – 111

Hösch, Friedrich: Der Raum in volkswirtschaftlicher Sicht, in: Raumforschung und Raumordnung, 29. Jg., Heft 2, 1971, S. 1 – 5

Hoffschulte, Heinrich: Grußwort zur Fachtagung „Region und Kultur" 1988, abgedruckt in: Region und Kultur, Franz Schuster (Hrsg.), Sankt Augustin 1989, S. 13 – 14

Hogeforster, Jürgen, und Jürging, Hans-Rudolf: Die Abgrenzung homogener Planungsräume, in: Raumforschung und Raumordnung, 31. Jg. 1973, S. 126 – 137

Howe, Eric C., und Stabler, Jack C.: Canada divided: The optimal division of an economy into regions, in: Journal of Regional Science, Bd. 29, 1989, S. 191 – 211

Hruschka, Erhard: Wirtschaftliche und sozialräumliche Verflechtungen im Raum Pforzheim, Pforzheim 1967

Hunke, Heinrich: Standort und Gestalt der Raumforschung, Hannover 1964

Ipsen, Detlev: Region zwischen System und Lebenswelt, in: Gerhard Brunn, Region und Regionsbildung in Europa, Baden-Baden 1996, S. 112 – 118

Isard, Walter: Regional Science, the Concept of Region and Regional Structure, in: Papers of the Regional Science Association, Bd. 2, 1956, S. 13 – 26

Isard, Walter, und Reiner, Thomas A.: Regional Science: Retrospect and Prospect, in: Papers of the Regional Science Association, 16. Jg. 1965, S. 1 – 16

Isard, Walter: Location and space economy. A general theory relating to industrial location, market areas, land use, trade, and urban structure, Cambridge (Mass.) and London 1965

Jones, Anthony: An order neighbor approach to random disturbances on regular point lattices, in: Geographical Analysis, Vol. 3 Nr. 4 October 1971, S. 361 – 378

Killisch, Winfried W.: Gravitationsmodelle in der Wanderungsforschung, in: Raumforschung und Raumordnung, 34. Jg. 1976, S. 173 – 176

Klemmer, Paul: Die Faktorenanalyse im Rahmen der Regionalforschung, in: Raumforschung und Raumordnung, 29. Jg. 1971, S. 6 – 11

Klingbeil, Detlev: Aktionsräume im Verdichtungsraum, Münchener Geographische Hefte Nr. 41, Regensburg 1978, S. 36 ff.

Kluczka, Georg: Zum Problem der zentralen Orte und ihrer Bereiche, Münster 1967, S. 8 – 71

Kommission der Europäischen Gemeinschaften: Die Regionen in den 90er Jahren. Dritter periodischer Bericht über die sozioökonomische Lage und Entwicklung der Regionen in der Gemeinschaft, Luxemburg 1987

Krarup, Jakob, und Pruzan, Peter M.: Ingredients of locational analysis, in: Discrete Location Theory, Pitu B. Mirchandani und Richard L. Francis (Hrsg.), New York u.a. 1990, S. 1 – 54

Kuhn, Harold W., und Kuenne, Robert E.: An efficient algorithm for the numerical solution of the generalized Weber Problem in spatial economics, in: Journal of Regional Science, Vol. 4, 1962, S. 21 – 33

Landwehr, Reinhard: Zur Verwendung der Faktorenanalyse in der Raumforschung und Raumplanung, in: Raumforschung und Raumordnung, 34. Jg. 1976, S. 207 – 214

Lange, Klaus: Regionen, in: Handwörterbuch der Raumforschung und Raumordnung, Bd. III, Hannover 1970, Sp. 2705 – 2719

Launhardt, Wilhelm: Die Bestimmung des zweckmäßigsten Standortes einer gewerblichen Anlage, in: Zeitschrift des Vereines Deutscher Ingenieure, Bd. 26, 1882, S. 107 – 116

Lauschmann, Elisabeth: Grundlagen einer Theorie der Regionalpolitik, 3. Auflage Hannover 1973

Lindner, Rolf: Region als Forschungsgegenstand der Europäischen Ethnologie, in: Gerhard Brunn, Region und Regionsbildung in Europa, S. 94 – 111

Lochner, Norbert: Objektive Maßstäbe für eine regionale Unterteilung der Europäischen Wirtschaftsgemeinschaft, in: Jahrbuch für Sozialwissenschaft, Bd. 16, 1965, S. 92 – 138

Lösch, August: Die räumliche Ordnung der Wirtschaft, 3. Aufl. Stuttgart 1962

Lösch, August: The Nature of Economic Regions, Southern Economic Journal, Vol. 5, No. 1, 1938, S. 71 - 78, wieder abgedruckt in: Materialien zur Ökonomie der Stadtplanung, Jörn Barnbrock (Hrsg.), Braunschweig 1975, S. 45 – 53

Lottes, Günther: Zur Einführung: Staat, Nation, Region – Zu drei Prinzipien der Formationsgeschichte Europas, in: Region, Nation, Europa: Historische Determinanten der Neugliederung eines Kontinents, G. Lottes (Hrsg.), Heidelberg 1992, S. 10 – 42

Mäding, Heinrich: Verwaltung im Wettbewerb der Regionen, in: Archiv für Kommunalwissenschaften, 31. Jg. 1992, S. 205 – 219

Mirchandani, Pitu B.: The p-Median problem and generalizations, in: Discrete Location Theory, Pitu B. Mirchandani und Richard L. Francis (Hrsg.), New York u.a. 1990, S. 55 – 117

Münchheimer, Werner: Die Neugliederung Deutschlands, in: Frankfurter Geographische Hefte, 23. Jg. 1949, Heft 1

Münchheimer, Werner: Worum geht es bei der Neugliederung Deutschlands?, in: Frankfurter Geographische Hefte, 25. Jg. 1951, Heft 3

Nellner, Werner: Das Konzept der Stadtregionen und ihre Neuabgrenzung 1970, in: Forschungs- und Sitzungsberichte der Akademie für Raumforschung und Landesplanung, Bd. 103: Stadtregionen in der Bundesrepublik Deutschland 1970, Hannover 1970

Otremba, Erich: Raum und Raumgliederung, in: Handwörterbuch der Raumforschung und Raumordnung, Bd. II, Hannover 1970, Sp. 2577 – 2578

Otremba, Erich: Wirtschaftsraum, in Handwörterbuch der Raumforschung und Raumordnung, Bd. III, Hannover 1970, Sp. 3775 – 3779

Ottnad, Adrian, und Linnartz, Edith: Sieben sind mehr als sechzehn. Ein Vorschlag zur Neugliederung der Bundesländer, in: Bundesamt für Bauwesen und Raumordnung, Neugliederung der Bundesrepublik Deutschland, Informationen zur Raumentwicklung, Heft 10.1998, S. 647 – 659

o. V.: Nordstaat oder Kleinstaat?, in: Hamburger Abendblatt, Nr. 129 vom 5.6.1996, S. 6

o. V.: Rigoros rasiert – Das scheitern des Zusammengehens von Berlin und Brandenburg kostet den Bund neue Milliardensummen, in: Wirtschaftswoche, Heft 20 vom 9.5.1996, S. 24 ff.

o. V.: „Rundum vernünftig" – In Westdeutschland scheitern Fusionspläne regelmäßig am regionalen Eigensinn, in: Der Spiegel, Heft 18 1996, S. 50 f.

Platt, Robert S.: Discussion: The Nature and Scope of Regional Science, in: Papers And Proceedings Of The Regional Science Association, Bd. 2, 1965, S. 46 – 47

Ponsard, Claude, und Tranqui, Phuoc: Fuzzy economic regions in Europe, in: Environment and Planning A, Bd. 17, 1985, S. 873 – 887

Pöschel, Arnold Ernst: Raum und Raumordnung, Berlin 1965

Revenstorf, Dirk: Lehrbuch der Faktorenanalyse, Stuttgart u. a. 1976

Rich, D. C.: Potential Models in Human Geography, London 1980

Richardson, Harry W.: Regional and Urban Economics, Harmondsworth 1978

Ritter, Wigand: Allgemeine Wirtschaftsgeographie, 2. Aufl. München, Wien 1993

Rogers, A.: Statistical analysis of spatial dispersion, London 1974

Romus, Paul: Zur Bestimmung des Begriffs Region, in: Raumforschung und Raumordnung, 22. Jg. 1964, Heft 3/4, S. 234 – 239

Rushton, Gerard: Map Transformations of Point Patterns: Central Place Patterns in Areas of variable Population Density, in: Papers of the Regional Science Association, Bd. 28, 1971, S. 111 – 129

Rushton, Gerard: Postulates of central-place theory and properties of central-place sytems, in: Geographical Analysis, Bd. 3, 1971, S. 140 – 156

Rutz, Werner: Die Gliederung der Bundesrepublik Deutschland in Länder, Baden-Baden 1995

Rutz, Werner: Die Wiedererrichtung der östlichen Bundesländer, in: Raumforschung und Raumordnung, 49. Jg. 1991, S. 279 – 286

Sander, Eckart: Zu räumlichen Gemeinsamkeiten von Pendler- und Einkaufsverflechtungen, in: Raumforschung und Raumordnung, 36. Jg. 1978, S. 59 – 68

Schätzel, Ludwig: Wirtschaftsgeographie 1, 3. Aufl. Paderborn 1988

Schamp, Eike W.: Das Instrumentarium zur Beobachtung von wirtschaftlichen Funktionalräumen, Wiesbaden 1972

Schrumpf, Heinz: Zur Entwicklung der Umlandbeziehungen Berlins, in: Der Aufbau einer Region, Arthur Benz und Klaus König (Hrsg.), S. 17 – 36

Sedlacek, Peter: Einleitung, in: Regionalisierungsverfahren, P. Sedlacek (Hrsg.), Darmstadt 1978, S. 1 – 19

Späth, Helmuth: Cluster-Analyse-Algorithmen zur Objektklassifizierung und Datenreduktion, 2. Aufl. München, Wien 1977

Staack, Jörg: Die Klassifikation deutscher Städte nach ihrer regionalen Zentralität, Hamburg, Univ., Diss., 1995

Statistik Regional hrsg. von den statistischen Ämtern der Länder und des Bundes, 1996

Statistik Regional hrsg. von den statistischen Ämtern der Länder und des Bundes, 1995

Statistisches Jahrbuch Deutscher Gemeinden 1994, Deutscher Städtetag (Hrsg.), 81. Jg. 1994

Sternberg, Rolf: Konzepte der flexiblen Produktion und der Industriedistrikte als Erklärungssätze der Regionalentwicklung, in: Erdkunde, 49. Bd. Heft 3 1995, S. 161 – 175

Stewart, John Q., und Warntz, William: Physics of Population Distribution, in: Journal of Regional Science, Bd. 1, 1959, S. 99 – 123

Südfeld, Erwin: Der zweite periodische Bericht über die sozio-ökonomische Lage und Entwicklung in den Regionen der EG, in: Raumforschung und Raumordnung, 42. Jg. 1984, S. 144 – 151

Thelen, Peter: Abgrenzung von Regionen als Grundlage für eine raumbezogene Politik, in: Jahrbuch für Sozialwissenschaft, Bd. 23, 1972, S. 227 – 249

Thünen, Johann Heinrich von: Der isolierte Staat in Beziehung auf Landwirtschaft und Nationalökonomie, Neudruck nach der Ausgabe letzter Hand, 4. Aufl. 1966

Todt, Horst: Die hierarchische Gliederung von Regionen anhand zweier Prinzipien, Beiträge zur Wirtschaftsforschung Nr. 32, Sozialökonomisches Seminar der Universität Hamburg 1979

Todt, Horst: Raumwirtschaftsstrukturen, in: Raumordnung und Raumordnungspolitik, Helmut W. Jenkins (Hrsg.), München 1996, S. 54 – 74

Todt, Horst: Zur Abgrenzung von wirtschaftlichen Regionen, in: Zeitschrift für die gesamte Staatswissenschaft, 127. Jg. Heft 2, 1972, S. 284 – 295

Tung, Tze Hsiung: Optimal patterns of production and decision making, in: Papers of the Regional Science Association, Bd. 15, 1965, S. 143 – 157

Überla, Karl: Faktorenanalyse, 2. Aufl. Berlin u. a. 1971

Vesper, Dieter: Öffentlicher Dienst: Starker Personalabbau trotz moderater Tarifanhebungen – Entwicklungstendenzen in den neunziger Jahren, in: Wochenberichte des Deutschen Instituts für Wirtschaftsforschung Nr. 5/98

Voppel, Götz: Analyse und Erfassung eines Wirtschaftsraumes, in: Geographische Rundschau, 21. Jg. Heft 10 1969, S. 369 – 379

Wagener, Frido: Neubau der Verwaltung, 2. Aufl. Berlin 1974

Weber, Alfred: Über den Standort der Industrien, Erster Teil: Reine Theorie des Standortes, 2. Aufl. Tübingen 1929

Wehner, Markus: Döring will mit Neugliederung die innere Einheit gewinnen – Nur vier Bundesländer sollen ihre derzeitige Gestalt behalten, in: Frankfurter Allgemeine Zeitung, Nr. 159 vom 13.7.1998, S. 4

Weichhart, Peter: Die Region – Chimäre, Artefakt oder Strukturprinzip sozialer Systeme?, in: Gerhard Brunn, Region und Regionsbildung in Europa, Baden Baden 1996, S: 25 – 43

Whittlesley, Derwent: The regional concept and the regional method, in: P. E. James und C. F. Jones (Hrsg.), American Geography: Inventory and Prospekt, Syracuse 1954, S. 19 – 68

Wrobel, Andrzej: Regional analysis and the geographic concept of the region, in: Papers of the Regional Science Association, Bd. 8, 1961, S. 37 – 41

Anhänge

Anhang 1: Bestimmung der Lageparameter und Berechnung der Fläche

Für die Stadt- und Landkreise werden unter Berücksichtigung der Flächenausdehnung die Koordinaten für das „Center of Gravity" (Mittelpunkt) ermittelt. Dieser Punkt kennzeichnet repräsentativ die Lage des Land- oder Stadtkreises im größeren Gebiet der Bundesrepublik Deutschland[1]. Um ihn zu berechnen, wird in den durch Koordinatenpaare beschriebenen äußeren Polygonzug, deren Verbindungslinien die Grenzen des Gebietes eines Stadt- oder Landkreises bilden, das flächenmaximale Rechteck eingepasst, welches mit zumindest zwei Ecken auf dem umhüllenden Polygonzug liegt, einen weiteren Berührungspunkt (Ecke oder Kante) mit der Grenzlinie aufweist und dessen vierte Ecke innerhalb des Polygonzuges liegt. Dieses Rechteck wird üblicherweise nur einen Teil des Gebietes enthalten. Daher wird zunächst der Mittelpunkt des Rechtecks bestimmt, für diesen Punkt bildet die Summe der quadrierten Entfernungen zu den Eckpunkten ein Minimum. Folgend wird dieser Punkt dann im Rechteck gemäß dem Verhältnis der nicht im Rechteck enthaltenen, also außenliegenden Flächenanteile verschoben. Der ermittelte Punkt mit den dazugehörigen X- und Y-Koordinaten ist der Mittelpunkt des Stadt- oder Landkreises. Durch die Verwendung der Rechtecksform wird gesichert, dass der Punkt in jedem Fall innerhalb des Polygonzuges liegt. Allerdings kann nicht ausgeschlossen werden, dass der Mittelpunkt eines Landkreises in einem Stadtkreis, der gänzlich von dem Landkreis eingeschlossen ist, liegt.

Zur Berechnung der Fläche der Kreise werden zunächst der östlichst, westlichst, südlichst und nördlichst gelegene Punkt des Polygonzuges bestimmt. Nachfolgend wird eine Verbindungslinie von dem westlichen zu dem östlichen Punkt gezogen und der Polygonzug in einen nördlichen und einen südlichen Teil unterteilt. Zudem wird eine Horizontale durch den südlichsten Punkt gelegt. Die Flächenberechnung erfolgt schrittweise für den nördlichen Teil, indem, beginnend im westlichsten Punkt, für die Koordinatenpunkte des Grenzpolygons unter Berücksichtigung der Richtung der X- und Y-Koordinaten die Fläche des Vierecks mit der Horizontalen berechnet und addiert oder subtrahiert wird. In gleicher Weise werden die Flächenberechnungen für den südlichen Teil des Polygonzuges durchgeführt. Der letzte Wert ist von dem ersten zu subtrahieren. Aus dieser Flächenabschätzung wird dann die Kantenlänge eines Quadrates

---

[1] Eine andere Methode besteht in der Ermittlung der Koordinaten der Kreisstadt.

bestimmt und das Netz so über das Gebiet gelegt, dass die Entfernungen der vier äußersten Punkte zu den Begrenzungskanten des Quadratnetzes paarweise gleich sind (Nord-Süd und West-Ost).

Anhang 2: Übersicht über die zusammengefassten Stadt- und Landkreise

Stadtkreis	Landkreis	Bundesland
Baden-Baden	Rastatt	Baden-Württemberg
Freiburg i. Br.	Breisgau-Hochschwarzwald	Baden-Württemberg
Heidelberg	Rhein-Neckar-Kreis	Baden-Württemberg
Heilbronn	Heilbronn	Baden-Württemberg
Pforzheim	Enzkreis	Baden-Württemberg
Ulm	Alb-Donau-Kreis	Baden-Württemberg
Amberg	Amberg-Sulzbach	Bayern
Ansbach	Ansbach	Bayern
Aschaffenburg	Aschaffenburg	Bayern
Augsburg	Augsburg	Bayern
Bamberg	Bamberg	Bayern
Bayreuth	Bayreuth	Bayern
Coburg	Coburg	Bayern
Hof	Hof	Bayern
Kaufbeuren	Ostallgäu	Bayern
Landshut	Landshut	Bayern
München	München	Bayern
Passau	Passau	Bayern
Regensburg	Regensburg	Bayern
Rosenheim	Rosenheim	Bayern
Schweinfurt	Schweinfurt	Bayern
Straubing	Straubing-Bogen	Bayern
Weiden i.d. Opf.	Neustadt a. d. Waldnaab	Bayern
Würzburg	Würzburg	Bayern
Cottbus	Spree-Neiße	Brandenburg
Kassel	Kassel	Hessen
Offenbach a. M.	Offenbach	Hessen
Rostock	Bad Doberan	Mecklenburg-Vorpommern
Hannover	Hannover	Niedersachsen
Osnabrück	Osnabrück	Niedersachsen
Aachen	Aachen	Nordrhein-Westfalen
Bonn	Rhein-Sieg-Kreis	Nordrhein-Westfalen
Kaiserslautern	Kaiserslautern	Rheinland-Pfalz
Pirmasens	Pirmasens	Rheinland-Pfalz
Trier	Trier-Saarburg	Rheinland-Pfalz
Dresden	Dresden-Land	Sachsen
Leipzig	Leipziger-Land	Sachsen
Plauen	Plauen-Land	Sachsen
Zwickau	Zwickauer-Land	Sachsen
Halle (Saale)	Saalkreis	Sachsen-Anhalt
Jena	Saale-Holzland-Kreis	Thüringen
Weimar	Weimarer-Land	Thüringen

Quelle: Eigene Zusammenstellung.

FSC
www.fsc.org
MIX
Papier | Fördert
gute Waldnutzung
FSC® C083411

Kolibri 360 GmbH
Ferdinand-Jühlke-Straße 7
99095 Erfurt, Deutschland
produktsicherheit@kolibri360.de

Druck:
CPI Druckdienstleistungen GmbH
im Auftrag der
Kolibri 360 GmbH
Ferdinand-Jühlke-Str. 7
99095 Erfurt